变电运维一体化
实训技术

国网河南省电力公司 组编

中国电力出版社
CHINA ELECTRIC POWER PRESS

内 容 提 要

本书立足于国家电网有限公司推进变电运维一体化的实践和变电运检业务的发展现状，依据国家电网变电运维一体化工作指导意见工作要求，结合运维人员技能状况和运维一体化业务的需要，以作业指导书的形式编制而成。

本书共十七章，涵盖了变电站巡视，变压器，断路器，站用交直流系统，监控系统、继电保护及自动装置、辅助设施等设备的运维一体化业务的全部内容。对各类作业要求、工器具及材料准备、作业步骤及工艺要求、数据分析、异常处理方法进行了详细的说明。

本书作为变电运维岗位技能培训用书，可供电力企业变电运维人员及相关管理人员进行技能学习和培训使用，也可供相关专业人员参考使用。

图书在版编目（CIP）数据

变电运维一体化实训技术 / 国网河南省电力公司组编 . -- 北京：中国电力出版社，2022.8
ISBN 978-7-5198-6290-9

Ⅰ . ①变… Ⅱ . ①国… Ⅲ . ①变电所 - 电力系统运行 - 中国 Ⅳ . ① TM63

中国版本图书馆 CIP 数据核字（2021）第 263577 号

出版发行：中国电力出版社
地　　址：北京市东城区北京站西街 19 号（邮政编码 100005）
网　　址：http://www.cepp.sgcc.com.cn
责任编辑：陈　丽
责任校对：黄　蓓　郝军燕
装帧设计：赵丽媛
责任印制：石　雷

印　　刷：廊坊市文峰档案印务有限公司
版　　次：2022 年 8 月第一版
印　　次：2022 年 8 月北京第一次印刷
开　　本：787 毫米 ×1092 毫米　16 开本
印　　张：20.75
字　　数：432 千字
印　　数：0001—1500 册
定　　价：88.00 元

编委会

前　言

　　近年来，我国电力工业飞速发展，电网规模迅速增大，供电可靠性持续增加。保障电网安全稳定运行，确保电力持续可靠供应，是国家安全、社会稳定、经济发展的基础，也是广大电力工作者的目标。变电站作为电网的节点，是电网安全稳定运行的重要环节。随着新设备、新技术在变电站的广泛应用，传统的变电运维模式已无法满足电网企业对电力生产的要求。为提升变电运维人员技能水平，提高生产效率，特编写了本书。

　　本书共十七章，涵盖了变电站巡视，变压器，断路器，站用交直流系统，监控系统、继电保护及自动装置、辅助设施等设备的运维一体化业务的全部内容。本书采用作业指导书的形式对各类作业要求、工器具及材料准备、作业步骤及工艺要求、数据分析、异常处理方法进行了详细的说明。

　　本书内容翔实，具体，图文并茂，可操作性强。在国家电网有限公司变电运维一体化工作指导意见和国网河南省电力公司变电运维一体化实施方案的基础上，结合现场生产实际，针对变电运维一体化业务给出了切实可行的操作步骤。

　　本书在编写过程中，得到了国网河南省电力公司超高压公司各部门的大力支持，各单位、班组对本书的内容提出了宝贵意见，在此表示衷心的感谢！

　　受编者水平和经验所限，加之新技术、新设备不断在电网中得到应用，本书部分内容可能出现疏漏和不妥之处，敬请读者批评指正。

编　者

2022 年 6 月 20 日

目　录

第一章

通 用 部 分

第一节 设 备 巡 视

一、作业内容

设备巡视。

二、作业要求

（一）安全要求

（1）应严格执行 Q/GDW 1799.1—2013《国家电网公司电力安全工作规程 变电部分》关于变电站巡视的相关要求。

（2）作业时应戴安全帽，与设备带电部位保持相应的安全距离。

（3）作业时，要防止误碰误动设备。

（4）巡视检查时，不得进行其他工作，不得移开或越过遮栏。

（二）危险点分析及其控制措施

设备巡视作业中危险点及其控制措施如表 1-1 所示。

表 1-1   设备巡视作业中危险点及其控制措施表

序号	危险点	控制措施
1	巡视中发现缺陷及异常未及时汇报、单人处理	发现设备缺陷及异常情况时，立即向运维班（站）或调控中心人员汇报，不得擅自处理
2	擅自改变检修设备状态、变更工作地点安全措施	巡视设备时禁止变更检修现场安全措施，禁止改变检修设备状态
3	高压设备发生接地时，安全距离不够，造成人员伤害	巡视检查时，与带电设备保持足够的安全距离，高压设备发生接地时，室内不得接近故障点 4m 以内，室外不得接近故障点 8m 以内，进入上述范围的人员必须穿绝缘靴，接触设备的外壳和构架时，必须戴绝缘手套
4	检查设备气泵、油泵等部件时，电动机突然启动，转动装置伤人	巡视检查设备气泵、油泵等部件时，保持足够的安全距离
5	进出高压室未随手关门，造成小动物进入	进出高压室，必须随手关门

序号	危险点	控制措施
6	不戴安全帽，不按规定着装，在突发事件时失去保护	外出巡视必须戴安全帽，按规定着装，杜绝习惯性违章
7	雷雨天气，靠近避雷器和避雷针，造成人员伤亡	雷雨天气，接地电阻不合格，需要巡视高压设备时，应穿绝缘靴，并不得靠近避雷器和避雷针
8	夜间巡视，造成人员碰伤、摔伤、踩空	夜间巡视，应及时开启设备区照明（夜间巡视应带照明工具）
9	未按照巡视线路巡视，造成巡视不到位或漏巡视	严格按照巡视路线巡视
10	巡视人员被检修临时堆放物绊倒，或踩空跌入因检修工作翻开盖板的电缆沟内	临时检修工作应设固定杂物堆放处，检修工作翻开盖板处周围应设遮栏
11	地震、台风、洪水、泥石流等灾害天气发生时，未按规定巡视灾害现场	地震、台风、洪水、泥石流等灾害天气发生时，禁止巡视灾害现场。灾害发生后，如果需要对设备进行巡视时，应制定必要的安全措施，得到设备运维管理单位批准，并至少两人一组，巡视人员应与派出部门之间保持通信联络

三、作业前工器具及材料准备

准备好标准化作业指导卡以及工作所需安全帽、绝缘靴、钥匙、视频记录仪等（见表1-2）。

表 1-2　　　　　　　　　　巡视所需工器具及材料

序号	名称	单位	数量	备注
1	安全帽	只	若干	检验合格期内
2	绝缘靴	双	若干	检验合格期内
3	应急灯	台	1	
4	钥匙	串	1	
5	公用手机	部	1	
6	视频记录仪	部	1	
7	数码照相机	部	1	
8	对讲机	部	若干	

四、巡视要求

（一）变压器巡视检查

1. 本体及套管

（1）运行监控信号、灯光指示、运行数据等均应正常。

（2）各部位无渗油、漏油。

（3）套管油位正常，套管外部无破损裂纹、无严重油污、无放电痕迹，防污闪涂料无起皮、脱落等异常现象。

（4）套管末屏无异常声音，接地引线固定良好，套管均压环无开裂歪斜。

（5）变压器声响均匀、正常。

（6）引线接头、电缆应无发热迹象。

（7）外壳及箱沿应无异常发热，引线无散股、断股。

（8）变压器外壳、铁芯和夹件接地良好。

（9）35kV 及以下接头及引线绝缘护套良好。

2．分接开关

（1）分接档位指示与监控系统一致。三相分体式变压器分接档位三相应置于相同档位，且与监控系统一致。

（2）机构箱电源指示正常，密封良好，加热、驱潮等装置运行正常。

（3）分接开关的油位、油色应正常。

（4）在线滤油装置工作方式设置正确，电源、压力表指示正常。

（5）在线滤油装置无渗漏油。

3．冷却系统

（1）各冷却器（散热器）的风扇、油泵、水泵运转正常，油流继电器工作正常。

（2）冷却系统及连接管道无渗漏油，特别注意冷却器潜油泵负压区出现渗漏油。

（3）冷却装置控制箱电源投切方式指示正常。

（4）水冷却器压差继电器、压力表、温度表、流量表的指示正常，指针无抖动现象。

（5）冷却塔外观完好，运行参数正常，各部件无锈蚀、管道无渗漏、阀门开启正确、电机运转正常。

4．非电量保护装置

（1）温度计外观完好、指示正常，表盘密封良好，无进水、凝露，温度指示正常。

（2）压力释放阀、安全气道及防爆膜应完好无损。

（3）气体继电器内应无气体。

（4）气体继电器、油流速动继电器、温度计防雨措施完好。

5．储油柜

（1）本体及有载调压开关储油柜的油位应与制造厂提供的油温、油位曲线相对应。

（2）本体及有载调压开关吸湿器呼吸正常，外观完好，吸湿剂符合要求，油封油位正常。

6．其他

（1）各控制箱、端子箱和机构箱应密封良好，加热、驱潮等装置运行正常。

（2）变压器室通风设备应完好，温度正常。门窗、照明完好，房屋无漏水。

（3）电缆穿管端部封堵严密。

（4）各种标志应齐全明显。

（5）原存在的设备缺陷是否有发展。

（6）变压器导线、接头、母线上无异物。

（二）断路器的巡视检查项目

1. 本体

（1）外观清洁、无异物、无异常声响。

（2）油断路器本体油位正常，无渗漏油现象，油位计清洁。

（3）断路器套管电流互感器无异常声响、外壳无变形、密封条无脱落。

（4）分、合闸指示正确，与实际位置相符；SF_6 密度继电器（压力表）指示正常、外观无破损或渗漏，防雨罩完好。

（5）外绝缘无裂纹、破损及放电现象，增爬伞裙粘接牢固、无变形，防污涂料完好、无脱落、起皮现象。

（6）引线弧垂满足要求，无散股、断股，两端线夹无松动、裂纹、变色现象。

（7）均压环安装牢固，无锈蚀、变形、破损。

（8）套管防雨帽无异物堵塞，无鸟巢、蜂窝等。

（9）金属法兰无裂痕，防水胶完好，连接螺栓无锈蚀、松动、脱落。

（10）传动部分无明显变形、锈蚀，轴销齐全。

2. 操动机构

（1）液压、气动操动机构压力表指示正常。

（2）液压操动机构油位、油色正常。

（3）弹簧储能机构储能正常。

3. 其他

（1）名称、编号、铭牌齐全、清晰，相序标志明显。

（2）机构箱、汇控柜箱门平整，无变形、锈蚀，机构箱锁具完好。

（3）基础构架无破损、开裂、下沉，支架无锈蚀、松动或变形，无鸟巢、蜂窝等异物。

（4）接地引下线标志无脱落，接地引下线可见部分连接完整可靠，接地螺栓紧固，无放电痕迹，无锈蚀、变形现象。

（5）原存在的设备缺陷无发展。

（三）组合电器的巡视检查项目

（1）设备出厂铭牌齐全、清晰。

（2）运行编号标识、相序标识清晰。

（3）外壳无锈蚀、损坏，漆膜无局部颜色加深或烧焦、起皮现象。

（4）伸缩节外观完好，无破损、变形、锈蚀。

（5）外壳间导流排外观完好，金属表面无锈蚀，连接无松动。

（6）盆式绝缘子分类标示清楚，可有效分辨通盆和隔盆，外观无损伤、裂纹。

（7）套管表面清洁，无开裂、放电痕迹及其他异常现象；金属法兰与瓷件胶装部位黏合应牢固，防水胶应完好。

（8）增爬措施（伞裙、防污涂料）完好，伞裙应无塌陷变形，表面无击穿，粘接界面牢固；防污闪涂料涂层无剥离、破损。

（9）均压环外观完好，无锈蚀、变形、破损、倾斜脱落等现象。

（10）引线无散股、断股；引线连接部位接触良好，无裂纹、发热变色、变形。

（11）设备基础应无下沉、倾斜，无破损、开裂。

（12）接地连接无锈蚀、松动、开断，无油漆剥落，接地螺栓压接良好。

（13）支架无锈蚀、松动或变形。

（14）对室内组合电器，进门前检查氧量仪和气体泄漏报警仪无异常。

（15）运行中组合电器无异味，重点检查机构箱中有无线圈烧焦气味。

（16）运行中组合电器无异常放电、振动声，内部及管路无异常声响。

（17）SF_6 气体压力表或密度继电器外观完好，编号标识清晰完整，二次电缆无脱落，无破损或渗漏油，防雨罩完好。

（18）对于不带温度补偿的 SF_6 气体压力表或密度继电器，应对照制造厂提供的温度-压力曲线，并与相同环境温度下的历史数据进行比较，分析是否存在异常。

（19）压力释放装置（防爆膜）外观完好，无锈蚀变形，防护罩无异常，其释放出口无积水（冰）、无障碍物。

（20）开关设备机构油位计和压力表指示正常，无明显漏气漏油。

（21）断路器、隔离开关、接地开关等位置指示正确，清晰可见，机械指示与电气指示一致，符合现场运行方式。

（22）断路器、油泵动作计数器指示值正常。

（23）机构箱、汇控柜等的防护门密封良好，平整、无变形、锈蚀。

（24）带电显示装置指示正常，清晰可见。

（25）各类配管及阀门应无损伤、变形、锈蚀，阀门开闭正确，管路法兰与支架完好。

（26）避雷器的动作计数器指示值正常，泄漏电流指示值正常。

（27）各部件的运行监控信号、灯光指示、运行信息显示等均应正常。

（28）智能柜散热冷却装置运行正常；智能终端/合并单元信号指示正确与设备运行方式一致，无异常告警信息；相应间隔内各气室的运行及告警信息显示正确。

（29）对集中供气系统，应检查以下项目：

1）气压表压力正常，各接头、管路、阀门无漏气；

2）各管道阀门开闭位置正确；

3）空压机运转正常，机油无渗漏，无乳化现象。

（30）在线监测装置外观良好，电源指示灯正常，应保持良好运行状态。

（31）组合电器室的门窗、照明设备应完好，房屋无渗漏水，室内通风良好。

（32）本体及支架无异物，运行环境良好。

（33）有缺陷的设备，检查缺陷、异常有无发展。

（34）变电站现场运行专用规程中根据组合电器的结构特点补充检查的其他项目。

（四）隔离开关的巡视检查项目

1. 导电部分

（1）合闸状态的隔离开关触头接触良好，合闸角度符合要求；分闸状态的隔离开关触头间的距离或打开角度符合要求，操动机构的分、合闸指示与本体实际分、合闸位置相符。

（2）触头、触指（包括滑动触指）、压紧弹簧无损伤、变色、锈蚀、变形，导电臂（管）无损伤、变形现象。

（3）引线弧垂满足要求，无散股、断股，两端线夹无松动、裂纹、变色等现象。

（4）导电底座无变形、裂纹，连接螺栓无锈蚀、脱落现象。

（5）均压环安装牢固，表面光滑，无锈蚀、损伤、变形现象。

2. 绝缘子

（1）绝缘子外观清洁，无倾斜、破损、裂纹、放电痕迹或放电异声。

（2）金属法兰与瓷件的胶装部位完好，防水胶无开裂、起皮、脱落现象。

（3）金属法兰无裂痕，连接螺栓无锈蚀、松动、脱落现象。

3. 传动部分

（1）传动连杆、拐臂、万向节无锈蚀、松动、变形现象。

（2）轴销无锈蚀、脱落现象，开口销齐全，螺栓无松动、移位现象。

（3）接地开关平衡弹簧无锈蚀、断裂现象，平衡锤牢固可靠；接地开关可动部件与其底座之间的软连接完好、牢固。

4. 基座、机械闭锁及限位部分

（1）基座无裂纹、破损，连接螺栓无锈蚀、松动、脱落现象，其金属支架焊接牢固，无变形现象。

（2）机械闭锁位置正确，机械闭锁盘、闭锁板、闭锁销无锈蚀、变形、开裂现象，闭锁间隙符合要求。

（3）限位装置完好可靠。

5. 操动机构

（1）隔离开关操动机构机械指示与隔离开关实际位置一致。

（2）各部件无锈蚀、松动、脱落现象，连接轴销齐全。

6. 其他

（1）名称、编号、铭牌齐全清晰，相序标识明显。

（2）超 B 类接地开关辅助灭弧装置分合闸指示正确、外绝缘完好无裂纹、SF_6 气体压力正常。

（3）机构箱无锈蚀、变形现象，机构箱锁具完好，接地连接线完好。

（4）基础无破损、开裂、倾斜、下沉，架构无锈蚀、松动、变形现象，无鸟巢、蜂窝等异物。

（5）接地引下线标志无脱落，接地引下线可见部分连接完整可靠，接地螺栓紧固，无放电痕迹，无锈蚀、变形现象。

（6）五防锁具无锈蚀、变形现象，锁具芯片无脱落损坏现象。

（7）原存在的设备缺陷是否有发展。

（五） 电流互感器的巡视项目

（1）各连接引线及接头无发热、变色迹象，引线无断股、散股。

（2）外绝缘表面完整，无裂纹、放电痕迹、老化迹象，防污闪涂料完整无脱落。

（3）金属部位无锈蚀，底座、支架、基础无倾斜变形。

（4）无异常振动、异常声响及异味。

（5）底座接地可靠，无锈蚀、脱焊现象，整体无倾斜。

（6）二次接线盒关闭紧密，电缆进出口密封良好。

（7）接地标识、出厂铭牌、设备标识牌、相序标识齐全、清晰。

（8）油浸电流互感器油位指示正常，各部位无渗漏油现象；吸湿器硅胶变色在规定范围内；金属膨胀器无变形，膨胀位置指示正常。

（9）SF_6 电流互感器压力表指示在规定范围，无漏气现象，密度继电器正常，防爆膜无破裂。

（10）干式电流互感器外绝缘表面无粉蚀、开裂，无放电现象，外露铁芯无锈蚀。

（11）原存在的设备缺陷是否有发展趋势。

（六） 电压互感器的巡视检查项目

（1）外绝缘表面完整，无裂纹、放电痕迹、老化迹象，防污闪涂料完整无脱落。

（2）各连接引线及接头无松动、发热、变色迹象，引线无断股、散股。

（3）金属部位无锈蚀；底座、支架、基础牢固，无倾斜变形。

（4）无异常振动、异常音响及异味。

（5）接地引下线无锈蚀、松动情况。

（6）二次接线盒关闭紧密，电缆进出口密封良好；端子箱门关闭良好。

（7）均压环完整、牢固，无异常可见电晕。

（8）油浸电压互感器油色、油位指示正常，各部位无渗漏油现象；吸湿器硅胶变色小于 2/3；金属膨胀器膨胀位置指示正常。

（9）SF_6 电压互感器压力表指示在规定范围内，无漏气现象，密度继电器正常，防爆膜无破裂。

（10）电容式电压互感器的电容分压器及电磁单元无渗漏油。

（11）干式电压互感器外绝缘表面无粉蚀、开裂、凝露、放电现象，外露铁芯无锈蚀。

（12）330kV 及以上电容式电压互感器电容分压器各节之间防晕罩连接可靠。

（13）接地标识、设备铭牌、设备标示牌、相序标注齐全、清晰。

（14）原存在的设备缺陷是否有发展趋势。

（七）避雷器的巡视检查项目

（1）引流线无松股、断股和弛度过紧及过松现象；接头无松动、发热或变色等现象。

（2）均压环无位移、变形、锈蚀现象，无放电痕迹。

（3）瓷套部分无裂纹、破损、无放电现象，防污闪涂层无破裂、起皱、鼓泡、脱落；硅橡胶复合绝缘外套伞裙无破损、变形，无电蚀痕迹。

（4）密封结构金属件和法兰盘无裂纹、锈蚀。

（5）压力释放装置封闭完好且无异物。

（6）设备基础完好、无塌陷；底座固定牢固、整体无倾斜；绝缘底座表面无破损、积污。

（7）接地引下线连接可靠，无锈蚀、断裂。

（8）引下线支持小套管清洁、无碎裂，螺栓紧固。

（9）运行时无异常声响。

（10）监测装置外观完整、清洁、密封良好、连接紧固，表计指示正常，数值无超标；放电计数器完好，内部无受潮、进水。

（11）接地标识、设备铭牌、设备标识牌、相序标识齐全、清晰。

（12）原存在的设备缺陷是否有发展趋势。

（八）并联电容器的巡视检查项目

（1）设备铭牌、运行编号标识、相序标识齐全、清晰。

（2）母线及引线无过紧、过松、散股、断股、无异物缠绕，各连接头无发热现象。

（3）无异常振动或响声。

（4）电容器壳体无变色、膨胀变形；集合式电容器无渗漏油，油温、储油柜油位正常，吸湿器受潮硅胶不超过 2/3，阀门接合处无渗漏油现象；框架式电容器外熔断器完好。带有外熔断器的电容器，应检查外熔断器的运行工况。

（5）限流电抗器附近无磁性杂物存在，干抗表面涂层无变色、龟裂、脱落或爬电痕迹，无放电及焦味，电抗器撑条无脱出现象，油电抗器无渗漏油。

（6）放电线圈二次接线紧固无发热、松动现象；干式放电线圈绝缘树脂无破损、放电；油浸放电线圈油位正常，无渗漏。

（7）避雷器垂直和牢固，外绝缘无破损、裂纹及放电痕迹，运行中避雷器泄漏电流正常，无异响。

（8）设备的接地良好，接地引下线无锈蚀、断裂且标识完好。

（9）电缆穿管端部封堵严密。

（10）套管及支柱绝缘子完好，无破损裂纹及放电痕迹。

（11）围栏安装牢固，门关闭，无杂物，五防锁具完好。

（12）本体及支架上无杂物，支架无锈蚀、松动或变形。

（13）原有的缺陷无发展趋势。

（九）干式电抗器的巡视检查项目

（1）设备铭牌、运行编号标识、相序标识齐全、清晰。

（2）包封表面无裂纹、无爬电，无油漆脱落现象，防雨帽、防鸟罩完好，螺栓紧固。

（3）空心电抗器撑条无松动、位移、缺失等情况。

（4）铁芯电抗器紧固件无松动，温度显示及风机工作正常。

（5）引线无散股、断股、扭曲，松弛度适中；连接金具接触良好，无裂纹、发热变色、变形。

（6）绝缘子无破损，金具完整；支柱绝缘子金属部位无锈蚀，支架牢固，无倾斜变形。

（7）运行中无过热，无异常声响、震动及放电声。

（8）设备的接地良好，接地引下线无锈蚀、断裂，接地标识完好。

（9）电缆穿管端部封堵严密。

（10）围栏安装牢固，门关闭，无杂物，五防锁具完好；周边无异物且金属物无异常发热。

（11）电抗器本体及支架上无杂物，若室外布置应检查无鸟窝等异物。

（12）设备基础构架无倾斜、下沉。

（13）原有的缺陷无发展趋势。

（十）母线及绝缘子的巡视检查项目

1. 母线

（1）名称、电压等级、编号、相序等标识齐全、完好，清晰可辨。

（2）无异物悬挂。

（3）外观完好，表面清洁，连接牢固。

（4）无异常振动和声响。

（5）线夹、接头无过热、无异常。

（6）带电显示装置运行正常。

（7）软母线无断股、散股及腐蚀现象，表面光滑整洁。

（8）硬母线应平直、焊接面无开裂、脱焊，伸缩节应正常。

（9）绝缘母线表面绝缘包敷严密，无开裂、起层和变色现象。

（10）绝缘屏蔽母线屏蔽接地应接触良好。

2. 引流线

（1）引线无断股或松股现象，连接螺栓无松动脱落，无腐蚀现象，无异物悬挂。

（2）线夹、接头无过热、无异常。

（3）无绷紧或松弛现象。

3. 金具

（1）无锈蚀、变形、损伤。

（2）伸缩节无变形、散股及支撑螺杆脱出现象。

（3）线夹无松动，均压环平整牢固，无过热发红现象。

4. 绝缘子

（1）绝缘子防污闪涂料无大面积脱落、起皮现象。

（2）绝缘子各连接部位无松动现象、连接销子无脱落等，金具和螺栓无锈蚀。

（3）绝缘子表面无裂纹、破损和电蚀，无异物附着。

（4）支柱绝缘子伞裙、基座及法兰无裂纹。

（5）支柱绝缘子及硅橡胶增爬伞裙表面清洁、无裂纹及放电痕迹。

（6）支柱绝缘子无倾斜。

（十一） 电力电缆的巡视检查项目

1. 电缆本体

（1）电缆本体无明显变形。

（2）外护套无破损和龟裂现象。

2. 电缆终端

（1）套管外绝缘无破损、裂纹，无明显放电痕迹、异味及异常响声。

（2）套管密封无漏油、流胶现象；瓷套表面不应严重结垢。

（3）固定件无松动、锈蚀，支撑绝缘子外套无开裂、底座无倾斜。

（4）电缆终端及附近无不满足安全距离的异物。

（5）电缆终端无倾斜现象，引流线不应过紧。

（6）电缆金属屏蔽层、铠装层应分别接地良好，引线无锈蚀、断裂。

3. 电缆接头

（1）电缆接头无损伤、变形或渗漏，防水密封良好。

（2）中间接头部分应悬空采用支架固定，接头底座无偏移、锈蚀和损坏现象。

4．接地箱

（1）箱体（含门、锁）无缺失、损坏，固定应可靠。

（2）接地设备应连接可靠，无松动、断开。

（3）接地线或回流线无缺失、受损。

5．电缆通道

（1）电缆沟盖板表面应平整、平稳，无扭曲变形，活动盖板应开启灵活、无卡涩。

（2）电缆沟无结构性损伤，附属设施应完整。

第二节　室内和室外高压带电显示装置维护

一、作业内容

室内和室外高压带电显示装置维护。

二、作业要求

（一）安全要求

（1）应严格执行 Q/GDW 1799.1—2013《国家电网公司电力安全工作规程　变电部分》的相关要求。

（2）作业时应戴安全帽，与设备带电部位保持相应的安全距离。

（3）作业时，要防止误碰误动设备。

（4）作业不得少于两人，工作负责人应由有经验的人员担任，开工前，工作负责人应向全体工作人员详细布置工作的各安全注意事项，应有专人监护，监护人在作业期间应始终履行监护职责，不得擅离岗位或兼职其他工作。

（二）危险点及其控制措施

室内和室外高压带电显示装置维护作业中危险点及其控制措施如表 1-3 所示。

表 1-3　　　　室内和室外高压带电显示装置维护作业中危险点及其控制措施

序号	危险点	控制措施
1	触电伤害	（1）进行高压带电显示装置维护工作时必须满足《国家电网公司电力安全工作规程 变电部分》规定的安全距离。 （2）工作前确认安全措施到位，作业人员必须在工作范围内进行工作。 （3）工作中需登高，应使用绝缘梯，绝缘梯应合格。梯子必须两人放倒搬运，并与带电部位保持足够的安全距离。 （4）拆搭头时应采用绝缘工具，并做好绝缘防护措施。 （5）作业前仔细核对工作开关柜（间隔）的位置、带电显示装置本体及周边设备带电情况，防止误碰带电部位

序号	危险点	控制措施
2	高空坠落	（1）梯子应坚固完整，有防滑措施。 （2）梯子必须架设在牢固的基础上，单梯应与地面呈60°夹角，人字梯应有限制开度的措施。 （3）梯上作业时必须有专人扶持，禁止两人及以上人员在同一爬梯上工作。人在梯上时，禁止移动梯子

三、作业前工器具及材料准备

准备好标准化作业指导卡以及工作所需安全帽、绝缘靴、钥匙等（见表1-4）。

表1-4 工 器 具 和 材 料

序号	名称	单位	数量	备注
1	一字螺钉旋具	套	1	
2	十字螺钉旋具	套	1	
3	活络扳手	把	1	
4	万用表	只	1	
5	梯子	架	1	根据现场具体情况
6	带电显示器	只	1	
7	绝缘胶带	卷	若干	
8	毛刷	套	若干	
9	毛巾	条	若干	
10	记号笔	支	若干	

四、作业步骤与工艺要求

（1）用万用表测量高压带电显示装置工作电源是否正常。若电源不正常，则检查上电源情况并进行处理。

（2）若电源正常，则检查高压带电显示装置信号输入电压是否正常。若输入电压不正常，则需停电对传感器、传感连接线进行检查。

（3）若输入电压正常，带电指示灯不亮，则需更换高压带电显示装置。更换时，应拉开带电显示装置工作电源空气开关，并对输入电压传感连接线做好标记，在拆除传感连接线时拆一包一，防止发生短路和触电。

（4）若输入电压正常，带电指示灯不亮，则测量闭锁输出触点是否正常。

（5）若闭锁输出触点不正常，则需更换高压带电显示装置，更换步骤见第（3）点。

（6）更换完成后，检查高压带电显示装置工作是否正常。

五、验收

所有工作结束后检查缺陷已消除，及时清理现场，将工器具全部收拢并清点，将材料及备品、备件回收清点，确认作业现场无遗留物，并做好本次工作的相关记录。

第三节　地面设备构架、基础防锈和除锈

一、作业内容

地面设备构架、基础防锈和除锈。

二、作业要求

（一）安全要求

（1）应严格执行 Q/GDW 1799.1—2013《国家电网公司电力安全工作规程　变电部分》的相关要求。

（2）应在良好的天气下进行，如遇雷、雨、雪、雾天气或相对湿度大于85％时不得进行该项工作。

（3）作业时应与设备带电部位保持相应的安全距离。

（4）作业时，要防止误碰误动设备。

（5）作业不得少于两人，工作负责人应由有经验的人员担任，开工前，工作负责人应向全体工作人员详细布置工作的各安全注意事项，应有专人监护，监护人在作业期间应始终履行监护职责，不得擅离岗位或兼职其他工作。

（二）危险点及控制措施

地面设备构架、基础防锈和除锈作业中危险点及其控制措施如表1-5所示。

表1-5　　　　地面设备构架、基础防锈和除锈作业中危险点及其控制措施

序号	危险点	控制措施
1	触电伤害	（1）进行地面设备构架、基础防锈和除锈工作时必须满足《国家电网公司电力安全工作规程 变电部分》规定的安全距离。 （2）工作前确认安全措施到位，作业人员必须在工作范围内进行工作。 （3）工作中若需登高，应使用绝缘梯，绝缘梯应合格。梯子必须两人放倒搬运，并与带电部位保持足够的安全距离
2	高处坠落	（1）梯子应坚固完整，有防滑措施。 （2）梯子必须架设在牢固的基础上，单梯应与地面呈60°夹角，人字梯应有限制开度的措施。 （3）梯上作业时必须有专人扶持，禁止两人及以上人员在同一爬梯上工作。人在梯上时，禁止移动梯子

三、作业前工器具及材料准备

准备好标准化作业指导卡以及工作所需工器具、材料等，并带到工作现场，相应的工器具应满足工作需要，材料应齐全（见图 1-1 和表 1-6）。

图 1-1　地面设备构架、基础防锈和除锈所需工具器及材料

表 1-6　　　　　地面设备构架、基础防锈和除锈所需工器具及材料

序号	名称	单位	数量	备注
1	锉刀或砂轮	套	若干	
2	钢刷或钢丝球	把	若干	
3	毛刷	把	若干	
4	安全帽	顶	若干	
5	油漆或喷漆	桶	若干	
6	手套	双	若干	
7	标准化作业指导卡			

四、作业步骤与工艺要求

（1）基层处理应采用手工机具并辅以钢丝刷、砂轮等打磨金属表面（见图 1-2），除去构件表面锈蚀部分，特别注意阴角处。经处理后，金属表面应显露出金属光泽，无油脂和污垢，无氧化物。基层处理后应尽快涂刷涂料（见图 1-3），时间不得超过 12h。

（2）使用涂料时，应配合进行搅拌，防止结皮。如有结皮或杂物，需清除后方可使用。涂料桶打开后，必须密封保存。

（3）涂刷时应横竖交叉涂刷，先内后外，先上后下，力求均匀，不得有漏刷、流挂、皱皮等现象。

（4）涂层层间的涂覆时间间隔应按涂料制造厂的规定执行，前一道涂料干燥（不粘手）后，再涂刷下一道涂料，不允许超过规定的时间间隔和标准。如超过最长时间，则应将前一道涂层用粗砂纸打毛后再进行涂刷，以保证层间的结合力。

图 1-2　打磨锈蚀点　　　　　　　　　　　图 1-3　锈蚀点涂漆

（5）每道工序完毕前应进行检查验收，合格后方可进入下一道工序。

（6）所有工作结束后应及时清理现场，确认作业现场无遗留物，并做好本次工作的相关记录。

五、验收

所有工作结束后检查缺陷已消除，及时清理现场，将工器具全部收拢并清点，将材料及备品、备件回收清点，确认作业现场无遗留物，并做好本次工作的相关记录。

第二章

带 电 检 测

第一节 一次设备红外检测

一、作业内容

一次设备红外检测工作。

二、作业要求

（一）环境要求

1. 一般检测要求

（1）环境温度不宜低于5℃，一般按照红外热像检测仪器的最低温度掌握。

（2）环境相对湿度不宜大于85％。

（3）风速：一般不大于5m/s，若检测中风速发生明显变化，应记录风速。

（4）天气以阴天、多云为宜，夜间图像质量为佳。

（5）不应在有雷、雨、雾、雪等气象条件下进行。

（6）户外晴天要避开阳光直接照射或反射进入仪器镜头，晚上检测应避开灯光的直射，宜闭灯检测。

2. 精确检测要求

除满足一般检测的环境要求外，还满足以下要求：

（1）风速一般不大于0.5m/s。

（2）检测期间天气为阴天、多云天气、夜间或晴天日落2h后。

（3）避开强电磁场，防止强电磁场影响红外热像仪的正常工作。

（4）被检测设备周围应具有均衡的背景辐射，应尽量避开附近热辐射源的干扰，某些设备被检测时还应避开人体热源等的红外辐射。

（二）待测设备要求

（1）待测设备处于运行状态。

（2）精确测温时，待测设备连续通电时间不小于6h，最好在24h以上。

（3）待测设备上无其他外部作业。

（4）电流致热型设备最好在高峰负荷下进行检测；否则，一般应在不低于30%的额定负荷下进行，同时应充分考虑小负荷电流对测试结果的影响。

（三）安全要求

（1）应严格执行 Q/GDW 1799.1—2013《国家电网公司电力安全工作规程 变电部分》的相关要求。

（2）应在良好的天气下进行，如遇雷、雨、雪、雾不得进行该项工作，风力大于5m/s时，不宜进行该项工作。

（3）检测时应与设备带电部位保持相应的安全距离。

（4）进行检测时，要防止误碰误动设备。

（5）行走中注意脚下，防止踩踏设备管道。

（6）应有专人监护，监护人在检测期间应始终行使监护职责，不得擅离岗位或兼任其他工作。

（四）危险点及控制措施

一次设备红外检测作业中危险点及其控制措施如表2-1所示。

表2-1 一次设备红外检测作业中危险点及其控制措施

序号	危险点	控制措施
1	触电伤害	红外检测时，与带电设备保持足够的安全距离
2	仪器损坏	红外检测时，检测人员使用仪器时应双手使用，并正确使用固定腕带
3	眼睛伤害	户外晴天要避开阳光直接照射或反射进入仪器镜头，在室内或晚上检测时应避开灯光的直射，现场条件允许时应闭灯检测
4	跌落伤害	夜晚作业时随身携带照明工具，行走时应使用照明工具

三、作业前工器具及材料准备

（1）检测前，应了解被测相关设备数量、型号、制造厂家、安装日期等信息以及运行情况，制定相应的技术措施。

（2）配备与检测工作相符的图纸、上次检测的记录、标准化作业卡。

（3）检查环境、人员、仪器、设备满足检测条件，并检查红外测温仪电量、储存空间充足进行试验，确保仪器能正常使用，配备照明工具、红外测温仪备用电池。

（4）了解现场设备运行方式，并记录待测设备的负荷电流。

四、作业主要步骤及工艺要求

（一）一般检测

（1）仪器开机，进行内部温度校准，待图像稳定后对仪器的参数进行设置。根据被测设备的材料设置辐射率，作为一般检测，被测设备的辐射率一般取 0.9 左右。

（2）设置仪器的色标温度量程，一般宜设置在环境温度加 10～20K 的温升范围。

（3）开始测温，远距离对所有被测设备进行全面扫描，宜选择彩色显示方式，调节图像使其具有清晰的温度层次显示，并结合数值测温手段，如热点跟踪、区域温度跟踪等手段进行检测。应充分利用仪器的有关功能，如图像平均、自动跟踪等，以达到最佳检测效果。

（4）环境温度发生较大变化时，应对仪器重新进行内部温度校准。

（5）发现有异常后，再有针对性地近距离对异常部位和重点被测设备进行精确检测。

（6）测温时，应确保现场实际测量距离满足设备最小安全距离及仪器有效测量距离的要求。

（二）精确检测

（1）为了准确测温或方便跟踪，应事先设置几个不同的方向和角度，确定最佳检测位置，并做上标记，以供今后的复测用，提高互比性和工作效率。

（2）将大气温度、相对湿度、测量距离等补偿参数输入，进行必要修正，并选择适当的测温范围。

（3）正确选择被测设备的辐射率，特别要考虑金属材料表面氧化对选取辐射率的影响，常见材料和辐射率选取具体可参见附录 G。

（4）检测温升所用的环境温度参照物体应尽可能选择与被测试设备类似的物体，且最好能在同一方向或同一视场中选择。

（5）测量设备发热点、正常相的对应点及环境温度参照体的温度值时，应使用同一仪器相继测量。

（6）在安全距离允许的条件下，红外仪器宜尽量靠近被测设备，使被测设备（或目标）尽量充满整个仪器的视场，以提高仪器对被测设备表面细节的分辨能力及测温准确度，必要时，可使用中、长焦距镜头。

（7）记录被检设备的实际负荷电流、额定电流、运行电压，被检物体温度及环境参照体的温度值。

五、设备易发热部位及发热因素

（1）变压器。

1）储油柜：储油柜缺油或假油位；储油柜内有积水。

2）高压套管及将军帽接头：介质损耗增大；电容式末屏引线脱落，套管缺油；导电回路连接部位接触不良；绝缘子污秽放电。

3）中、低压套管及接线夹：导电回路连接部位接触不良；绝缘子污秽放电。

4）外壳及箱体螺栓：分接开关接触不良；变压器漏磁通产生的涡流损耗引起箱体或部

分连接螺杆发热。

5）过载、冷却装置及油路系统：本体温度高、潜油泵过热、管道堵塞或阀门未开。

（2）母线及导线：连接头、压接头接触不良；绝缘子污秽放电。

（3）GIS组合电器：桶体器身局部发热；隔离开关（伸缩节处）局部发热；穿墙套管处涡流发热、接触不良。

（4）高压断路器：外部接线夹接触不良；绝缘子污秽放电；动静触头接触不良。

（5）隔离开关：动静触头、接线夹、转动端头接触不良；绝缘子污秽放电。

（6）电压互感器、电流互感器：本体缺油，外壳整体与局部发热；顶部接线端接触不良。

（7）避雷器：本体受潮、裂纹、绝缘子污秽放电。

（8）电力电容器：本体变压器内部受潮或介质损耗异常，缺油、绝缘子污秽放电。

（9）电抗器：导线连接接头接触不良；绕组内部损耗发热；固定支架漏瓷损耗发热。

（10）输电线路：导线线夹接触不良、绝缘子裂纹、污秽放电。

六、检测数据分析与处理

常见热源性质有电流致热型、电压致热型、绝缘子表面污秽、内部发热（油、气介质传递的热量显示）。对不同类型的设备采用相应的判断方法和判断依据，并由热像特点进一步分析设备的缺陷特征，判断出设备的缺陷类型，并进行上报和处理。

（一）判断方法

（1）表面温度判断法：主要适用于电流致热型和电磁效应引起发热的设备。根据测得的设备表面温度值，对照GB/T 11022—2020《高压开关设备和控制设备标准的共用技术要求》中高压开关设备和控制设备各种部件、材料及绝缘介质的温度和温升极限的有关规定（详细规定见附录C），结合环境气候条件、负荷大小进行分析判断。

（2）同类比较判断法：根据同组三相设备、同相设备之间及同类设备之间对应部位的温差进行比较分析。

（3）图像特征判断法：主要适用于电压致热型设备。根据同类设备的正常状态和异常状态的热像图，判断设备是否正常。注意尽量排除各种干扰因素对图像的影响，必要时结合电气试验或化学分析的结果，进行综合判断。

（4）相对温差判断法：主要适用于电流致热型设备。特别是对小负荷电流致热型设备，采用相对温差判断法可降低小负荷缺陷的漏判率。对电流致热型设备，发热点温升值小于15K时，不宜采用相对温差判断法。

（5）档案分析判断法：分析同一设备不同时期的温度场分布，找出设备致热参数的变化，判断设备是否正常。

（6）实时分析判断法：在一段时间内使用红外热像仪连续检测某被测设备，观察设备温度随负载、时间等因素变化的方法。

（二）判断依据

（1）电流致热型设备的判断依据详细见附录 D。

（2）电压致热型设备的判断依据详细见附录 E。

（3）当缺陷是由两种或两种以上因素引起的，应综合判断缺陷性质。对于磁场和漏磁引起的过热，可依据电流致热型设备的判据进行处理。

（三）缺陷类型的确定及处理方法

根据过热缺陷对电气设备运行的影响程度将缺陷分为一般缺陷、严重缺陷和危急缺陷三类。

1. 一般缺陷

（1）指设备存在过热，有一定温差，温度场有一定梯度，但不会引起事故的缺陷。这类缺陷一般要求记录在案，注意观察其缺陷的发展，利用停电机会检修，有计划地安排试验检修消除缺陷。

（2）当发热点温升值小于 15K 时，不宜采用附录 D 的规定确定设备缺陷的性质。对于负荷率小、温升小但相对温差大的设备，如果负荷有条件或机会改变时，可在增大负荷电流后进行复测，以确定设备缺陷的性质，当无法改变时，可暂定为一般缺陷，加强监视。

2. 严重缺陷

（1）指设备存在过热，程度较重，温度场分布梯度较大，温差较大的缺陷。这类缺陷应尽快安排处理。

（2）对电流致热型设备，应采取必要的措施，如加强检测等，必要时降低负荷电流。

（3）对电压致热型设备，应加强监测并安排其他测试手段，缺陷性质确认后，立即采取措施消缺。

（4）电压致热型设备的缺陷一般定为严重及以上的缺陷。

3. 危急缺陷

（1）指设备最高温度超过 GB/T 11022—2020《高压开关设备和控制设备标准的共用技术要求》规定的最高允许温度的缺陷。这类缺陷应立即安排处理。

（2）对电流致热型设备，应立即降低负荷电流或立即消缺。

（3）对电压致热型设备，当缺陷明显时，应立即消缺或退出运行，如有必要，可安排其他试验手段，进一步确定缺陷性质。

（四）检测原始数据和编写检测报告

1. 原始数据

在检测过程中，应随时保存有缺陷的红外热像检测原始数据。

（1）建立文件夹名称：一般为"变电站名＋检测日期"，如郑州变 20150101。

（2）文件名：按仪器自动生成编号进行命名，并通过附录 A 与相应间隔的具体设备对应。

2. 检测报告

检修工作结束后，应在 15 个工作日内将试验报告整理完毕并录入系统，记录格式见附录 A。对于存在缺陷设备应提供检测异常报告，报告格式见附录 B。

第二节　二次设备红外检测

一、作业内容

二次设备红外检测工作。

二、作业要求

（一）环境要求

（1）环境温度不宜低于 5℃，一般按照红外热像检测仪器的最低温度掌握。

（2）环境相对湿度不宜大于 85%。

（3）被检测设备周围应具有均衡的背景辐射，应尽量避开附近热辐射源的干扰，某些设备被检测时还应避开人体热源等的红外辐射。晚上检测应避开灯光的直射，宜闭灯检测。

（二）待测设备要求

（1）待测设备处于运行状态。

（2）精确测温时，待测设备连续通电时间不小于 6h，最好在 24h 以上。

（3）待测设备上无其他作业。

（三）安全要求

（1）应严格执行 Q/GDW 1799.1—2013《国家电网公司电力安全工作规程　变电部分》的相关要求。

（2）检测时应与设备保持相应的安全距离。

（3）进行检测时，要防止误碰误动设备。

（4）应有专人监护，监护人在检测期间应始终行使监护职责，不得擅离岗位或兼任其他工作。

（四）危险点及控制措施

二次设备红外检测作业中危险点及其控制措施如表 2-2 所示。

表 2-2　　　　　　　　　二次设备红外检测作业中危险点及其控制措施

序号	危险点	控制措施
1	触电伤害	红外检测时与带电设备保持足够的安全距离

序号	危险点	控制措施
2	仪器损坏	红外检测时，检测人员使用仪器时应双手使用，并正确使用固定腕带
3	眼睛伤害	户外晴天要避开阳光直接照射或反射进入仪器镜头，在室内或晚上检测时应避开灯光的直射，现场条件允许时应闭灯检测
4	跌落伤害	夜晚作业时随身携带照明工具，行走中应使用照明工具

三、作业前工器具及材料准备

（1）检测前，应了解相关设备数量、型号、制造厂家、安装日期等信息以及运行情况，制定相应的技术措施。

（2）配备与检测工作相符的图纸、上次检测的记录、标准化作业卡。

（3）检查环境、人员、仪器、设备满足检测条件，并检查检查仪器电量、储存空间充足进行试验，确保仪器能正常使用，配备照明工具、红外测温仪备用电池。

（4）了解现场设备运行方式，并记录待测设备的负荷电流。

四、作业主要步骤及工艺要求

仪器开机，进行内部温度校准，待图像稳定后对仪器的参数进行设置。根据被测设备的材料设置辐射率，作为一般检测，被测设备的辐射率一般取 0.9 左右，设置完成后开始测温，记录相关设备编号、发热点位置以及图像对应的编号。保护装置及二次回路红外普测步骤及工艺如表 2-3 所示。

表 2-3　　　　　　　　　　保护装置及二次回路红外普测步骤及工艺

装置类型	检测项目及方法
保护屏	先远距离对保护屏端子排进行成像，发现异常发热点后再近距离检测，对异常发热点进行拍照分析及缺陷定位。 对交流电压、电流回路、空开等重点部位进行成像。 如果保护装置背面有裸露的接线的应重点进行成像，没有裸露的外部接线，只要对整个背面进行成像
故障录波屏	先远距离对故障录波屏端子排进行成像，发现异常发热点后再近距离检测，对异常发热点进行拍照分析及缺陷定位。 对交流电压、电流回路、空开等重点部位进行成像。 如果装置有外露的光耦，则应进行各方向的成像，如果光耦没有外露，只要对整个背面进行成像
测控屏	先远距离对测控屏端子排进行成像，发现异常发热点后再近距离检测，对异常发热点进行拍照分析及缺陷定位。 对交流电压、电流回路、空开等重点部位进行成像。 如果测控装置背面有裸露的接线的应重点进行成像，没有裸露的外部接线，只要对整个背面进行成像

装置类型	检测项目及方法
公用测控屏	先远距离对测控屏端子排进行成像，发现异常发热点后再近距离检测，对异常发热点进行拍照分析及缺陷定位。 对交流电压、电流回路、空开等重点部位进行成像。 如果测控装置背面有裸露的接线的应重点进行成像，没有裸露的外部接线，只要对整个背面进行成像
端子箱	先远距离对端子箱端子排进行成像，发现异常发热点后再近距离检测，对异常发热点进行拍照分析及缺陷定位。 对交流电压、电流回路、空开等重点部位进行成像。 在成像过程中，应尽量避免将加热器误成像，防止误判断
高压开关柜	先远距离对开关柜端子排进行成像，发现异常发热点后再近距离检测，对异常发热点进行拍照分析及缺陷定位。 对交流电压、电流回路、空开等重点部位进行成像。 在成像过程中，应尽量避免将加热器误成像，防止误判断

测试结束清理现场，带走测温仪器及照明器具等，并由负责人进行检查。依据相关规定对发热设备进行缺陷分类并上报，填写维护记录。

五、检测数据分析与处理

编写测试报告并录入系统，进一步分析设备的缺陷特征，判断出设备的缺陷类型，并进行上报和处理。

1. 原始数据

在检测过程中，应随时保存有缺陷的红外热像检测原始数据，存放方式如下：

（1）建立文件夹名称：一般为"变电站名＋检测日期"，如郑州变 20150101。

（2）文件名：按仪器自动生成编号进行命名，并通过附录 A 与相应间隔的具体设备对应。

2. 检测报告

检测工作结束后，应在 15 个工作日内将检测报告整理完毕并录入系统，记录格式见附录 A。对于存在缺陷设备应提供检测异常报告，报告格式见附录 B。

第三节　开关柜地电波检测

一、作业内容

在被测开关柜附近选择接地金属物体，进行背景噪声测试，对被测开关柜依次进行检测。

二、作业要求

（一）环境要求

（1）环境温度宜为－10～40℃。

（2）环境相对湿度不高于 80%。

（3）禁止在雷电天气进行检测。

（4）室内检测应尽量避免气体放电灯、排风系统电机、手机、相机闪光灯等干扰源对检测的影响。

（5）通过暂态地电压局部放电检测仪器检测到的背景噪声幅值较小，不会掩盖可能存在的局部放电。

（6）电信号不会对检测造成干扰，若测得背景噪声较大，可通过改变检测频段降低测得的背景噪声值。

（二）待测设备要求

（1）开关柜处于带电状态。

（2）开关柜投入运行超过 30min。

（3）开关柜金属外壳清洁并可靠接地。

（4）开关柜上无其他外部作业。

（5）退出电容器、电抗器开关柜的自动电压控制系统（automatic voltage control，AVC）。

（三）安全要求

（1）应严格执行 Q/GDW 1799.1—2013《国家电网公司电力安全工作规程　变电部分》的相关要求，填写变电站第二种工作票，检修人员填写变电站第二种工作票，运维人员使用维护作业卡。

（2）暂态地电压局部放电带电检测工作不得少于两人。工作负责人应由有检测经验的人员担任，开始检测前，工作负责人应向全体工作人员详细布置检测工作的各安全注意事项，应有专人监护，监护人在检测期间应始终履行监护职责，不得擅离岗位或兼职其他工作。

（3）雷雨天气禁止进行检测工作。

（4）检测时检测人员和检测仪器应与设备带电部位保持足够的安全距离。

（5）检测人员应避开设备泄压通道。

（6）在进行检测时，要防止误碰误动设备。

（7）测试时人体不能接触暂态地电压传感器，以免改变其对地电容。

（8）检测中应保持仪器使用的信号线完全展开，避免与电源线（若有）缠绕一起，收放信号线时禁止随意舞动，并避免信号线外皮受到刮蹭。

（9）在使用传感器进行检测时，应戴绝缘手套，避免手部直接接触传感器金属部件。

（10）检测现场出现异常情况（如异音、电压波动、系统接地等），应立即停止检测工作并撤离现场。

（四） 危险点及控制措施

开关柜地电波检测作业中危险点及其控制措施如表 2-4 所示。

表 2-4   开关柜地电波检测作业中危险点及其控制措施

危险点	控制措施
触电伤害	（1）模拟放电电源应视为运行设备对待，测试过程严禁肢体接触模拟放电装置。 （2）工作前确认个人安全工器具佩戴正确，所有检修人员必须在明确的范围内进行工作

三、作业前工器具及材料准备

准备好标准化作业指导卡以及工作所需工器具、材料等（见图 2-1 和表 2-5），并带到工作现场，相应的工器具应满足工作需要，材料应齐全。

图 2-1   开关柜地电波检测所需工器具及材料

表 2-5   开关柜地电波检测所需工器具及材料

序号	名称	单位	数量	备注
1	绝缘垫	块	若干	
2	安全帽	顶	若干	
3	地电波测试仪	套	1	
4	手套	双	若干	
5	标准化作业指导卡			

四、作业主要步骤及工艺要求

（1）在被测开关柜附近选择接地金属物体，进行背景噪声测试。

图 2-2　开关柜地电波检测

（2）对被测开关柜进行检测并记录测试值。

（3）数据汇总判断与分析。

（4）暂态地电压检测周期要求：一年一次或必要时。

（5）暂态地电压检测判断标准：正常时，初值差不大于 30% 或相对值不大于 20dB；异常时，相对值大于 20dB。

图 2-2 为开关柜地电波检测时的现场照片。

五、检测数据分析与处理

检测工作结束后，应在 3 个工作日内将检测报告整理完毕，检测分析方法见附录 L，记录格式见附录 M。对于存在缺陷设备应提供检测异常报告。

第四节　GIS 超声波局部放电检测

一、作业内容

GIS 超声波局部放电检测。

二、作业要求

（一）安全要求

（1）应严格执行 Q/GDW 1799.1—2013《国家电网公司电力安全工作规程　变电部分》的相关要求，检修人员填写变电站第二种工作票，运维人员使用标准作业卡。

（2）超声波局部放电带电检测工作不得少于两人。工作负责人应由有超声波局部放电带电检测经验的人员担任，开始检测前，工作负责人应向全体工作人员详细交代检测工作的各安全注意事项。

（3）对复杂的带电检测或在相距较远的几个位置进行工作时，应在工作负责人指挥下，在每一个工作位置分别设专人监护，带电检测人员在工作中应精神集中，服从指挥。

（4）检测人员应避开设备防爆口或压力释放口。

（5）在进行检测时，要防止误碰、误动设备。

（6）在进行检测时，要保证人员、仪器与设备带电部位保持足够安全距离。

（7）防止传感器坠落。

（8）检测中应保持仪器使用的信号线完全展开，避免与电源线（若有）缠绕，收放信号线时禁止随意舞动，并避免信号线外皮受到剐蹭。

（9）保正检测仪器接地良好，避免人员触电。

（10）在使用传感器进行检测时，如果有明显的感应电压，应戴绝缘手套，避免手部直接接触传感器金属部件。

（11）检测现场出现异常情况时，应立即停止检测工作并撤离现场。

（二）危险点及其控制措施

GIS 超声波局部放电检测危险点及其控制措施如表 2-6 所示。

表 2-6   **GIS 超声波局部放电检测危险点及其控制措施**

序号	危险点	控制措施
1	作业人员安全防护措施不到位造成伤害	进入试验现场，试验人员必须正确佩戴安全帽，穿全棉长袖工作服、绝缘鞋
2	误碰带电部位	检测至少由两人进行，并严格执行保证安全的组织措施和技术措施；应确保检测人员及检测仪器与带电部位保持足够的安全距离
3	低压触电	在指定位置接用电源，接线牢固；拆接电源时一人工作，一人监护；电源端加装漏电保护器
4	发生摔伤、误碰设备造成伤害	工作人员登高作业时，应正确使用安全带，禁止低挂高用，安全带应在有效期内。移动作业过程中应加强监护，防止人员摔伤或仪器摔坏
5	强电场下工作，感应电伤人	强电场下工作时，应给仪器外壳加装接地线或工作人员佩戴防静电手环，防止感应电伤人
6	防爆口破裂伤人	检测时避开防爆口和压力释放阀
7	现场异常情况造成危险	测试现场出现明显异常情况时（如异响、电压波动、系统接地等），应立即停止测试工作并撤离现场

三、作业前工器具及材料准备

开工前根据检测工作的需要，准备好所需材料、工器具（见表 2-7），对进场的工器具、材料进行检查，确保能够正常使用，并整齐摆放于工具架上。作业所用仪器仪表、工器具必须在校验合格周期内。

表 2-7   **作业前工器具及材料**

序号	名称	单位	数量
1	多功能局部放电巡检仪	套	1
2	特高频/超声波局放测试仪	套	1
3	脉冲信号发生器	台	1
4	绝缘卷尺	只	1
5	超声波耦合剂	盒	2
6	笔记本	台	1

序号	名称	单位	数量
7	打印机（含打印纸）	台	1
8	工具箱	个	1
9	温湿度计	个	1
10	无毛纸	张	若干

四、作业主要步骤及工艺要求

（一）环境要求

（1）环境温度宜为－10～40℃。

（2）环境相对湿度不宜大于85%，若在室外，不应在有大风、雷、雨、雾、雪的环境下进行检测。

（3）在检测时应避免大型设备振动、人员频繁走动等干扰源带来的影响。

（4）通过超声波局部放电检测仪器检测到的背景噪声幅值较小，无50Hz/100Hz频率相关性（1个工频周期出现1次/2次放电信号），不会掩盖可能存在的局部放电信号，不会对检测造成干扰。

（二）待测设备要求

（1）设备处于带电状态且为额定气体压力。

（2）设备外壳清洁、无覆冰。

（3）运行设备上无各种外部作业。

（4）设备的测试点宜在出厂及第1次测试时进行标注，以便今后的测试及比较。

（三）检测步骤

1. 仪器准备

（1）准备超声波局部放电测试仪、温湿度计、安全带、绝缘梯和安全工器具等器具，并确保检测仪器、仪表功能良好、配件齐全。

（2）仪器电量充足或者现场检修电源满足仪器使用要求。

（3）安全工器具在有效使用期内，安全可用。

2. 信息核对与记录

（1）认真核对被检测设备运行编号，与工作票对应。

（2）记录被检测设备铭牌信息，运行方式、负荷电流、电压、环境温度、湿度等运行信息。

3. 参数设置

（1）正确合理设置仪器参数，如检测频率宽度、触发阈值、量程等。

（2）正确连接仪器和传感器。

4. 背景测量

（1）检测现场空间干扰较小时，将传感器置于空气中测试。

（2）检测现场空间干扰较大时，将传感器置于待测设备基座上或构架处测试。

5. 测点选择

（1）测量点的选择主要考虑两点：①超声波信号随距离的增加而显著衰减；②盆式绝缘子对声波信号的衰减作用较大。

（2）根据设备结构及运行方式合理选择测点。

6. 普测

（1）在传感器与测试点部位间均匀涂抹专用耦合剂并适当施加压力，保持稳定，减小检测信号的衰减和干扰。

（2）普测时测量时间不少于15s。

（3）观察和记录测试数据，并与背景值比较：若测试数据明显异于背景值，或具有典型放电特征，则初判为异常，进行异常判断；若正常，进行新测点测试。

7. 干扰排除

（1）在异常点附近设备构架或基座处重新测试背景值。

（2）在本间隔其他测点和相邻间隔的同位置测量，进行横向对比。

（3）若背景值和周围其他测点的信号与异常信号在强度、相位和特征上相同，可判定异常信号来自外界空间干扰；否则异常信号源位于GIS设备内部，需进行缺陷定位。

（4）若确定异常信号来自外界空间干扰，尽量查找外界干扰源，尽可能采取屏蔽措施后重新检测。

8. 缺陷定位

根据现场设备结构及运行方式合理选择定位方法，确定缺陷的具体气室和具体位置。

9. 精确测量

（1）采用绑定固定传感器的方式进行，测试时间不少于30s。

（2）切换不同的图谱观测界面进行信号采集和分析，及时保存。

（3）在异常处多点、多次检测，保证数据真实、可重复检测。

10. 异常分析

（1）采用典型波形的比较法、横向分析法和趋势分析法，对异常信号进行综合分析和判断。

（2）根据实际情况，现场可进行短期的在线监测或增加其他检测手段，依据缺陷判断标准进行综合分析。

11. 复测验证

记录异常信号点位置，进行复测验证，观察异常信号的可重复观测性和发展趋势。

12. 分析报告

（1）保存超声测试数据和其他检测手段的测试数据。

（2）根据测试结果及分析出具正式分析报告，提出结论及建议。

（四）异常诊断流程

异常诊断流程如图 2-3 所示。

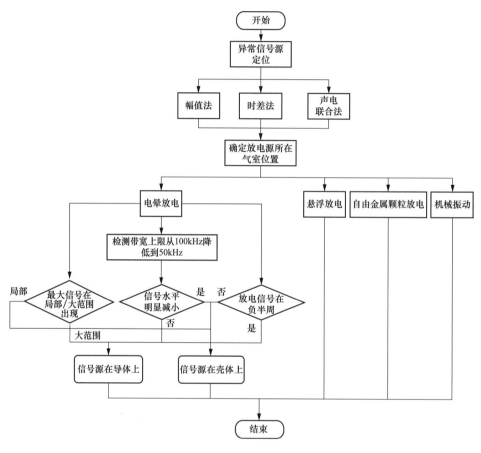

图 2-3　异常诊断流程图

五、验收

所有工作结束后，及时清理现场，将工器具全部收拢并清点，将材料及备品、备件回收清点，确认作业现场无遗留物，并做好本次工作的相关记录及缺陷上报。

第五节　GIS 特高频局部放电检测

一、作业内容

GIS 特高频局部放电检测。

二、作业要求

（一）安全要求

（1）应严格执行 Q/GDW 1799.1—2013《国家电网公司电力安全工作规程 变电部分》的相关要求，工作不得少于两人。检测负责人应由有经验的人员担任，开始检测前，检测负责人应向全体检测人员详细交代安全注意事项。

（2）应在良好的天气下进行，户外作业如遇雷、雨、雪、雾，不得进行该项工作，风力大于 5 级时，不宜进行该项工作。

（3）检测时应与设备带电部位保持足够的安全距离，并避开设备防爆口或压力释放口。

（4）在进行检测时，要防止误碰、误动设备。

（5）行走中注意脚下，防止踩踏设备管道。

（6）防止传感器坠落而误碰运行设备和试验设备。

（7）保证被测设备绝缘良好，防止低压触电。

（8）在使用传感器进行检测时，应戴绝缘手套，避免手部直接接触传感器金属部件。

（9）测试现场出现明显异常情况时（如异音、电压波动、系统接地等），应立即停止测试工作并撤离现场。

（10）使用同轴电缆的检测中应保持同轴电缆完全展开，并避免同轴电缆外皮受到刮蹭。

（二）危险点及其控制措施

危险点及其控制措施如表 2-8 所示。

表 2-8   危险点及其控制措施

序号	危险点	控制措施
1	作业人员安全防护措施不到位造成伤害	进入试验现场，试验人员必须正确佩戴安全帽，穿全棉长袖工作服、绝缘鞋
2	误碰带电部位	检测至少由两人进行，并严格执行保证安全的组织措施和技术措施；应确保检测人员及检测仪器与带电部分保持足够的安全距离
3	低压触电	在指定位置接用电源，接线牢固；拆接电源时一人工作，一人监护；电源端加装漏电保护器
4	发生摔伤、误碰设备造成伤害	工作人员登高作业时，应正确使用安全带，禁止低挂高用，安全带应在有效期内。移动作业过程中应加强监护，防止人员摔伤或仪器摔坏
5	强电场下工作，感应电伤人	强电场下工作时，应给仪器外壳加装接地线或工作人员佩戴防静电手环，防止感应电伤人
6	防爆口破裂伤人	检测时避开防爆口和压力释放阀
7	现场异常情况造成危险	测试现场出现明显异常情况时（如异响、电压波动、系统接地等），应立即停止测试工作并撤离现场

三、作业前工器具及材料准备

开工前根据检测工作的需要，准备好所需材料、工器具（见表 2-9），对进场的工器具、材料进行检查，确保能够正常使用，并整齐摆放于工具架上。作业所用仪器仪表、工器具必须在校验合格周期内。

表 2-9　　　　　　　　　　　　　作业所需工器具及材料

序号	名称	单位	数量
1	多功能局部放电巡检仪	套	1
2	特高频/超声波局放测试仪	套	1
3	脉冲信号发生器	台	1
4	笔记本	台	1
5	打印机（含打印纸）	台	1
6	工具箱	个	1
7	温湿度计	个	1
8	无毛纸	张	若干

四、作业主要步骤及工艺要求

（一）环境要求

（1）环境温度不宜低于 5℃。

（2）环境相对湿度不宜大于 85%，若在室外，不应在有雷、雨、雾、雪的环境下进行检测。

（3）在检测时应避免手机、雷达、电动马达、照相机闪光灯等无线信号的干扰。

（4）室内检测避免气体放电灯、电子驱鼠器等对检测数据的影响。

（5）进行检测时，应避免大型设备振动源等带来的影响。

（二）待测设备要求

（1）设备处于运行状态（或加压到额定运行电压）。

（2）设备外壳清洁、无覆冰。

（3）绝缘盆子为非金属封闭或者有金属屏蔽但有浇注口或内置有 UHF 传感器，并具备检测条件。

（4）设备上无各种外部作业。

（5）气体绝缘设备应处于额定气体压力状态。

（三）检测要点

（1）背景噪声测试：测量空间背景噪声值并记录。

（2）测试点选择：利用内置式传感器（如已安装）、非金属法兰绝缘盆子、带有金属屏蔽绝缘盆子的浇注开口或 GIS 的观察窗、接地开关外露绝缘件等部位。

（3）测试时间：测试时间不少于 30s，如有异常再进行多次测量，并对多组测量数据进行幅值对比和趋势分析。

（4）数据存储：每个测试点存储不少于一组图谱；如存在异常信号，延长测试时间并记录至少三组数据，进入异常诊断流程。

（四）检测接线

在采用特高频法检测局部放电的过程中，应按照所使用的特高频局放检测仪操作说明，连接好传感器、检测仪器主机等各部件，通过绑带（或人工）将传感器固定在盆式绝缘子上，必要的情况下，可以接入信号放大器，如图 2-4 所示。

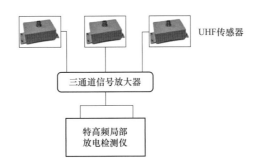

图 2-4　特高频局放检测仪连接示意图

（五）现场检测流程

在采用特高频法检测局部放电时，现场检测流程如图 2-5 所示。

（1）设备连接。按照设备接线图连接测试仪各部件，将传感器固定在盆式绝缘子上，将检测仪主机正确、可靠接地，检测仪连接电源，开机。

（2）工况检查。开机后，运行检测软件，检查同步状态、相位偏移等参数；进行系统自检，确认各检测通道工作正常。

（3）设置检测参数。设置变电站名称、检测位置并做好标注。将传感器放置在空气中，检测并记录为背景噪声，根据现场噪声水平设定各通道信号检测阈值。

（4）信号检测。打开连接传感器的检测通道，观察检测到的信号。如果发现信号无异常，保存一组数据，退出并改变检测位置继续下一点检测；如果发现信号异常，则延长检测时间并记录至少三组数据，进入异常诊断流程。必要的情况下，可以接入信号放大器。

（六）异常诊断流程

（1）排除干扰。测试中的干扰可能来自各个方位，干扰源可能存在于电气设备内部或外部空间。在开始测试前，尽可能排除干扰源的存在，比如关闭荧光灯和关闭手机。尽管如此，现场环境中还是有部分干扰信号存在。

（2）记录数据并给出初步结论。采取降噪措施后，如果异常信号仍然存在，需要记录当前测点的数据，给出一个初步结论，然后检测相邻的位置。

（3）定位。假如邻近位置没有发现该异常信号，就可以确定该信号来自 GIS 内部，可以直接对该信号进行判定。假如附近都能发现该信号，需要对该信号尽可能地定位。放电定位是重要的抗干扰环节，可以通过强度定位法或者借助其他仪器，大概定出信号的来源。如果在 GIS 外部，可以确定是来自其他电气部分的干扰，如果是 GIS 内部，就可以做出异常诊断了。

（4）对比图谱给出判定。一般的特高频局放检测仪都包含专家分析系统，可以对采集到的信号自动给出判定结果。测试人员可以参考系统的自动判定结果，同时把所测图谱与典型放电图谱进行比较，确定其局部放电的类型，并出具试验报告。

（5）保存数据。局部放电类型识别的准确程度取决于经验和数据的不断积累，检测结果和检修结果确定以后，应保留波形和图谱数据，作为今后局部放电类型识别的依据。

异常诊断流程如图 2-6 所示。

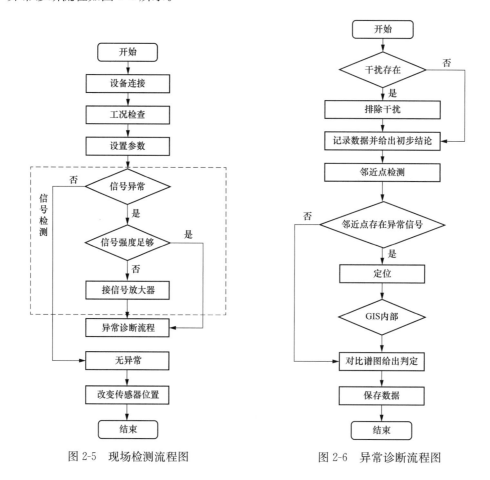

图 2-5 现场检测流程图   图 2-6 异常诊断流程图

五、验收

所有工作结束后及时清理现场，将工器具全部收拢并清点，将材料及备品、备件回收清点，确认作业现场无遗留物，并做好本次工作的相关记录及缺陷上报。

第三章

变 压 器

第一节 变压器（油浸式电抗器）端子箱、冷控箱箱体消缺

一、作业内容

变压器（油浸式电抗器）端子箱、冷控箱箱体消缺。

二、作业要求

（一）安全要求

（1）应严格执行 Q/GDW 1799.1—2013《国家电网公司电力安全工作规程 变电部分》的相关要求。

（2）应在良好的天气下进行，如遇雷、雨、雪，不得进行该项工作。

（3）作业时应与设备带电部位保持相应的安全距离。

（4）作业时，要防止误碰误动设备。

（5）作业不得少于两人，工作负责人应由有经验的人员担任，开工前，工作负责人应向全体工作人员详细介绍工作的各安全注意事项，应有专人监护，监护人在作业期间应始终履行监护职责，不得擅离岗位或兼职其他工作。

（二）危险点及控制措施

变压器（油浸式电抗器）端子箱、冷控箱箱体消缺作业中危险点及其控制措施如表 3-1所示。

表 3-1 变压器（油浸式电抗器）端子箱、冷控箱箱体消缺作业中危险点及其控制措施

序号	危险点	控制措施
1	触电伤害	（1）进行变压器（油浸式电抗器）端子箱、冷控箱箱体消缺工作时必须满足 Q/GDW 1799.1—2013《国家电网公司电力安全工作规程 变电部分》规定的安全距离。 （2）工作前确认安全措施到位，作业人员必须在工作范围内进行工作。 （3）工作中若需登高，应使用绝缘梯，绝缘梯应合格。梯子必须两人放倒搬运，并与带电部位保持足够的安全距离

序号	危险点	控制措施
2	高空坠落	（1）绝缘梯应坚固完整，有防滑措施。梯子的支柱应能承受作业人员及其所携带工具、材料攀登时的总质量。 （2）绝缘梯必须架设在牢固基础上，单梯应与地面呈60°夹角，人字梯应有限制开度的措施。 （3）在绝缘梯上工作时必须有专人扶持，禁止两人及以上人员在同一爬梯上工作，人在梯子上时，禁止移动梯子
3	误碰、误拉空气开关或接线导致误动	（1）作业前应查阅相关图纸和说明书。 （2）作业中应加强监护，防止误碰、误拉空气开关或接线导致误动
4	机械伤害	箱体边缘等尖锐器件容易造成工作人员割伤，作业人员应戴防护手套，杜绝野蛮施工，防止机械伤害
5	遗留物	（1）工作结束前应仔细检查箱内是否有遗留物。 （2）加强现场工器具物料管理，防止相关工器具遗留现场。 （3）工作结束前做好状态核对，确认与工作前状态一致

三、作业前工器具及材料准备

如图3-1和表3-2所示，准备好标准化作业指导卡以及工作所需工器具、材料等，并带到工作现场，相应的工器具应满足工作需要，材料应齐全。

图3-1　变压器（油浸式电抗器）端子箱、冷控箱箱体消缺所需工器具及材料

表3-2　　变压器（油浸式电抗器）端子箱、冷控箱箱体消缺所需工器具及材料

序号	名称	单位	数量	备注
1	标准工具箱	套	1	
2	万用表	只	1	
3	密封粘胶	桶	1	

序号	名称	单位	数量	备注
4	毛刷	把	若干	
5	绝缘梯	架	1	根据现场需要
6	有机堵料	包	若干	根据现场需要
7	观察窗	块	1	根据现场需要同规格、同型号
8	密封条	m	若干	根据现场需要同规格、同型号
9	接地软引线	m	若干	根据现场需要同规格、同型号
10	门轴、门把手等锁具	个	若干	根据现场需要同规格、同型号
11	安全帽	顶	若干	
12	手套	副	若干	
13	毛巾	条	若干	

四、作业主要步骤及工艺要求

确认工作环境良好，天气无雨，相对湿度不大于 85%，检查和确认端子箱、冷控箱的异常情况及原因，针对异常情况进行消缺处理。

（一）柜门开闭异常消缺

（1）检查汇控柜柜门开闭是否异常，如铰链异常，应进行修复或更换；若门轴或门把手异常（见图 3-2），应进行修复或更换。

（2）更换门轴或门把手前，应事先查看准备的门轴或把手是否符合现场实际应用。

（3）拆下旧的门轴或把手，拆除时注意观察安装方法；工作前将端子箱门打开，并注意工作中与运行中的回路的位置，防止在工作中误碰运行设备。工作人员应戴线手套，防止割伤、划伤。

（4）安装新的门轴或把手，安装完毕后检查冷控箱门关闭良好、无卡涩现象。

（5）将门把手活动部位注油润滑。

图 3-2 检查门轴

（二）柜体接地软引线消缺

检查箱体接地软引线接地端（见图 3-3）、接地线连接是否异常，如接地端、接地线松动，应重新连接紧固，如接地线断股或破损，应更换同规格的接地线，并检查连接可靠、牢固。

（三） 箱体密封异常处理

（1）检查箱体封堵是否良好，如封堵不良，应选用新的封堵材料重新封堵。

（2）检查箱体橡胶密封条是否完好（见图 3-4），如有脱落，用密封粘胶进行修复，如损坏，应选用同规格密封条更换。

（3）拆除旧的密封胶条，并注意工作中与运行中的回路的位置，防止在工作中误碰运行设备。工作人员应戴线手套，防止割伤、划伤。

（4）将新的密封胶条涂抹上密封胶，安装在端子箱门的胶条槽内，按压确认胶条牢固结实，密封良好。

（四） 观察窗消缺

查看观察窗螺丝是否松动（见图 3-5），并进行紧固，若密封条脱落应用密封胶进行修复。若观察窗破损脱落，应进行更换，并事先查看准备的观察窗是否符合现场实际应用；拆除旧观察窗，安装新观察窗，保证观察窗封闭完好。

图 3-3　紧固接地软引线

图 3-4　维修密封胶条

图 3-5　紧固观察窗螺丝

五、验收

所有工作结束后检查缺陷已消除，及时清理现场，将工器具全部收拢并清点，将材料及备品、备件回收清点，确认作业现场无遗留物，并做好本次工作的相关记录。

第二节　变压器（油浸式电抗器）端子箱、冷控箱内加热器、温湿度控制模块和回路维护消缺

一、作业内容

变压器（油浸式电抗器）端子箱、冷控箱内加热器、温湿度控制模块和回路维护消缺。

二、作业要求

（一）安全要求

（1）应严格执行 Q/GDW 1799.1—2013《国家电网公司电力安全工作规程　变电部分》的相关要求。

（2）应在良好的天气下进行，如遇雷、雨、雪，不得进行该项工作。

（3）作业时应与设备带电部位保持相应的安全距离。

（4）作业时，要防止误碰误动设备。

（5）作业不得少于两人，工作负责人应由有经验的人员担任，开工前，工作负责人应向全体工作人员详细介绍工作的各安全注意事项，应有专人监护，监护人在作业期间应始终履行监护职责，不得擅离岗位或兼职其他工作。

（二）危险点及控制措施

变压器（油浸式电抗器）端子箱、冷控箱内加热器、温湿度控制器模块和回路维护消缺作业中危险点及其控制措施如表 3-3 所示。

表 3-3　　变压器（油浸式电抗器）端子箱、冷控箱内加热器、温湿度控制器模块和

回路维护消缺作业中危险点及其控制措施

序号	危险点	控制措施
1	触电伤害	（1）进行变压器（油浸式电抗器）端子箱、冷控箱内加热器、温湿度控制器模块和回路维护消缺工作时，必须满足 Q/GDW 1799.1—2013《国家电网公司电力安全工作规程　变电部分》规定的安全距离。 （2）工作前确认安全措施到位，作业人员必须在工作范围内进行工作。 （3）工作中若需登高，应使用绝缘梯，绝缘梯应合格。梯子必须两人放倒搬运，并与带电部位保持足够的安全距离。 （4）工作地点与箱内端子排、空气开关等带电设备邻近，工作时防止误碰带电部位造成人员触电，作业人员戴线手套，工器具经绝缘包扎，加强工作监护；对于处理过程中临时拆线检查，逐条解除，用绝缘胶布进行包扎并做好标记，防止误碰带电部位
2	高空坠落	（1）绝缘梯应坚固完整，有防滑措施。梯子的支柱应能承受作业人员及其所携带工具、材料攀登时的总质量。 （2）绝缘梯必须架设在牢固基础上，单梯应与地面呈 60°夹角，人字梯应有限制开度的措施。 （3）在绝缘梯上工作时必须有专人扶持，禁止两人及以上人员在同一爬梯上工作，人在梯子上时，禁止移动梯子

序号	危险点	控制措施
3	误碰、误拉空气开关或接线导致误动	（1）作业前应查阅相关图纸和说明书。 （2）作业前应做好防误碰、误拉空气开关的措施，箱体空间较狭窄，工作时应防止身体转动时误碰箱内空气开关、继电器及端子排等设备造成误动。 （3）作业中应加强监护，工作后应及时关闭并锁好箱门，防止小动物或雨水进入，造成设备误动
4	防止被加热板烫伤	工作中需接触加热板时应先断开加热电源，待加热板冷却后进行相关工作
5	遗留物	（1）工作结束前应仔细检查箱内是否有遗留物。 （2）加强现场器物料管理，防止相关工器具遗留现场。 （3）工作结束前做好状态核对，确认与工作前状态一致

三、作业前工器具及材料准备

如图 3-6 和表 3-4 所示，准备好标准化作业指导卡、图纸以及工作所需工器具、材料等，并带到工作现场，相应的工器具应满足工作需要，材料应齐全。

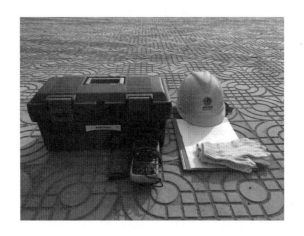

图 3-6　变压器（油浸式电抗器）端子箱、冷控箱内加热器、温湿度控制器模块和
回路维护消缺所需工器具及材料

表 3-4　　变压器（油浸式电抗器）端子箱、冷控箱内加热器、温湿度控制器模块和
回路维护消缺所需工器具及材料

序号	名称	单位	数量	备注
1	万用表	只	1	
2	标准工具箱	套	1	
3	绝缘梯	架	1	根据现场需要
4	空气开关	个	若干	根据现场需要同型号、同规格
5	连接线	m	若干	根据现场需要
6	加热器	个	若干	根据现场需要同型号、同规格
7	安全帽	顶	若干	
8	手套	副	若干	

四、作业主要步骤及工艺要求

确认工作环境良好，天气无雨，相对湿度不大于85％，检查和确认变压器（油浸式电抗器）端子箱、冷控箱内加热器、温湿度控制器模块和回路的异常情况及原因，针对异常情况进行消缺处理。

（1）电源回路异常。检查空气开关是否在合位，若在合位，检查恒温控制器信号指示灯正常时应亮（加热器、驱潮装置由其恒温控制器控制投退）；调节恒温控制器，查看加热器是否工作；加热、驱潮装置投入时，以手背接近感觉有无温度（见图3-7），检查其完好性。用万用表检查加热器电源空气开关两侧，如电源侧无电，则对电源回路逐级向上进行检查，如电源侧有电而负载侧无电则判断空气开关故障，应上报缺陷，更换同规格的空气开关。若空气开关在分位，则对负载侧回路检查是否短路，并进行相应处理。

图 3-7　检查加热器加热情况

（2）连接回路异常。断开电源空气开关，用万用表对电源空气开关至加热器回路分段检查，找到相应故障点进行消缺。

（3）加热器异常。在连接回路消缺后，若加热器还不能正常加热，则更换同型号加热器。

（4）消缺工作结束后，合上电源空气开关，将温湿度控制器切至强制（或手动）模式，检查加热器、温湿度控制器模块是否工作正常（见图3-8和图3-9）。

图 3-8　调整温湿度控制器

图 3-9　紧固加热器螺丝

五、验收

所有工作结束后检查缺陷已消除，及时清理现场，将工器具全部收拢并清点，将材料及备品、备件回收清点，确认作业现场无遗留物，并做好本次工作的相关记录。

第三节 变压器（油浸式电抗器）端子箱、冷控箱内照明回路维护消缺

一、作业内容

变压器（油浸工电抗器）端子箱、冷控箱内照明回路维护消缺。

二、作业要求

（一）安全要求

（1）应严格执行 Q/GDW 1799.1—2013《国家电网公司电力安全工作规程 变电部分》的相关要求。

（2）应在良好的天气下进行，如遇雷、雨、雪，不得进行该项工作。

（3）作业时应与设备带电部位保持相应的安全距离。

（4）作业时，要防止误碰误动设备。

（5）严防交、直流接地或短路；接临时电源时，应取自检修电源箱，由两人完成，严禁从保护盘私自接线。

（6）作业不得少于两人，工作负责人应由有经验的人员担任，开工前，工作负责人应向全体工作人员详细介绍工作的各安全注意事项，应有专人监护，监护人在作业期间应始终履行监护职责，不得擅离岗位或兼职其他工作。

（二）危险点及控制措施

变压器（油浸式电抗器）端子箱、冷控箱内照明回路消缺作业中危险点及其控制措施如表 3-5 所示。

表 3-5 变压器（油浸式电抗器）端子箱、冷控箱内照明回路消缺作业中危险点及其控制措施

序号	危险点	控制措施
1	触电伤害	（1）进行变压器（油浸式电抗器）端子箱、冷控箱箱体消缺工作时必须满足 Q/GDW 1799.1—2013《国家电网公司电力安全工作规程 变电部分》规定的安全距离。 （2）工作前确认安全措施到位，作业人员必须在工作范围内进行工作。 （3）工作中若需登高，应使用绝缘梯，绝缘梯应合格。梯子必须两人放倒搬运，并与带电部位保持足够的安全距离。 （4）工作地点与箱内端子排、空气开关等带电设备邻近，工作时防止误碰带电部位造成人员触电，作业人员戴线手套，工器具经绝缘包扎，加强工作监护；对于处理过程中临时拆线检查，逐条解除用绝缘胶布进行包扎并做好标记，防止误碰带电部位

序号	危险点	控制措施
2	高空坠落	（1）绝缘梯应坚固完整，有防滑措施。梯子的支柱应能承受作业人员及其所携带工具、材料攀登时的总质量。 （2）绝缘梯必须架设在牢固基础上，单梯应与地面呈 60°夹角，人字梯应有限制开度的措施。 （3）在绝缘梯上工作时必须有专人扶持，禁止两人及以上人员在同一爬梯上工作，人在梯子上时，禁止移动梯子
3	误碰、误拉空气开关或接线导致误动	（1）作业前应查阅相关图纸和说明书。 （2）作业前应做好防误碰、误拉空气开关的措施，箱体空间较狭窄，工作时应防止身体转动时误碰箱内空气开关、继电器及端子排等设备造成误动。 （3）作业中应加强监护，工作后应及时关闭并锁好箱门，防止小动物或雨水进入，造成设备误动
4	防止低压触电	工作中将空开断开；戴防护手套，工作中保证身体不接触到带电部分
5	防止被灯管、灯泡烫伤	工作中需待灯管、灯泡冷却后进行相关工作
6	遗留物	（1）工作结束前应仔细检查箱内是否有遗留物。 （2）加强现场工器具物料管理，防止相关工器具遗留现场。 （3）工作结束前做好状态核对，确认与工作前状态一致

三、作业前工器具及材料准备

如图 3-10 和表 3-6 所示，准备好标准化作业指导卡、图纸以及工作所需工器具、材料等，并带到工作现场，相应的工器具应满足工作需要，材料应齐全。

图 3-10　变压器（油浸式电抗器）端子箱、冷控箱内照明回路维护消缺所需工器具及材料

表 3-6　变压器（油浸式电抗器）端子箱、冷控箱内照明回路维护消缺所需工器具及材料

序号	名称	单位	数量	备注
1	万用表	只	1	
2	标准工具箱	套	1	

序号	名称	单位	数量	备注
3	绝缘梯	架	1	根据现场需要
4	空气开关	个	若干	根据现场需要同型号、同规格
5	连接线	m	若干	根据现场需要
6	照明灯	个	1	根据现场需要同型号、同规格
7	安全帽	顶	若干	
8	手套	副	若干	

四、作业主要步骤及工艺要求

确认工作环境良好，天气无雨，相对湿度不大于85％，消缺作业前做好防误碰、误拉空气开关的措施，检查箱内照明设施各部件（开关、插座、接头等）完好没有破损、裂纹，回路有无异常，针对异常情况进行消缺处理。

图3-11　更换照明灯

（1）电源回路异常。检查空气开关是否在合位，若在合位，则用万用表检查照明灯电源空气开关两侧，如电源侧无电，则对电源回路逐级向上进行检查，如电源侧有电而负载侧无电则判断空气开关故障，则更换同规格的空气开关。若空气开关在分位，则对负载侧回路检查是否短路，并进行相应处理。

（2）连接回路异常。断开电源空气开关，用万用表对电源空气开关至照明灯回路分段检查，找到相应故障点进行消缺。

（3）照明灯异常。在连接回路消缺后，若照明灯还不能正常工作，则更换同型号照明灯（见图3-11）。

（4）消缺工作结束后，合上电源开关，检查照明灯是否工作正常。

五、验收

所有工作结束后检查缺陷已消除，及时清理现场，将工器具全部收拢并清点，将材料及备品、备件回收清点，确认作业现场无遗留物，并做好本次工作的相关记录。

第四节　变压器（油浸式电抗器）端子箱、冷控箱内二次电缆封堵补修

一、作业内容

变压器（油浸式电抗器）端子箱、冷控箱内二次电缆封堵补修维护消缺。

二、作业要求

（一）安全要求

（1）应严格执行 Q/GDW 1799.1—2013《国家电网公司电力安全工作规程 变电部分》的相关要求。

（2）应在良好的天气下进行，如遇雷、雨、雪，不得进行该项工作。

（3）作业时应与设备带电部位保持相应的安全距离。

（4）作业时，要防止误碰误动设备。

（5）作业不得少于两人，工作负责人应由有经验的人员担任，开工前，工作负责人应向全体工作人员详细介绍工作的各安全注意事项，应有专人监护，监护人在作业期间应始终履行监护职责，不得擅离岗位或兼职其他工作。

（二）危险点及控制措施

变压器（油浸式电抗器）端子箱、冷控箱内二次电缆封堵修补作业中危险点及其控制措施如表 3-7 所示。

表 3-7　变压器（油浸式电抗器）端子箱、冷控箱内二次电缆封堵修补作业中危险点及其控制措施

序号	危险点	控制措施
1	触电伤害	（1）进行变压器（油浸式电抗器）端子箱、冷控箱箱体消缺工作时必须满足 Q/GDW 1799.1—2013《国家电网公司电力安全工作规程 变电部分》规定的安全距离。 （2）工作前确认安全措施到位，作业人员必须在工作范围内进行工作。工作地点与箱内端子排、空气开关等带电设备邻近，工作时应防止误碰带电部位造成人员触电，作业人员应戴防护手套，工器具应绝缘包扎，加强工作监护。 （3）工作中若需登高，应使用绝缘梯，绝缘梯应合格。梯子必须两人放倒搬运，并与带电部位保持足够的安全距离
2	高处坠落	（1）绝缘梯应坚固完整，有防滑措施。梯子的支柱应能承受作业人员及其所携带工具、材料攀登时的总质量。 （2）绝缘梯必须架设在牢固基础上，单梯应与地面呈 60°夹角，人字梯应有限制开度的措施。 （3）在绝缘梯上工作时必须有专人扶持，禁止两人及以上人员在同一爬梯上工作，人在梯子上时，禁止移动梯子
3	误碰、误拉空气开关或接线导致误动	（1）作业前应查阅相关图纸和说明书。 （2）作业前应做好防误碰、误拉空气开关的措施。箱体空间较狭窄，工作时应防止身体转动时误碰箱内空气开关、继电器及端子排等设备造成误动；工作后应及时关闭并锁好箱门，防止小动物或雨水进入，造成设备误动
4	金属利器割伤	（1）若使用金属薄片施工时，应对电缆做好保护。 （2）工作人员必须穿戴防护手套工作
5	防止封堵不认真、不到位	封堵不到位遗留缝隙等，存在小动物进入箱体隐患。封堵后必须认真检查是否完全封堵不留缝隙
6	遗留物	（1）工作结束前应仔细检查箱内是否有遗留物。 （2）加强现场工器具物料管理，防止相关工器具遗留现场。 （3）工作结束前做好状态核对，确认与工作前状态一致

三、作业前工器具及材料准备

如图 3-12 和表 3-8 所示，准备好标准化作业指导卡以及工作所需工器具、材料等，并带到工作现场，相应的工器具应满足工作需要，材料应齐全。

图 3-12　变压器（油浸式电抗器）端子箱、冷控箱内二次电缆封堵修补所需工器具及材料

表 3-8　　变压器（油浸式电抗器）端子箱、冷控箱内二次电缆封堵修补所需工器具及材料

序号	名称	单位	数量	备注
1	安全帽	顶	若干	
2	防火隔板	块	若干	根据现场需要同规格
3	有机堵料	包	若干	根据封堵孔洞大小确定
4	标准工具箱	套	1	
5	毛巾	条	若干	
6	手套	副	若干	

四、作业主要步骤及工艺要求

确认工作环境良好，天气无雨，相对湿度不大于 85%，检查变压器（油浸式电抗器）端子箱、冷控箱内二次电缆封堵情况，确定封堵修补部位，针对不同情况进行封堵、修补处理。

（1）防火隔板封堵修补。检查防火隔板是否破损，若破损，应选择符合要求的防火隔板进行更换，安装前检查防火隔板外观应平整光洁、厚薄均匀，安装应可靠平整；若防火隔板与二次电缆间存在缝隙，应用有机防火堵料封堵严密（见图 3-13）。

（2）二次电缆孔隙封堵修补：选择适量防火堵料，使其软化（如果温度太低，防火泥硬度较高，可加热使其软化），捏成合适形状，压在漏洞或缝隙处，用手指进行按压，先将漏洞填满堵住，再将其压平、均匀密实，使其与原有防火堵料保持平整，并确定封堵完好，无缝隙。有机防火堵料与防火隔板配合封堵时，有机防火堵料应高于隔板 20mm，并呈规则形状。电缆预留孔和电缆保护管两端口应用有机防火堵料封堵严密。封堵后，有机堵料应不氧化、不冒油、软硬适度，检查封堵完好。

图 3-13　防火泥封堵

五、验收

所有工作结束检查现场封堵完好，作业现场清理干净，无遗留物。将工器具全部收拢并清点，将材料及备品、备件回收清点，并做好本次工作的相关记录。

第五节　变压器（油浸式电抗器）冷却系统的指示灯、空气开关、热耦继电器和接触器更换

一、作业内容

变压器（油浸式电抗器）冷却系统的指示灯、空气开关、热耦继电器和接触器更换。

二、作业要求

（一）安全要求

（1）应严格执行国家电网公司 Q/GDW 1799.1—2013《国家电网公司电力安全工作规程　变电部分》的相关要求。

（2）应在良好的天气下进行，如遇雷、雨、雪、雾，不得进行该项工作。

（3）作业时应与设备带电部位保持相应的安全距离。

（4）作业时，要防止误碰误动设备。

（5）应有专人监护，监护人在检测期间应始终行使监护职责，不得擅离岗位或兼任其他工作。

（6）照明满足要求，相对湿度不大于 85%。

（二）危险点及其控制措施

冷却系统的指示灯、空气开关、热耦继电器和接触器更换作业中危险点及其控制措施如表 3-9 所示。

表 3-9　冷却系统的指示灯、空气开关、热耦继电器和接触器更换作业中危险点及其控制措施

序号	危险点	控制措施
1	触电伤害	（1）进行变压器（油浸式电抗器）冷却系统的指示灯、空气开关、热耦继电器和接触器更换工作时必须满足 Q/GDW 1799.1—2013《国家电网公司电力安全工作规程 变电部分》规定的安全距离。 （2）工作前确认安全措施到位，作业人员必须在工作范围内进行工作。 （3）工作中若需登高，应使用绝缘梯，绝缘梯应合格。梯子必须两人放倒搬运，并与带电部位保持足够的安全距离
2	高空坠落	（1）绝缘梯应坚固完整，有防滑措施。梯子的支柱应能承受作业人员及其所携带工具、材料攀登时的总质量。 （2）绝缘梯必须架设在牢固基础上，单梯应与地面呈 60°夹角，人字梯应有限制开度的措施。 （3）在绝缘梯上工作时必须有专人扶持，禁止两人及以上人员在同一爬梯上工作，人在梯子上时，禁止移动梯子
3	遗留物	（1）工作结束前应仔细检查箱内是否有遗留物。 （2）加强现场器具物料管理，防止相关工器具遗留现场。 （3）工作结束前做好状态核对，确认与工作前状态一致

三、作业前工器具及材料准备

如图 3-14 和表 3-10 所示，准备好标准化作业指导卡以及工作所需工器具、材料等，并带到工作现场，相应的工器具应满足工作需要，材料应齐全。

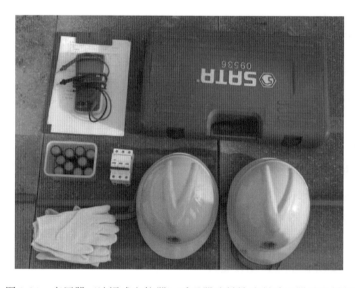

图 3-14　变压器（油浸式电抗器）呼吸器油封补油所需工器具及材料

表 3-10　变压器（油浸式电抗器）呼吸器油封补油所需工器具及材料

序号	名称	单位	数量	备注
1	万用表	只	1	
2	安全帽	顶	若干	

序号	名称	单位	数量	备注
3	螺丝刀	套	1	
4	手套	双	若干	
5	标准化作业指导卡			
6	指示灯及空开等	个	若干	

四、作业主要步骤及工艺要求

确认工作环境良好，天气无雨，相对湿度不大于85%；检查和确认指示灯、空气开关、热耦继电器和接触器的异常情况及原因；作业前做好防误动、误碰措施；针对异常情况进行消缺处理。

（1）指示灯异常。用万用表测量指示灯两端工作电压是否正常（见图3-15），如正常，则确定为指示灯故障，应断开相应交流或直流电源空气开关、熔丝（如有）或指示灯电源端子线，更换相同规格的指示灯。要做好裸露导线防护措施（见图3-16）。

图 3-15　测量指示灯两端工作电压

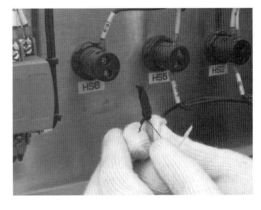

图 3-16　做好裸露导线防护措施

（2）空气开关异常。检查空气开关是否在合位，若在合位，则使用万用表检查照明灯电源空气开关两侧（见图3-17），如空气开关电源侧无电，则对电源回路逐级向上进行检查，如电源侧有电而负载侧无电则判断空气开关故障，由运维人员负责更换同规格的空气开关，更换时应按照图纸编号对二次接线进行相应标记，防止误接。若空气开关在分位，则对负载侧回路检查是否短路，并进行相应处理。

图 3-17　检查空气开关电源侧电压

（3）热耦继电器异常：断开冷却系统交流电源回路空气开关，检查热耦继电器动作原因，等待 20min 左右，复归该热耦继电器，合上交流回路空气开关，手动启动冷却系统，检查是否正常运行，若正常运行，则热耦继电器缺陷自动消除；若运行仍不正常，由运维人员负责更换同型号热耦继电器，更换时应按照图纸编号对二次接线进行相应标记，防止误接。

（4）接触器故障：用万用表检查接触器线圈两端电压是否正常，如正常，则确定为接触器故障，由运维人员负责更换同规格的接触器，更换前应断开相应交流或直流电源空气开关、熔丝（如有）或接触器电源端子线，更换时应按照图纸编号对二次接线进行相应标记，防止误接。

五、验收

所有工作结束后检查缺陷已消除，及时清理现场，将工器具全部收拢并清点，将材料及备品、备件回收清点，确认作业现场无遗留物，并做好本次工作的相关记录。

第六节 变压器（油浸式电抗器）呼吸器油封补油

一、作业内容

变压器（油浸式电抗器）呼吸器油封补油。

二、作业要求

（一）安全要求

（1）应严格执行 Q/GDW 1799.1—2013《国家电网公司电力安全工作规程 变电部分》的相关要求。

（2）应在良好的天气下进行，如遇雷、雨、雪、雾，不得进行该项工作。

（3）作业时应与设备带电部位保持相应的安全距离。

（4）作业时，要防止误碰误动设备。

（5）作业不得少于两人，工作负责人应由有经验的人员担任，开工前，工作负责人应向全体工作人员详细介绍工作的各安全注意事项，应有专人监护，监护人在作业期间应始终履行监护职责，不得擅离岗位或兼职其他工作。

（6）照明满足要求，相对湿度不大于 85%。

（二）危险点及其控制措施

变压器（油浸式电抗器）呼吸油封补油作业中危险点及其控制措施如表 3-11 所示。

表 3-11　　　　变压器（油浸式电抗器）呼吸油封补油作业中危险点及其控制措施

序号	危险点	控制措施
1	触电伤害	（1）进行变压器（油浸式电抗器）呼吸器油封补油工作时必须满足 Q/GDW 1799.1—2013《国家电网公司电力安全工作规程　变电部分》规定的安全距离。 （2）工作前确认安全措施到位，作业人员必须在工作范围内进行工作。 （3）工作中若需登高，应使用绝缘梯，绝缘梯应合格。梯子必须两人放倒搬运，并与带电部位保持足够的安全距离
2	高空坠落	（1）绝缘梯应坚固完整，有防滑措施。梯子的支柱应能承受作业人员及其所携带工具、材料攀登时的总质量。 （2）绝缘梯必须架设在牢固基础上，单梯应与地面呈 60°夹角，人字梯应有限制开度的措施。 （3）在绝缘梯上工作时必须有专人扶持，禁止两人及以上人员在同一爬梯上工作，人在梯子上时，禁止移动梯子

三、作业前工器具及材料准备

准备好标准化作业指导卡以及工作所需工器具、材料等（见表 3-12），并带到工作现场，相应的工器具应满足工作需要，材料应齐全。

表 3-12　　　　变压器（油浸式电抗器）呼吸器油封补油所需工器具及材料

序号	名称	单位	数量
1	工具套装	套	1
2	安全帽	顶	若干
3	清洁剂	瓶	1
4	手套	双	若干
5	标准化作业指导卡		
6	垃圾桶	个	1
7	全棉毛巾	条	若干

四、作业主要步骤及工艺要求

（1）确认工作环境良好，天气无雨，相对湿度不大于 85％。

（2）检查和确认油杯内油位位置。

（3）将油杯从呼吸器上拆下（见图 3-18），取下油杯时，应用毛巾将呼吸器下部的呼气孔裹住，擦拭干净，防止油渍滴落地面。

（4）将油杯内的污油回收处理（见图 3-19），用清洁剂将油杯清洗干净，补充新的变压器油。

（5）油杯复装时，应确认油杯中油位没过呼气孔，并处于最高和最低油位线之间，确保形成"油封"。对暂时没有"反措"的油杯（油杯螺纹件上没有缺口），拧紧后往回倒半圈，以提供空气流通气隙。安装后应保持呼吸器呼吸畅通。

图 3-18　拆除油封杯　　　　　图 3-19　将油封杯内旧油油倒出

（6）所有工作结束后应及时清理现场，确认作业现场无遗留物，并做好本次工作的相关记录。

五、验收

所有工作结束后检查缺陷已消除，及时清理现场，将工器具全部收拢并清点，将材料及备品、备件回收清点，确认作业现场无遗留物，并做好本次工作的相关记录。

第七节　变压器（油浸式电抗器）硅胶更换

一、作业内容

变压器（油浸式电抗器）呼吸器硅胶更换。

二、作业要求

（一）安全要求

（1）应严格执行 Q/GDW 1799.1—2013《国家电网公司电力安全工作规程　变电部分》的相关要求。

（2）应在良好的天气下进行，如遇雷、雨、雪、雾，不得进行该项工作。

（3）作业时应与设备带电部位保持相应的安全距离。

（4）作业时，要防止误碰误动设备。

（5）作业不得少于两人，工作负责人应由有经验的人员担任，开工前，工作负责人应向全体工作人员详细介绍工作的各安全注意事项，应有专人监护，监护人在作业期间应始终履行监护职责，不得擅离岗位或兼职其他工作。

（6）照明满足要求，相对湿度不大于 85%。

（二）危险点及其控制措施

变压器（油浸式电抗器）硅胶更换作业中危险点及其控制措施如表 3-13 所示。

表 3-13　　　　　变压器（油浸式电抗器）硅胶更换作业中危险点及其控制措施

序号	危险点	控制措施
1	触电伤害	（1）进行变压器（油浸式电抗器）硅胶更换工作时必须满足 Q/GDW 1799.1—2013《国家电网公司电力安全工作规程　变电部分》规定的安全距离。 （2）工作前确认安全措施到位，作业人员必须在工作范围内进行工作。 （3）工作中若需登高，应使用合格的绝缘梯。梯子必须两人放倒搬运，并与带电部位保持足够的安全距离
2	高空坠落	（1）绝缘梯应坚固完整，有防滑措施。梯子的支柱应能承受作业人员及其所携带工具、材料攀登时的总质量。 （2）绝缘梯必须架设在牢固基础上，单梯应与地面呈 60°夹角，人字梯应有限制开度的措施。 （3）在绝缘梯上工作时必须有专人扶持，禁止两人及以上人员在同一爬梯上工作，人在梯子上时，禁止移动梯子

三、作业前工器具及材料准备

如图 3-20 和表 3-14 所示，准备好标准化作业指导卡以及工作所需工器具、材料等，并带到工作现场，相应的工器具应满足工作需要，材料应齐全。

图 3-20　变压器（油浸式电抗器）硅胶更换所需工器具及材料

表 3-14　　　　　变压器（油浸式电抗器）硅胶更换所需工器具及材料

序号	名称	单位	数量
1	硅胶	瓶	若干
2	安全帽	顶	若干

序号	名称	单位	数量
3	清洁剂	瓶	1
4	手套	双	若干
5	标准化作业指导卡		
6	工具套装	套	1
7	棉麻布	块	若干
8	垃圾桶	个	1

四、变压器（油浸式电抗器）硅胶更换作业步骤与工艺要求

（1）确认工作环境良好，天气无雨，相对湿度不大于85%。

（2）检查呼吸器外观。确认呼吸器内硅胶变色是否正常，正常变色为由下往上，逐渐由蓝色变为粉色；如呼吸器内硅胶由上至下变色，则需结合硅胶更换，检查呼吸器玻璃罩上部密封垫的密封性，不合格则更换密封垫。

（3）确认变压器（油浸式电抗器）本体（有载调压）重瓦斯保护已停用（或改信号），呼吸器呼吸正常。

（4）拆油杯。将油杯从呼吸器上拆下，取下油杯时，应用毛巾将呼吸器下部的呼气孔裹住，擦拭干净，防止油渍滴落地面。

（5）清洗油杯。将油杯内的污油回收处理，用清洁剂将油杯清洗干净，补充新的变压器油。

（6）拆呼吸器。从储油柜联管上拆除呼吸器（见图3-21），用毛巾或棉布将联管口封住，防止储油柜内外温度、湿度相差较大产生气体对流使潮气进入。

（7）检查呼吸器。将呼吸器玻璃罩内硅胶倒出，检查玻璃罩是否破裂，清洁玻璃罩，检查密封垫密封情况，密封垫应无渗气。

（8）更换硅胶。应采用合格的变色硅胶。将干燥的变色硅胶装入呼吸器内，并在顶盖下面留出1/5～1/6高度的空隙（见图3-22）。

图3-21　拆除呼吸器

图3-22　更换硅胶

（9）呼吸器复装。使用合格的密封垫，条型密封垫压缩量为 1/3，O 型密封垫压缩量为 1/2，呼吸器应安装牢固，不因变压器（油浸电抗器）的运行振动而抖动或摇晃（见图 3-23）。

（10）油杯复装。将油杯拧紧，应确认油杯中油位没过呼气孔，并处于最高和最低油位线之间，确保形成油封（见图 3-24）。对暂时没有"反措"的油杯（油杯螺纹件上没有缺口），拧紧后往回倒半圈，以提供空气流通气隙。安装后应保持呼吸器呼吸畅通。

图 3-23　呼吸器复装　　　　图 3-24　油杯内倒入新变压器油

五、验收

所有工作结束后检查缺陷已消除，及时清理现场，将工器具全部收拢并清点，将材料及备品、备件回收清点，确认作业现场无遗留物，并做好本次工作的相关记录。

第八节　变压器（油浸式电抗器）呼吸器玻璃罩、油杯破损更换或整体更换

一、作业内容

变压器（油浸式电抗器）呼吸器玻璃罩、油封破损更换或整体更换。

二、作业要求

（一）安全要求

（1）应严格执行 Q/GDW 1799.1—2013《国家电网公司电力安全工作规程　变电部分》的相关要求。

（2）应在良好的天气下进行，如遇雷、雨、雪、雾，不得进行该项工作。

（3）作业时应与设备带电部位保持相应的安全距离。

（4）作业时，要防止误碰误动设备。

（5）作业不得少于两人，工作负责人应由有经验的人员担任，开工前，工作负责人应向全体工作人员详细介绍工作的各安全注意事项，应有专人监护，监护人在作业期间应始终履行监护职责，不得擅离岗位或兼职其他工作。

（6）照明满足要求，相对湿度不大于85％。

（二）危险点及其控制措施

变压器（油浸式电抗器）呼吸器玻璃罩、油封破损更换或整体更换作业中危险点及其控制措施如表3-15所示。

表3-15　变压器（油浸式电抗器）呼吸器玻璃罩、油封破损更换或整体更换作业中

危险点及其控制措施

序号	危险点	控制措施
1	触电伤害	（1）进行变压器（油浸式电抗器）呼吸器玻璃罩、油封破损更换或整体更换工作时必须满足Q/GDW 1799.1—2013《国家电网公司电力安全工作规程　变电部分》规定的安全距离。 （2）工作前确认安全措施到位，作业人员必须在工作范围内进行工作。 （3）工作中若需登高，应使用绝缘梯，绝缘梯应合格。梯子必须两人放倒搬运，并与带电部位保持足够的安全距离
2	高空坠落	（1）绝缘梯应坚固完整，有防滑措施。梯子的支柱应能承受作业人员及其所携带工具、材料攀登时的总质量。 （2）绝缘梯必须架设在牢固基础上，单梯应与地面呈60°夹角，人字梯应有限制开度的措施。 （3）在绝缘梯上工作时必须有专人扶持，禁止两人及以上人员在同一爬梯上工作，人在梯子上时，禁止移动梯子

三、作业前工器具及材料准备

准备好标准化作业指导卡以及工作所需工器具、材料等（见表3-16），并带到工作现场，相应的工器具应满足工作需要，材料应齐全。

表3-16　变压器（油浸式电抗器）呼吸器玻璃罩、油封破损更换或整体更换所需工器具及材料

序号	名称	单位	数量	备注
1	变色硅胶	瓶	若干	
2	清洁剂	瓶	1	
3	毛巾	条	若干	
4	手套	副	若干	
5	标准化作业指导卡			
6	安全帽	顶	若干	
7	工具套装	套	1	

四、作业主要步骤及工艺要求

（1）确认工作环境良好，天气无雨，相对湿度不大于85%。

（2）检查呼吸器外观。确认呼吸器内硅胶变色是否正常，正常变色为由下往上，逐渐由蓝色变为淡粉色；如呼吸器内硅胶由上至下变色，则需结合硅胶更换，检查呼吸器玻璃罩上部密封垫的密封性，不合格则更换密封垫。

（3）确认变压器本体（有载调压）重瓦斯保护已停用（或改信号）。

（4）拆油杯。将油杯从呼吸器上拆下，取下油杯时，应用毛巾将呼吸器下部的呼气孔裹住，擦拭干净，防止油渍滴落地面。

（5）拆呼吸器。从储油柜联管上拆下呼吸器，用毛巾或棉布将联管口封住，防止储油柜内外温度、湿度相差较大产生气体对流使潮气进入。

（6）装新呼吸器。将新呼吸器（内含新的硅胶）复装，呼吸器应安装牢固，不因变压器（油浸电抗器）的运行振动而抖动或摇晃。

（7）装新油杯。将新油杯复装（见图3-25），将油杯拧紧，应确认油杯中油位没过呼气孔，并处于最高和最低油位线之间，确保形成油封。对暂时没有反措的油杯（油杯螺纹件上没有缺口）拧紧后往回倒半圈，以提供空气流通气隙。安装后应保持呼吸器呼吸畅通。

图3-25　油封杯复装

五、验收

所有工作结束后检查缺陷已消除，及时清理现场，将工器具全部收拢并清点，将材料及备品、备件回收清点，确认作业现场无遗留物，并做好本次工作的相关记录。

第九节　变压器（油浸式电抗器）事故油池通畅检查

一、作业内容

变压器（油浸式电抗器）事故油池通畅检查。

二、作业要求

（一）安全要求

（1）应严格执行 Q/GDW 1799.1—2013《国家电网公司电力安全工作规程　变电部分》

的相关要求。

（2）应在良好的天气下进行，如遇雷、雨、雪、雾，不得进行该项工作。

（3）作业时应与设备带电部位保持相应的安全距离。

（4）作业时，要防止误碰误动设备。

（5）作业不得少于两人，工作负责人应由有经验的人员担任，开工前，工作负责人应向全体工作人员详细介绍工作的各安全注意事项，应有专人监护，监护人在作业期间应始终履行监护职责，不得擅离岗位或兼职其他工作。

（6）照明满足要求，相对湿度不大于85%。

（二）危险点及其控制措施

变压器（油浸式电抗器）事故油池畅通检查作业中危险点及其控制措施如表 3-17 所示。

表 3-17　　变压器（油浸式电抗器）事故油池畅通检查作业中危险点及其控制措施

序号	危险点	控制措施
1	坠落伤害	事故油池盖板打开后，设置警告标示牌，提醒注意
2	毒气伤害	事故油池盖板打开后，应通风1h以上，检查人员应站在上风口位置进行检查，必要时佩戴防毒面具
3	人身伤害	打开事故油池盖板时，翻动盖板时做好防范措施，防止压伤手指或脚，造成人身伤害
4	火灾隐患	工作现场严禁烟火，现场配备灭火器

三、作业前工器具及材料准备

准备好标准化作业指导卡以及工作所需工器具、材料等（见表3-18），并带到工作现场，相应的工器具应满足工作需要，材料应齐全。

表 3-18　　　变压器（油浸式电抗器）事故油池通畅检查所需工器具及材料

序号	名称	单位	数量	备注
1	撬棒	根	若干	
2	手电筒	个	若干	
3	防毒面具	套	若干	
4	手套	双	若干	
5	标准化作业指导卡			
6	安全帽	顶	若干	

四、作业主要步骤及工艺要求

（1）确认工作环境良好，天气无雨，相对湿度不大于85%。

（2）设置警示牌。提醒作业人员有坑洞，防止跌落。

（3）打开事故油池。作业人员应位于事故油池盖板上风口，用工具打开事故油池的盖板（见图 3-26）。

图 3-26　事故油池排油口

（4）检查事故油池。通风 1h 后，使用照明工具对池内进行查看，检查池内积水程度或积油情况，并做好记录。

（5）覆盖事故油池。使用工具盖好事故油池盖板。

五、工作相关记录及缺陷上报

所有工作结束后及时清理现场，将工器具全部收拢并清点，将材料及备品、备件回收清点，确认作业现场无遗留物，并做好本次工作的相关记录及缺陷上报。

第十节　变压器（油浸式电抗器）噪声检测

一、作业内容

变压器（油浸式电抗器）噪声检测。

二、作业要求

（一）环境要求

（1）测量应在无雨雪、无雷电天气进行；声级检测时风速应低于 5m/s，传声器加防风罩。

（2）测量应在被测对象正常工作时进行，同时记录当时工况。

（3）户外测量时，反射面可以是原状土地面，混凝土地面或沥青浇注地面。户内测量时，反射面通常是室内的地面。当反射面不是地平面或室内地面时，必须保证反射表面不致因振动而发射出显著的声能。

(4) 不属于被测声源的反射物体，不得放置入测量表面以内。

（二）待测设备要求

(1) 设备处于运行状态（或加压到额定运行电压）进行测量。

(2) 待试设备冲击合闸 5min 后进行声级检测。

(3) 电抗器选择在最高运行电压及额定频率下进行测量。

(4) 设备外壳清洁、无覆冰。

(5) 设备上无各种外部作业。

（三）安全要求

(1) 应严格执行 Q/GDW 1799.1—2013《国家电网公司电力安全工作规程　变电部分》的相关要求。

(2) 在进行检测时，要防止误碰误动设备。

(3) 防止传感器坠落而误碰设备，在使用传感器进行检测时，避免手部直接接触传感器金属部件。

(4) 行走中注意脚下，防止踩踏设备管道。

(5) 试验工作不得少于两人。试验负责人应由有经验的人员担任，开始试验前，试验负责人应向全体试验人员详细介绍试验中的安全注意事项，交代邻近间隔的带电部位，以及其他安全注意事项。

(6) 应确保操作人员及测试仪器与电力设备的带电部分保持足够的安全距离。

(7) 试验结束时，应进行现场清理。

（四）危险点及控制措施

变压器（油浸式电抗器）噪声检测作业中危险点及其控制措施如表 3-19 所示。

表 3-19　　　　变压器（油浸式电抗器）噪声检测作业中危险点及其控制措施

危险点	控制措施
触电伤害	(1) 与带电部位保持足够的安全距离。 (2) 工作前确认个人安全工器具佩戴正确，所有检修人员必须在明确的工作范围内进行工作

三、作业前工器具及材料准备

准备好标准化作业指导卡以及工作所需工器具、材料等（见表 3-20），并带到工作现场，相应的工器具应满足工作需要，材料应齐全。

表 3-20   变压器（油浸式电抗器）噪声检测所需工器具及材料

序号	名称	单位	数量	备注
1	安全帽	顶	若干	
2	噪声监测仪	台	1	
3	手套	双	若干	
4	标准化作业指导卡			

四、作业主要步骤及工艺要求

（1）使用噪声检测仪前应先阅读说明书，掌握仪器的使用方法与注意事项。

（2）安装电池或外接电源应注意极性，切勿反接。长期不用应取下电池，以免漏液损坏仪器。

（3）传声器切勿拆卸，防止摔摔，不用时放置妥当。

（4）仪器应避免放置于高温、潮湿、有污水、灰尘及含盐酸、碱成分高的空气或化学气体的地方。

（5）勿擅自拆卸仪器，如仪器不正常，应送修理单位检修。

（6）噪声检测仪注意防水。

（7）变压器（油浸式电抗器）噪声测试（见图 3-27）时应根据预先设置的采样点依次测试，工作中与采样设备距离保持 2m，每点测试持续 1min，将所有点平均值作为最终测试结果，并记录实时负荷数据。

（8）变压器（油浸式电抗器）噪声检测点位规范布置要求（见图 3-28）。

图 3-27　变压器（油浸式电抗器）噪声测试

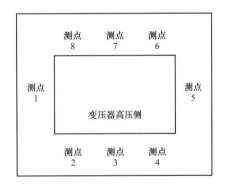

图 3-28　变压器（油浸式电抗器）检测点选择

五、检测数据分析与处理

检测工作结束后，应在 3 个工作日内将检测报告整理完毕，记录格式见附录 N。对于存在缺陷设备应提供检测异常报告。

第十一节　变压器（油浸式电抗器）不停电的气体继电器集气盒放气

一、作业内容

变压器（油浸式电抗器）不停电的气体继电器集气盒放气。

二、作业要求

（一）安全要求

（1）应严格执行 Q/GDW 1799.1—2013《国家电网公司电力安全工作规程　变电部分》的相关要求。

（2）应在良好的天气下进行，如遇雷、雨、雪、雾，不得进行该项工作。

（3）作业时应与设备带电部位保持相应的安全距离。

（4）作业时，要防止误碰误动设备。

（5）作业不得少于两人，工作负责人应由有经验的人员担任，开工前，工作负责人应向全体工作人员详细布置工作的各安全注意事项，应有专人监护，监护人在作业期间应始终履行监护职责，不得擅离岗位或兼职其他工作。

（6）照明满足要求，环境中温度不低于5℃，相对湿度不大于85％。

（二）危险点及控制措施

变压器（油浸式电抗器）不停电的气体继电器集气盒放气作业中危险点及其控制措施如表3-21所示。

表3-21　变压器（油浸式电抗器）不停电的气体继电器集气盒放气作业中危险点及其控制措施

序号	危险点	控制措施
1	触电伤害	（1）进行变压器（油浸式电抗器）不停电的气体继电器集气盒放气工作时必须满足Q/GDW 1799.1—2013《国家电网公司电力安全工作规程 变电部分》规定的安全距离。 （2）工作前确认安全措施到位，作业人员必须在工作范围内进行工作。 （3）工作中若需登高，应使用绝缘梯，绝缘梯应合格。梯子必须两人放倒搬运，并与带电部位保持足够的安全距离
2	高空坠落	（1）绝缘梯应坚固完整，有防滑措施。梯子的支柱应能承受作业人员及其所携带工具、材料攀登时的总质量。 （2）绝缘梯必须架设在牢固基础上，单梯应与地面呈60°夹角，人字梯应有限制开度的措施。 （3）在绝缘梯上工作时必须有专人扶持，禁止两人及以上人员在同一爬梯上工作，人在梯子上时，禁止移动梯子
3	滑倒伤害	作业取气时应防止变压器（油浸式电抗器）油洒落地面造成人员滑倒伤害，工作过程中应用毛巾等擦拭油渍，防止滴落

三、作业前工器具及材料准备

准备好标准化作业指导卡以及工作所需工器具、材料等（见表3-22），并带到工作现场，相应工器具应满足工作需要，材料应齐全。

表 3-22　变压器（油浸式电抗器）不停电的气体继电器集气盒放气所需工器具及材料

序号	名称	单位	数量	备注
1	毛巾	条	若干	
2	安全帽	顶	若干	
3	手套	副	若干	
4	标准化作业指导卡			
5	垃圾桶	个	1	
6	扳手	套	1	

四、作业主要步骤及工艺要求

（1）确认工作环境良好，或采取防雨措施。

（2）确认变压器（油浸式电抗器）本体（有载调压）轻瓦斯动作发信，并已经主管部门确认同意放气。

（3）确认变压器（油浸式电抗器）本体（有载调压）气体继电器观察窗中有气体。

（4）确认变压器（油浸式电抗器）本体（有载调压）重瓦斯保护已停用（或改信号）。

（5）确认变压器（油浸式电抗器）本体（有载调压）气体继电器集气盒放气处与带电部位安全距离符合要求。

（6）将废油筒置于气体继电器集气盒下方。

（7）旋下集气盒下方密封螺母，控制放油速率（见图3-29）。

（8）观察集气盒中油位下降，并出现气体。

（9）当气体容量不再增加时，旋紧集气盒下方密封螺母。

（10）旋下集气盒上方密封螺母，排出气体，观察集气盒油位上升，直到油溢出。

图 3-29　气体继电器集气盒放油

（11）旋紧集气盒上方密封螺母，擦净集气盒上的油渍。

（12）检查气体继电器及集气盒中均无气体存在。

（13）复归变压器（油浸式电抗器）保护屏上××变压器（油浸式电抗器）本体（有载调压）轻瓦斯动作信号，检查元异常。

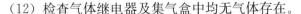

五、验收

所有工作结束后检查缺陷已消除，及时清理现场，将工器具全部收拢并清点，将材料及备品、备件回收清点，确认作业现场无遗留物，并做好本次工作的相关记录。

第十二节　变压器（油浸式电抗器）铁芯、夹件接地电流测试

一、作业内容

变压器（油浸式电抗器）铁芯、夹件接地电流测试。

二、作业要求

（一）环境要求

（1）在良好的天气下进行检测。

（2）环境温度不宜低于5℃。

（3）环境相对湿度不大于80%。

（二）待测设备要求

（1）设备处于运行状态。

（2）被测变压器铁芯、夹件（如有）接地引线引出至变压器下部并可靠接地。

（三）安全要求

（1）应严格执行 Q/GDW 1799.1—2013《国家电网公司电力安全工作规程　变电部分》的相关要求。

（2）检测工作不得少于两人。试验负责人应由有经验的人员担任，开始试验前，试验负责人应向全体试验人员详细布置试验中的安全注意事项，交代邻近间隔的带电部位，以及其他安全注意事项。

（3）应在良好的天气下进行，户外作业如遇雷、雨、雪、雾，不得进行该项工作，风力大于5级时，不宜进行该项工作。

（4）检测时应与设备带电部位保持相应的安全距离。

（5）在进行检测时，要防止误碰误动设备。

（6）行走中注意脚下，防止踩踏设备管道。

（7）测试前必须认真检查表计倍率、量程、零位，均应正确无误。

（8）严禁将变压器铁芯、夹件的接地点打开测试。

（四）仪器要求

变压器铁芯接地电流检测装置一般为两种：钳形电流表和变压器铁芯接地电流检

测仪。

（1）钳形电流表具备电流测量、显示及锁定功能。

（2）变压器铁芯接地电流检测仪具备电流采集、处理、波形分析及超限告警等功能。

主要技术指标：

1）检测电流范围：AC，1～10000mA。

2）满足抗干扰性能要求。

3）分辨率：不大于1mA。

4）检测频率范围：20～200Hz。

5）测量误差要求：±1%或±1mA（测量误差取两者最大值）。

6）温度范围：−10～50℃。

7）环境相对湿度：5%～90%RH。

（五）功能要求

变压器铁芯接地电流检测装置应具备以下功能：

（1）钳形电流互感器卡钳内径应大于接地线直径。

（2）检测仪器应有多个量程供选择，且具有量程200mA以下的最小挡位。

（3）检测仪器应具备电池等可移动式电源，且充满电后可连续使用4h以上。

除以上基本功能外，变压器铁芯接地电流检测仪还应具备以下功能：

（1）变压器铁芯接地电流检测仪具备数据超限警告，检测数据导入、导出、查询、电流波形实时显示功能。

（2）变压器铁芯接地电流检测仪具备检测软件升级功能。

（3）变压器铁芯接地电流检测仪具备电池电量显示及低电量报警功能。

（六）危险点及控制措施

变压器（油浸式电抗器）铁芯、夹件接地电流测试作业中危险点及其控制措施如表3-23所示。

表3-23　变压器（油浸式电抗器）铁芯、夹件接地电流测试作业中危险点及其控制措施

序号	危险点	控制措施
1	触电伤害	（1）与带电部位保持足够的安全距离。 （2）工作前确认个人安全工器具佩戴正确，所有检修人员必须在明确的工作范围内进行工作

三、作业前工器具及材料准备

准备好标准化作业指导卡以及工作所需工器具、材料等（见表3-24），并带到工作现场，相应的工器具应满足工作需要，材料应齐全。

表 3-24 变压器（油浸式电抗器）铁芯、夹件接地电流测试所需工器具及材料

序号	名称	单位	数量	备注
1	绝缘垫	块	若干	
2	安全帽	顶	若干	
3	钳形电流表	只	1	
4	手套	双	若干	
5	标准化作业指导卡			

四、作业主要步骤及工艺要求

（1）选择钳形电流表。根据铁芯、夹件引下线尺寸以及被测电流的种类、电流等级正确选择钳形电流表。

（2）检查钳形电流表。检查钳口闭合情况及表头情况等是否正常，若指针未在零位，应进行机械调零。

（3）选择钳形电流表量程。根据被测电流大小来选择合适的钳形电流表量程，选择的量程应大于被测电流数值，应选用最大量程估测。

图 3-30 铁芯、夹件接地电流测试

（4）正确测量。在接地电流直接引下线段进行测试，测量时钳口闭合紧密，历次测试位置应相对固定。

（5）结束测量。读数后应按紧扳手，使钳口张开，将被测导线放入钳口中央，松开，将钳口张开，将被测导线退出，将挡位置于电流最高挡或 OFF 挡。

铁芯、夹件接地电流测试如图 3-30 所示。

五、检测数据分析与处理

检测工作结束后，应在 3 个工作日内将检测报告整理完毕，检测记录格式见附录 O。对于存在缺陷设备应提供检测异常报告。

第十三节 变压器（油浸式电抗器）取样及诊断分析

一、作业内容

变压器（油浸式电抗器）取样及诊断分析。

二、作业要求

（一）安全要求

（1）应严格执行 Q/GDW 1799.1—2013《国家电网公司电力安全工作规程　变电部分》的相关要求。

（2）取样过程中应有防漏油、喷油措施。

（3）作业时，应与设备带电部位保持相应的安全距离，要防止误碰误动设备，检测仪器与设备带电部分、吊装设备保持足够的安全距离，远离施工现场，可放置在室内工作，仪器接地应良好。

（4）作业不得少于两人，工作负责人应由有经验的人员担任，开工前，工作负责人应向全体工作人员详细布置工作的各安全注意事项，应有专人监护，监护人在作业期间应始终履行监护职责，不得擅离岗位或兼职其他工作。

（5）使用的氢气发生器、氮气发生器、无油空压机（或高压氢气瓶、高压氮气瓶、高压空气瓶）及其管路，应经过渗漏检查，防止漏气。

（6）使用中的氢气发生器、氮气发生器、无油空压机（或高压氢气瓶、高压氮气瓶、高压空气瓶）出口阀（减压阀）不得沾有油脂，气瓶应置于阴凉处，不得暴晒。

（7）高压氢气瓶、高压氮气瓶、高压空气瓶应采取固定装置，防止倾倒。

（二）危险点及控制措施

变压器（油浸式电抗器）取样及诊断分析作业中危险点及其控制措施如表 3-25 所示。

表 3-25　　变压器（油浸式电抗器）取样及诊断分析作业中危险点及其控制措施

序号	危险点	预控措施
1	触电伤害	（1）进行变压器（油浸式电抗器）取样及诊断分析作业时必须满足 Q/GDW 1799.1—2013《国家电网公司电力安全工作规程　变电部分》规定的安全距离。 （2）工作前确认安全措施到位，作业人员必须在工作范围内进行工作。 （3）工作中若需登高，应使用绝缘梯，绝缘梯应合格。梯子必须两人放倒搬运，并与带电部位保持足够的安全距离
2	走错间隔	工作前确认设备的双重名称编号，认清取油、取气部位，中途离开再次回到现场时，需再次确认设备的双重名称编号
3	工具脱落伤人	（1）操作注射器时，握紧针头，且不能正对人。 （2）玻璃制品应轻拿轻放，以防脱落伤人
4	漏油、喷油	取样过程中注意防止变压器油喷溅
5	遗留物	（1）工作结束前应仔细检查箱内是否有遗留物。 （2）加强现场工器具物料管理，防止相关工器具遗留现场。 （3）工作结束前做好状态核对，确认与工作前状态一致

（三）环境要求

（1）除非另有规定，检测均在当地大气条件下进行，且检测期间，大气环境条件应相对稳定。

（2）取样应在良好的天气下进行。

（3）环境温度不宜低于5℃。

（4）环境相对湿度不宜大于80%。

（5）测试地点应无扬尘，避免震动、淋水。

三、作业前工器具及材料准备

准备好标准化作业指导卡以及工作所需工器具、材料等（见表3-26），并带到工作现场，相应的工器具应满足工作需要，材料应齐全。

表3-26　　变压器（油浸式电抗器）取样及诊断分析作业所需工器具及材料

序号	设备名称	单位	数量	备注
1	气相色谱分析仪	台	1	河南中分 ZF-2000plus 或泰普联合 STP1004P 或朗析仪器 LX-3100
2	氮气瓶	个	3	40L 带气（99.99%及以上）
3	标准气瓶	瓶	1	8L（含分析的七种组分）
4	玻璃注射器	只	3	100mL
5	定量进样器	只	1	1mL
6	进样针头	只	1	5 号牙科针头（侧开口）
7	三通及连接管路	套	1	规格符合现场实际
8	橡胶帽	个	3	
9	防油垫	张	1	400mm×500mm
10	废油容器	个	1	1000mL 广口透明玻璃瓶
11	剪刀	把	1	
12	螺丝刀	把	1	
13	扳手	把	1	
14	工作站（含打印机、打印纸）	套	1	外置打印机
15	电源插座	个	1	
16	搪瓷盒	个	1	
17	双层试验车	个	1	不锈钢
18	温湿度计	个	1	
19	空盒大气压力表	个	1	
20	擦油布	块	2	
21	抽纸	盒	1	
22	无毛纸	盒	1	

序号	设备名称	单位	数量	备注
23	不锈钢盘	个	1	
24	医用无粉乳胶手套	盒	1	
25	镊子（或尖嘴钳）	个	1	

四、作业主要步骤及工艺要求

确认工作环境良好，环境温度不低于 5℃，环境相对湿度不大于 80％，检查和确认设备名称编号。

（一） 现场准备

1. 记录现场环境及设备信息

（1）确认工作地点：工作班成员与工作负责人将工作所需工器具转移至工作现场，并确认工作地点。

（2）记录现场环境温湿度：工作班成员查看温湿度计读数，并将现场温度、湿度读数汇报至工作负责人；工作负责人将现场温度、湿度记录在标准化作业指导卡中。

（3）记录变压器气体继电器气体体积：工作班成员查看变压器气体继电器，并将气体体积读数汇报至工作负责人；工作负责人将气体继电器体积示数记录在标准化作业指导卡中。

（4）记录变压器铭牌等信息：工作班成员分别在两张油样标签、一张气样标签中（见图 3-31）记录设备相关基本信息，工作负责人将写好的标签分别贴于三支

图 3-31　样品标签

100mL 注射器上，三支注射器分别为油样 1 注射器、油样 2 注射器、瓦斯气样注射器。

2. 三通阀及管路连接

（1）取油三通阀及管路连接：将乳胶管分别与三通阀连接，并将三通阀调节至与注射器接口隔绝的状态。

（2）取气三通阀及管路连接：将乳胶管分别与三通阀连接，并将三通阀调节至与注射器接口隔绝的状态。

（二） 油样采集及瓦斯气样注射器准备

1. 油样采集

（1）用无毛纸擦拭取油处外表，并检查放油阀在关闭状态。

（2）拧下放油嘴防尘帽，并检查放油嘴有无渗漏。

（3）用无毛纸擦拭放油嘴、擦拭取油转接头螺纹口，并将取油转接头安装在放油嘴处。

（4）用无毛纸擦拭取油转接头，并将取油管连接在转接头上，然后将油样 1 注射器连

图 3-32 排死油

接在三通阀的取样口，并将排废管放置在废油容器中。

（5）缓慢打开放油阀，观察变压器油缓缓排至废油容器中。等待一段时间，使变压器放油嘴处死油排尽（见图 3-32），同时利用变压器油对取油管路进行清洗。

（6）等待放油嘴处死油已排尽，关闭放油阀，将三通阀调节至与大气隔绝状态，借变压器油的自然压力使油缓缓进入注射器中，利用变压器油对注射器进行清洗。

（7）当注射器中进油至 30mL 左右时，将三通阀调节至与变压器隔绝状态，拉动注射器芯至 100mL，用油润洗注射器，然后将注射器口朝上，使注射器内气体聚集在注射器口处，推动注射器内芯排尽注射器内空气和废油（见图 3-33）。

图 3-33 取油、润洗及排油

（8）待注射器中气、油排尽后，将三通阀调节至与大气隔绝状态，缓慢打开放油阀，使油进入注射器中，对注射器进行第二次清洗。

（9）当注射器中进油至 30mL 左右时，关闭放油阀，将三通阀调节至与变压器隔绝状态，然后推动注射器内芯排尽注射器内空气和废油。

（10）待注射器中油排尽后，将三通阀调节至与大气隔绝状态，缓慢打开放油阀，开始取油样。

（11）当取样至 80～100mL 时，关闭放油阀，并取下三通阀，排出橡胶帽中的空气，在注射器口上盖上橡胶帽，并将注射器擦拭干净（见图 3-34）。

（12）检查油样中有无气泡，确认油样合格后，将注射器放置于托盘中。按第一支油样

图 3-34　取油 100mL、戴胶帽及擦拭注射器

的采集方法采集第二支油样。

2. 瓦斯气样注射器润滑

（1）将采集瓦斯气样的注射器与三通阀连接。

（2）将三通阀调节至与大气隔绝状态，缓慢打开放油阀，利用变压器油对气样注射器进行润滑。

（3）当注射器中进油至略大于 30mL 后，关闭放油阀，将三通阀调节至与变压器隔绝状态。将注射器口朝上，使注射器内气体聚集在注射器口处，然后推动注射器内芯排尽气体和废油。

（4）待注射器中油、气排尽后，取下三通阀。

（5）盖上橡胶帽，将注射器放置于托盘中待用。

3. 放油嘴恢复及清理

（1）缓慢将取油管从取油转接头上取下，并将管路及三通阀一同放入不锈钢盘中。

（2）拧下取油转接头，检查放油嘴无渗漏后，用无毛纸擦拭放油嘴、擦拭防尘帽，并装上防尘帽。

（三）瓦斯气样采集

（1）取下集气盒放油嘴防尘帽，并检查放油嘴无渗漏后，用无毛纸擦拭放油嘴，连接放油管路，然后用扳手缓缓打开放油阀，观察油从集气盒中缓缓流出，瓦斯气体逐渐转移至集气盒上部（见图 3-35）。

（2）当集气盒内有稳定持续的油流流进时，关闭放油阀。

图 3-35　排油引气

（3）取下放气嘴防尘帽，并用无毛纸擦拭放气嘴，连接取气管路，然后将气样注射器与三通阀连接。

（4）缓慢打开取气阀，集气盒内气体通过管路排至废油容器中，利用瓦斯气体对管路进行清洗，同时可观察到废油容器中存在冒泡现象。

（5）关闭取气阀，将三通阀调节至与大气隔绝状态，缓慢打开取气阀，使气体进入注射器中，根据瓦斯气体量对注射器清洗1～2次：注射器中取少量气体，关闭取气阀，将三通阀调节至与变压器隔绝状态，并排出注射器中气体。此时注意将注射器口朝下，尽量排出注射器中的气体（见图3-36）。

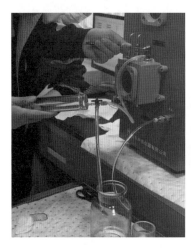

图3-36　润洗及排气

（6）待注射器中气体排尽后，将三通阀调节至与大气隔绝状态，缓慢打开取气阀，开始取气。

（7）当注射器中取气至30mL左右，关闭取气阀。

（8）取下注射器，盖上橡胶帽，并将注射器擦拭干净（见图3-37）。

图3-37　戴胶帽及擦拭注射器

（9）将三通阀调节至与注射器接口隔绝状态，缓慢打开取气阀，排出集气盒中残留气体。

（10）当取气管中已有稳定油流流出，表明集气盒中气体已全部排尽，关闭取气阀。

（11）缓慢取下取气管，并检查放气嘴无渗漏后，用无毛纸擦拭放气嘴、防尘帽，然后装上防尘帽。

（12）缓慢取下放油管路，并检查放油嘴无渗漏后，用无毛纸擦拭放油嘴、防尘帽，然后装上防尘帽。

（四）油色谱数据检测

油色谱分析仪外观及主机连接如图 3-38 所示。

1. 仪器开机

（1）将 USB 通信线的一端连接在主机上面板上，另一端连接到平板电脑的 USB 插口上。

（2）取交流 220V 电源，将电脑、便携主机的电源线一端连接到各自的电源接口，另一端连接到插座上（插座开关处于关闭状态）。

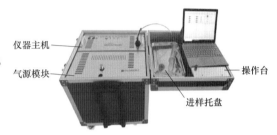

图 3-38　油色谱分析仪外观及主机连接

（3）打开氮气瓶上的总阀及开关阀、打开主机电源开关，启动平板电脑。

（4）运行色谱工作站软件，检查通信是否正常（各路温度应显示接近室温值，压力、流量应指示正常），此时工作站的智能控制功能会启动，自动判断工况，在适宜的时候升温、点火、加桥流。图 3-39 为色谱仪工作站主页面。

（5）观察工作站上的检测器基线，稳定后开始进样分析。

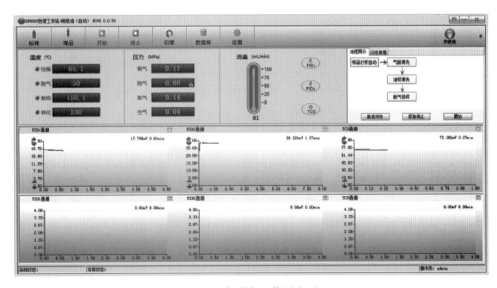

图 3-39　色谱仪工作站主页面

2. 仪器标定

标气的浓度应正确输入色谱工作站软件中。点开"设置",找到标准样品,将使用的标样组分浓度添加好(见图 3-40 和图 3-41)。

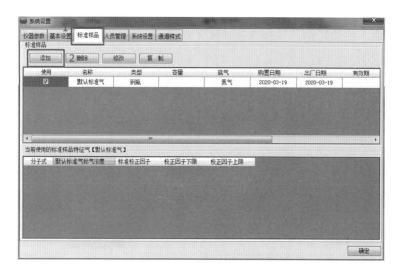

图 3-40　找到标准样品

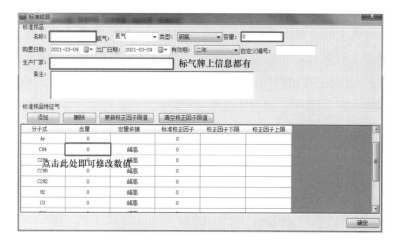

图 3-41　标准样品设置流程

采用外标定量法,标定仪器应在仪器运行工况稳定且相同的条件下进行。

注意检查标准混合气的有效性,过期标气或压力过低的标气应及时更换。

当设备达到分析工况,基线平稳后,即可进行标样分析。设备标样分析为自动流程。打开标气瓶开关,点击工作站"标样"按钮,弹出"标样采集"窗口,如图 3-42 所示。

默认进样方式为自动,进样次数为 1,点击确定,工作站即会自动进行标样分析,同时绘制标样中不同组分的分析谱图,如图 3-43 所示。

标样分析结束,自动弹出"绘制校正曲线"窗口,点击确定(见图 3-44)。

手动标定时在数据工作站中选择进样方式为手动。用 1mL 玻璃注射器准确抽取已知各组分浓度的标准混合气 0.5mL（或 1mL）进样标定。数据工作站自动从得到的色谱图上量取各组分的峰面积或峰高。至少重复操作 2 次，取其平均值，2 次相邻标定的重复性应在其平均值的 ±1.5% 以内。

图 3-42　标样进样

每次试验均应标定仪器，标定完毕打印谱图。

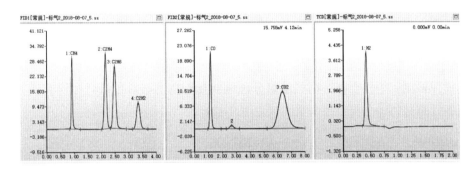

图 3-43　标样分析谱图

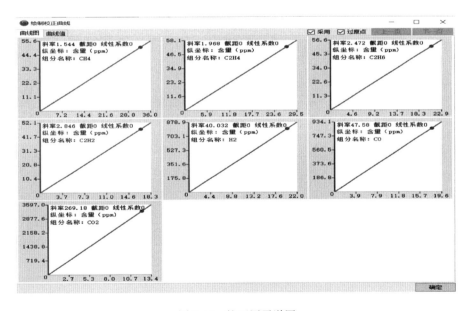

图 3-44　校正因子谱图

3. 油样分析

（1）在数据工作站中选择自动（绝缘油）方法。

（2）提前将不少于 80mL 样品注射器与进油三通连接好（见图 3-45），点击"样品"，在"样品采集"弹窗中输入样品信息后点击确定，工作站即自动完成进油、脱气、采集、反吹和结果计算的整个流程（见图3-46）。

图3-45　注射器连接

图3-46　油样设置

（3）油样检测完毕检查各特征气体组分色谱峰标识情况，对色谱峰标识有误的需手动修正，重新计算并打印分析结果与谱图（见图3-47）。

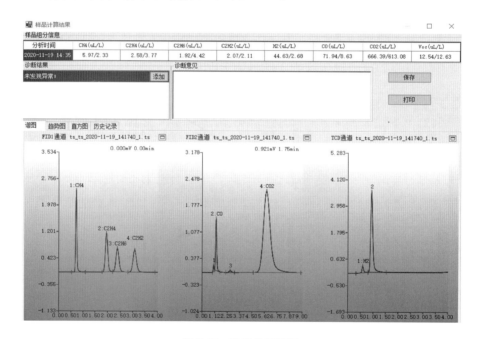

图3-47　油样分析谱图

4. 瓦斯气样分析

（1）首先在"设置—基本设置"里，将模式切换至瓦斯气模式（见图3-48）。

点击确认后会自动重启平台，重启之后观察左上角显示瓦斯气模式。

（2）点击样品，在"样品采集"对话框中选择设备，选择进样方式为手动，将参数修改好，点击确认（见图3-49）。

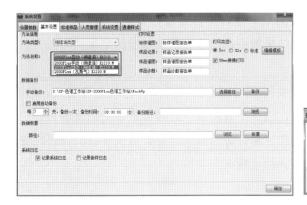

图 3-48　瓦斯气模式切换

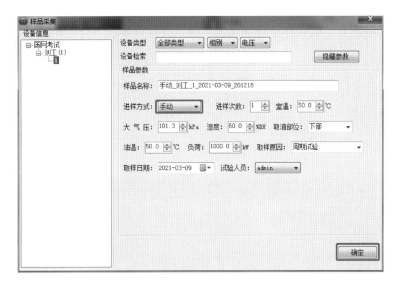

图 3-49　气样参数设置

　　手动在瓦斯气进样口进样（见图 3-50）。用 1mL 玻璃注射器从瓦斯气体样品中准确抽取样品气 1mL（或 0.5mL），进样分析。数据工作站自动从所得色谱图上量取各组分的峰面积或峰高。色谱仪的标定与样品分析应使用同一支进样注射器，取相同进样体积，由同一人完成。

　　（3）瓦斯气样检测完毕检查各特征气体组分色谱峰标识情况，对色谱峰标识有误的需手动修正，重新计算并打印分析结果与谱图。

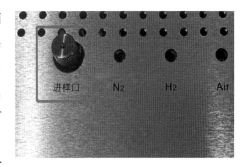

图 3-50　瓦斯气进样口

　　5. 数据记录

　　（1）色谱仪数据工作站根据 GB/T 17623《绝缘油中溶解气体组分含量的气相色谱测定法》提供的计算公式，自动计算特征气体组分浓度结果。

（2）检测人员应检查相邻两次检测结果是否符合重复性要求，检测结果重复性大于标准要求时应复测，合格时取两次检测结果的平均值作为本次试验的结果。

6．关机

（1）首先应关闭主机电源，其次关闭氮气瓶上的开关阀、标气瓶开关阀，然后将平板电脑关机，将平板电脑放入配件箱内，注意不要遗漏电源线和电源适配器等；

（2）拆掉各部件电源线、通信线和气路管等，并包装好，放到各自的存放位置；

（3）对现场进行检查，防止遗漏部件或线束。

五、验收

所有工作结束后检查缺陷已消除，及时清理现场，将工器具全部收拢并清点，将材料及备品、备件回收清点，确认作业现场无遗留物，并做好本次工作的相关记录。

第四章

气体绝缘金属封闭开关设备（GIS）

第一节　气体绝缘金属封闭开关设备（GIS）汇控柜柜体消缺

一、作业内容

气体绝缘金属封闭开关设备（GIS）汇控柜柜体消缺。

二、作业要求

（一）安全要求

（1）应严格执行 Q/GDW 1799.1—2013《国家电网公司电力安全工作规程　变电部分》的相关要求。

（2）应在良好的天气下进行，如遇雷、雨、雪，不得进行该项工作。

（3）作业时应与设备带电部位保持相应的安全距离。

（4）作业时，要防止误碰误动设备。

（5）作业不得少于两人，工作负责人应由有经验的人员担任，开工前，工作负责人应向全体工作人员详细介绍工作的各安全注意事项，应有专人监护，监护人在作业期间应始终履行监护职责，不得擅离岗位或兼职其他工作。

（二）危险点及控制措施

变压器（油浸式电抗器）汇控柜、冷控箱柜体消缺作业中危险点及其控制措施如表 4-1 所示。

表 4-1　变压器（油浸式电抗器）汇控柜、冷控箱柜体消缺作业中危险点及其控制措施

序号	危险点	控制措施
1	触电伤害	（1）进行气体绝缘金属封闭开关设备（GIS）汇控柜柜体消缺工作时必须满足 Q/GDW 1799.1—2013《国家电网公司电力安全工作规程　变电部分》规定的安全距离。 （2）工作前确认安全措施到位，作业人员必须在工作范围内进行工作。 （3）工作中若需登高，应使用绝缘梯，绝缘梯应合格。梯子必须两人放倒搬运，并与带电部位保持足够的安全距离

序号	危险点	控制措施
2	高空坠落	（1）绝缘梯应坚固完整，有防滑措施。梯子的支柱应能承受作业人员及其所携带工具、材料攀登时的总质量。 （2）绝缘梯必须架设在牢固基础上，单梯应与地面呈 60°夹角，人字梯应有限制开度的措施。 （3）在绝缘梯上工作时必须有专人扶持，禁止两人及以上人员在同一爬梯上工作，人在梯子上时，禁止移动梯子
3	误碰、误拉空气开关或接线导致误动	（1）作业前应查阅相关图纸和说明书。 （2）作业中应加强监护，防止误碰、误拉空气开关或接线导致误动
4	机械伤害	柜体边缘等尖锐器件容易造成工作人员割伤，作业人员应戴防护手套，杜绝野蛮施工，防止机械伤害
5	遗留物	（1）工作结束前应仔细检查箱内是否有遗留物。 （2）加强现场器具物料管理，防止相关工器具遗留现场。 （3）工作结束前做好状态核对，确认与工作前状态一致

三、作业前工器具及材料准备

准备好标准化作业指导卡以及工作所需工器具、材料等（见图 4-1 和表 4-2），并带到工作现场，相应的工器具应满足工作需要，材料应齐全。

图 4-1　气体绝缘金属封闭开关设备（GIS）汇控柜柜体消缺所需工器具及材料

表 4-2　　气体绝缘金属封闭开关设备（GIS）汇控柜柜体消缺所需工器具及材料

序号	名称	单位	数量	备注
1	标准工具箱	套	1	
2	万用表	只	1	

序号	名称	单位	数量	备注
3	密封黏胶	桶	1	
4	有机堵料	包	若干	
5	毛刷	把	若干	
6	绝缘梯	架	1	根据现场需要
7	密封条	m	若干	根据现场需要同规格、同型号
8	柜体玻璃	块	1	根据现场需要同规格、同型号
9	接地软引线	m	若干	根据现场需要同规格、同型号
10	门轴、门把手等锁具	个	若干	根据现场需要同规格、同型号
11	安全帽	顶	若干	
12	手套	副	若干	
13	毛巾	条	若干	

四、作业主要步骤及工艺要求

确认工作环境良好，天气无雨，相对湿度不大于85%，检查和确认汇控柜异常情况及原因，针对异常情况进行消缺处理。

（一）汇控柜柜门消缺

（1）检查汇控柜柜门开闭是否异常，如图 4-2 所示，如铰链异常，应进行修复或更换；若门轴或门把手异常，应进行修复或更换。

（2）更换门轴或门把手现场工作前，应事先查看准备的门轴或把手是否符合现场实际应用。

（3）拆下旧的门轴或把手，拆除时注意观察安装方法；工作前将汇控柜门打开，并注意工作中与运行中的回路的位置，防止在工作中误碰运行设备。工作人员应戴线手套，防止割伤、划伤。

（4）安装新的门轴或把手，安装完毕后检查冷控箱门关闭良好、无卡涩现象。

（5）将门把手活动部位注油润滑。

（二）汇控柜柜体接地软引线消缺

检查柜体接地软引线接地端、接地线连接是否异常，如接地端、接地线松动，应重新连接紧固，如接地线断股或破损，应更换同规格的接地线，并检查连接可靠、牢固。

（三）汇控柜柜体密封异常处理

（1）检查柜体表面是否有破损情况，如有破损，应根据破损情况修补。检查柜体封堵是否良好，如封堵不良，应选用新的封堵材料重新封堵（见图 4-3）。

图 4-2　维修门轴、铰链　　　　　　　　　　图 4-3　封堵柜

（2）检查柜体橡胶密封条是否完好，如有脱落，用密封黏胶进行修复，如损坏，应选用同规格密封条更换。

（3）拆除旧的密封胶条，并注意工作中与运行中的回路的位置，防止在工作中误碰运行设备。工作人员应戴线手套，防止割伤、划伤。

图 4-4　紧固柜门螺

（4）将新的密封胶条涂抹上密封胶，安装在汇控柜门的胶条槽内，按压确认胶条牢固结实，密封良好。

（四）柜体玻璃消缺

查看柜体玻璃螺丝是否松动，并进行紧固（见图 4-4），若密封条脱落应用密封胶进行修复。若柜体玻璃破损或脱落，应进行更换，并事先查看准备的柜体玻璃是否符合现场实际应用；拆除旧柜体玻璃，安装新柜体玻璃，保证柜体玻璃封闭完好。

五、验收

所有工作结束后检查缺陷已消除，及时清理现场，将工器具全部收拢并清点，将材料及备品、备件回收清点，确认作业现场无遗留物，并做好本次工作的相关记录。

第二节　气体绝缘金属封闭开关设备汇控柜内加热器、温湿度控制器模块和回路维护消缺

一、作业内容

气体绝缘金属封闭开关设备（GIS）汇控柜内、温湿度控制器模块和回路维护消缺。

二、作业要求

（一）安全要求

（1）应严格执行国家电网公司 Q/GDW 1799.1—2013《国家电网公司电力安全工作规程 变电部分》的相关要求。

（2）应在良好的天气下进行，如遇雷、雨、雪，不得进行该项工作。

（3）作业时应与设备带电部位保持相应的安全距离。

（4）作业时，要防止误碰误动设备。

（5）作业不得少于两人，工作负责人应由有经验的人员担任，开工前，工作负责人应向全体工作人员详细介绍工作的各安全注意事项，应有专人监护，监护人在作业期间应始终履行监护职责，不得擅离岗位或兼职其他工作。

（二）危险点及控制措施

气体绝缘金属封闭开关设备（GIS）汇控柜内、温湿度控制器模块和回路维护消缺作业中危险点及控制措施如表 4-3 所示。

表 4-3 气体绝缘金属封闭开关设备（GIS）汇控柜内、温湿度控制器模块和回路维护
消缺作业中危险点及其控制措施

序号	危险点	控制措施
1	触电伤害	（1）进行气体绝缘金属封闭开关设备（GIS）汇控柜内、温湿度控制器模块和回路维护消缺工作时必须满足 Q/GDW 1799.1—2013《国家电网公司电力安全工作规程 变电部分》规定的安全距离。 （2）工作前确认安全措施到位，作业人员必须在工作范围内进行工作。 （3）工作中若需登高，应使用绝缘梯，绝缘梯应合格。梯子必须两人放倒搬运，并与带电部位保持足够的安全距离。 （4）工作地点与箱内端子排、空气开关等带电设备邻近，工作时防止误碰带电部位造成人员触电，作业人员戴线手套，工器具经绝缘包扎，加强工作监护；对于处理过程中临时拆线检查，逐条解除用绝缘胶布进行包扎并做好标记，防止误碰带电部位
2	高空坠落	（1）绝缘梯应坚固完整，有防滑措施。梯子的支柱应能承受作业人员及其所携带工具、材料攀登时的总质量。 （2）绝缘梯必须架设在牢固基础上，单梯应与地面呈 60°夹角，人字梯应有限制开度的措施。 （3）在绝缘梯上工作时必须有专人扶持，禁止两人及以上人员在同一爬梯上工作，人在梯子上时，禁止移动梯子
3	误碰、误拉空气开关或接线导致误动	（1）作业前应查阅相关图纸和说明书。 （2）作业前应做好防误碰、误拉空气开关的措施，箱体空间较狭窄，工作时应防止身体转动时误碰箱内空气开关、继电器及端子排等设备造成误动。 （3）作业中应加强监护，工作后应及时关闭并锁好箱门，防止小动物或雨水进入，造成设备误动
4	防止被加热板烫伤	工作中需接触加热板时应先断开加热电源，待加热板冷却后进行相关工作
5	遗留物	（1）工作结束前应仔细检查箱内是否有遗留物。 （2）加强现场器具物料管理，防止相关工器具遗留现场。 （3）工作结束前做好状态核对，确认与工作前状态一致

三、作业前工器具及材料准备

准备好标准化作业指导卡、图纸以及工作所需工器具、材料等（见图 4-5 和表 4-4），并带到工作现场，相应的工器具应满足工作需要，材料应齐全。

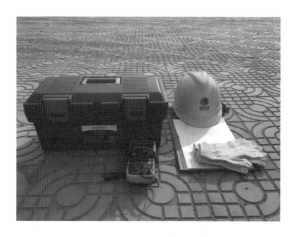

图 4-5　气体绝缘金属封闭开关设备（GIS）汇控柜内加热器、温湿度控制器模块和
回路维护消缺所需工器具及材料

表 4-4　　气体绝缘金属封闭开关设备（GIS）汇控柜内加热器、温湿度控制器模块和
回路维护消缺所需工器具及材料

序号	名称	单位	数量	备注
1	万用表	只	1	
2	标准工具箱	套	1	
3	绝缘梯	架	1	根据现场需要
4	空气开关	个	若干	根据现场需要同型号、同规格
5	连接线	m	若干	根据现场需要同型号、同规格
6	加热器	个	若干	根据现场需要同型号、同规格
7	安全帽	顶	若干	
8	手套	副	若干	

四、作业主要步骤及工艺要求

确认工作环境良好，天气无雨，相对湿度不大于 85%，检查和确认气体绝缘金属封闭开关设备（GIS）汇控柜内加热器、温湿度控制器模块和回路的异常情况及原因，针对异常情况进行消缺处理。

（1）电源回路异常。检查空气开关是否在合位，若在合位，检查恒温控制器，信号指示灯如正常时应亮（热、驱潮装置由其恒温控制器控制投退）；调节温度控制器，查看加热器是否工作（见图4-6）；加热、驱潮装置投入时，以手背接近感觉有无温度，检查其完好性。用万用表检查加热器电源空气开关两侧，如电源侧无电，则对电源回路逐级向上进行检查，如电源侧有电而负载侧无电，则判断空气开关故障，更换同规格的空气开关。若空气开关在分位，则对负载侧回路检查是否短路，并进行相应处理。

（2）连接回路异常。断开电源空气开关，用万用表对电源空气开关至加热器回路分段检查（见图4-7），找到相应故障点进行消缺。

（3）加热器异常。在连接回路消缺后，若加热器还不能正常加热，则更换同型号加热器。

图4-6　检查温湿度控制器

（4）消缺工作结束后，合上电源空气开关，将温湿度控制器切至强制（或手动）模式，检查加热器、温湿度控制器模块是否工作正常（见图4-8）。

图4-7　测量空气开关

图4-8　检查恒温控制器

五、验收

所有工作结束后检查缺陷已消除，及时清理现场，将工器具全部收拢并清点，将材料及备品、备件回收清点，确认作业现场无遗留物，并做好本次工作的相关记录。

第三节　气体绝缘金属封闭开关设备（GIS）汇控柜内照明回路消缺

一、作业内容

气体绝缘金属封闭开关设备（GIS）汇控柜内照明回路维护消缺。

二、作业要求

（一）安全要求

（1）应严格执行 Q/GDW 1799.1—2013《国家电网公司电力安全工作规程　变电部分》的相关要求。

（2）应在良好的天气下进行，如遇雷、雨、雪，不得进行该项工作。

（3）作业时应与设备带电部位保持相应的安全距离。

（4）作业时，要防止误碰误动设备。

（5）严防交、直流接地或短路；接临时电源时，应取自检修电源箱，由两人完成，严禁私自接线。

（6）作业不得少于两人，工作负责人应由有经验的人员担任，开工前，工作负责人应向全体工作人员详细介绍工作的各安全注意事项，应有专人监护，监护人在作业期间应始终履行监护职责，不得擅离岗位或兼职其他工作。

（二）危险点及控制措施

气体绝缘金属封闭开关设备（GIS）汇控柜内照明回路消缺作业中危险点及其控制措施如表 4-5 所示。

表 4-5　气体绝缘金属封闭开关设备（GIS）汇控柜内照明回路消缺作业中危险点及其控制措施

序号	危险点	控制措施
1	触电伤害	（1）进行消缺工作时必须满足 Q/GDW 1799.1—2013《国家电网公司电力安全工作规程 变电部分》规定的安全距离。 （2）工作前确认安全措施到位，作业人员必须在工作范围内进行工作。 （3）工作中若需登高，应使用合格的绝缘梯。梯子必须两人放倒搬运，并与带电部位保持足够的安全距离。 （4）工作地点与箱内端子排、空气开关等带电设备邻近，工作时防止误碰带电部位造成人员触电，作业人员戴线手套，工器具经绝缘包扎，加强工作监护；对于处理过程中临时拆线检查，逐条解除用绝缘胶布进行包扎并做好标记，防止误碰带电部位
2	高空坠落	（1）绝缘梯应坚固完整，有防滑措施。梯子的支柱应能承受作业人员及其所携带工具、材料攀登时的总质量。 （2）绝缘梯必须架设在牢固基础上，单梯应与地面呈 60°夹角，人字梯应有限制开度的措施。 （3）在绝缘梯上工作时必须有专人扶持，禁止两人及以上人员在同一爬梯上工作，人在梯子上时，禁止移动梯子

序号	危险点	控制措施
3	误碰、误拉空气开关或接线导致误动	（1）作业前应查阅相关图纸和说明书。 （2）作业前应做好防误碰、误拉空气开关的措施，箱体空间较狭窄，工作时应防止身体转动时误碰箱内空气开关、继电器及端子排等设备造成误动。 （3）作业中应加强监护，工作后应及时关闭并锁好箱门，防止小动物或雨水进入，造成设备误动
4	防止低压触电	工作中将空开断开；戴防护手套，工作中保证身体不接触到带电部分
5	防止被灯管、灯泡烫伤	工作中需待灯管、灯泡冷却后进行相关工作
6	遗留物	（1）工作结束前应仔细检查箱内是否有遗留物。 （2）加强现场器具物料管理，防止相关工器具遗留现场。 （3）工作结束前做好状态核对，确认与工作前状态一致

三、作业前工器具及材料准备

准备好标准化作业指导卡、图纸以及工作所需工器具、材料等（见图 4-9 和表 4-6），并带到工作现场，相应的工器具应满足工作需要，材料应齐全。

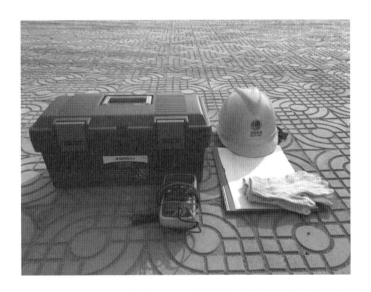

图 4-9　气体绝缘金属封闭开关设备（GIS）汇控柜内照明回路维护消缺所需工器具及材料

表 4-6　　气体绝缘金属封闭开关设备（GIS）汇控柜内照明回路维护消缺所需工器具及材料

序号	名称	单位	数量	备注
1	万用表	只	1	
2	标准工具箱	套	1	
3	绝缘梯	架	1	根据现场需要
4	空气开关	个	若干	根据现场需要同型号、同规格
5	连接线	m	若干	根据现场需要

序号	名称	单位	数量	备注
6	照明灯	个	1	根据现场需要同型号、同规格
7	安全帽	顶	若干	
8	手套	副	若干	

四、作业主要步骤及工艺要求

确认工作环境良好，天气无雨，相对湿度不大于85%，消缺作业前做好防误碰、误拉空气开关的措施，检查箱内照明设施各部件（开关、插座、接头、电缆等）完好没有破损、裂纹，回路有无异常，针对异常情况进行消缺处理。

（1）电源回路异常。检查空气开关是否在合位，若在合位，则用万用表检查照明灯电源空气开关两侧，如电源侧无电，则对电源回路逐级向上进行检查，如电源侧有电而负载侧无电，判断空气开关故障，则更换同规格的空气开关。若空气开关在分位，则对负载侧回路检查是否短路，并进行相应处理。

（2）连接回路异常。断开电源空气开关，用万用表对电源空气开关至照明灯回路分段检查（见图4-10），找到相应故障点进行消缺。

（3）照明灯异常。在连接回路消缺后，若照明灯还不能正常工作，则更换同型号照明灯（见图4-11）。

（4）消缺工作结束后，合上电源开关，检查照明灯是否工作正常。

图4-10 测量空气开关 　　　　图4-11 更换照明灯

五、验收

所有工作结束后检查缺陷已消除，及时清理现场，将工器具全部收拢并清点，将材料及备品、备件回收清点，确认作业现场无遗留物，并做好本次工作的相关记录。

第四节 气体绝缘金属封闭开关设备（GIS）汇控柜内
二次电缆封堵补修

一、作业内容

气体绝缘金属封闭开关设备（GIS）汇控柜内二次电缆封堵补修维护消缺。

二、作业要求

（一）安全要求

（1）应严格执行 Q/GDW 1799.1—2013《国家电网公司电力安全工作规程 变电部分》的相关要求。

（2）应在良好的天气下进行，如遇雷、雨、雪，不得进行该项工作。

（3）作业时应与设备带电部位保持相应的安全距离。

（4）作业时，要防止误碰误动设备。

（5）作业不得少于两人，工作负责人应由有经验的人员担任，开工前，工作负责人应向全体工作人员详细介绍工作的各安全注意事项，应有专人监护，监护人在作业期间应始终履行监护职责，不得擅离岗位或兼职其他工作。

（二）危险点及控制措施

气体绝缘金属封闭开关设备（GIS）汇控柜内二次电缆封堵修补作业中危险点及其控制措施如表 4-7 所示。

表 4-7 气体绝缘金属封闭开关设备（GIS）汇控柜内二次电缆封堵修补作业中危险点
及其控制措施

序号	危险点	控制措施
1	触电伤害	（1）进行消缺工作时必须满足 Q/GDW 1799.1—2013《国家电网公司电力安全工作规程 变电部分》规定的安全距离。 （2）工作前确认安全措施到位，作业人员必须在工作范围内进行工作。工作地点与箱内端子排、空气开关等带电设备邻近，工作时应防止误碰带电部位造成人员触电，作业人员应戴防护手套，工器具应经绝缘包扎，加强工作监护。 （3）工作中若需登高，应使用合格的绝缘梯。梯子必须两人放倒搬运，并与带电部位保持足够的安全距离
2	高空坠落	（1）绝缘梯应坚固完整，有防滑措施。梯子的支柱应能承受作业人员及其所携带工具、材料攀登时的总质量。 （2）绝缘梯必须架设在牢固基础上，单梯应与地面呈 60°夹角，人字梯应有限制开度的措施。 （3）在绝缘梯上工作时必须有专人扶持，禁止两人及以上人员在同一爬梯上工作，人在梯子上时，禁止移动梯子

序号	危险点	控制措施
3	误碰、误拉空气开关或接线导致误动	（1）作业前应查阅相关图纸和说明书。 （2）作业前应做好防误碰、误拉空气开关的措施。箱体空间较狭窄，工作时应防止身体转动时误碰箱内空气开关、继电器及端子排等设备造成误动；工作后应及时关闭并锁好箱门，防止小动物或雨水进入，造成设备误动。 （3）作业中应加强监护
4	金属利器割伤	（1）使用金属薄片施工时对电缆做好保护。 （2）工作人员必须穿戴劳保手套工作
5	封堵不到位	封堵不到位遗留缝隙等，存在小动物事故等隐患。封堵后必须认真检查是否完全封堵不留缝隙
6	遗留物	（1）工作结束前应仔细检查箱内是否有遗留物。 （2）加强现场器具物料管理，防止相关工器具遗留现场。 （3）工作结束前做好状态核对，确认与工作前状态一致

三、作业前工器具及材料准备

准备好标准化作业指导卡以及工作所需工器具、材料等（见图 4-12 和表 4-8），并带到工作现场，相应的工器具应满足工作需要，材料应齐全。

图 4-12　气体绝缘金属封闭开关设备（GIS）汇控柜内二次电缆封堵修补
所需工器具及材料

表 4-8　　气体绝缘金属封闭开关设备（GIS）汇控柜内二次电缆封堵修补所需工器具及材料

序号	名称	单位	数量	备注
1	安全帽	顶	若干	
2	有机堵料	包	若干	根据封堵孔洞大小确定
3	防火隔板	块	若干	根据现场需要同规格
4	标准工具箱	套	1	

序号	名称	单位	数量	备注
5	毛巾	条	若干	
6	手套	副	若干	

四、作业主要步骤及工艺要求

确认工作环境良好，天气无雨，相对湿度不大于85%，检查气体绝缘金属封闭开关设备（GIS）汇控柜内二次电缆封堵情况，确定封堵修补部位，针对不同情况进行封堵修补处理。

（1）防火隔板封堵修补。检查防火隔板是否破损，若破损，应选择符合要求的防火隔板进行更换，安装前检查防火隔板外观应平整光洁、厚薄均匀，安装应可靠平整；若防火隔板与二次电缆间存在缝隙，应用有机防火堵料封堵严密。

（2）二次电缆孔隙封堵修补（见图4-13）。选择适量防火堵料，使其软化（如果温度太低，防火泥硬度较高，可

图4-13 二次电缆孔隙封堵修补

加热使其软化），捏成合适形状，压在漏洞或缝隙处，用手指进行按压，先将漏洞填满堵住，再将其压平、均匀密实，使其与原有防火堵料保持平整，并确定封堵完好，没缝隙。有机防火堵料与防火隔板配合封堵时，有机防火堵料应高于隔板20mm，并呈规则形状。电缆预留孔和电缆保护管两端口应用有机防火堵料封堵严密。封堵后，有机堵料应不氧化、不冒油、软硬适度。

（3）所有工作结束后应及时清理现场，确认作业现场无遗留物，并做好本次工作的相关记录。

五、验收

所有工作结束检查现场封堵完好，作业现场清理干净，无遗留物。将工器具全部收拢并清点，将材料及备品、备件回收清点，确认作业现场无遗留物，并做好本次工作的相关记录。

第五节　气体绝缘金属封闭开关设备（GIS）汇控柜指示灯、储能空气开关更换

一、作业内容

GIS指示灯、储能空气开关更换。

二、作业要求

（一）安全措施

（1）应严格执行 Q/GDW 1799.1—2013《国家电网公司电力安全工作规程　变电部分》的相关要求。

（2）应在良好的天气下进行，如遇雷、雨、雪、雾，不得进行该项工作。

（3）作业时应与设备带电部位保持相应的安全距离。

（4）作业时，要防止误碰误动设备。

（5）作业不得少于两人，工作负责人应由有经验的人员担任，开工前，工作负责人应向全体工作人员详细介绍工作的各安全注意事项，应有专人监护，监护人在作业期间应始终履行监护职责，不得擅离岗位或兼职其他工作。

（6）照明满足要求，相对湿度不大于 85%。

（二）危险点及其控制措施

GIS 指示灯、储能空气开关更换作业中危险点及控制措施如表 4-9 所示。

表 4-9　　　　　　GIS 指示灯、储能空气开关更换作业中危险点及其控制措施

序号	危险点	控制措施
1	触电伤害	（1）进行 GIS 指示灯、储能空气开关更换工作时必须满足 Q/GDW 1799.1—2013《国家电网公司电力安全工作规程　变电部分》规定的安全距离。 （2）工作前确认安全措施到位，作业人员必须在工作范围内进行工作。 （3）工作中若需登高，应使用合格的绝缘梯。梯子必须两人放倒搬运，并与带电部位保持足够的安全距离
2	误碰、误拉空气开关或接线导致误动	（1）作业前应查阅相关图纸和说明书。 （2）作业中应加强监护，防止误碰、误拉空气开关。 （3）工作地点与箱内端子排、空气开关等带电设备邻近，工作时防止误碰带电部位造成人员触电，作业人员戴线手套，工器具经绝缘包扎，加强工作监护；对于处理过程中临时拆线检查，逐条解除用绝缘胶布进行包扎并做好标记，防止误碰带电部位
3	遗留物	（1）工作结束前应仔细检查汇控柜柜内是否有遗留物。 （2）加强现场器具物料管理，防止相关工器具遗留现场。 （3）工作结束前做好状态核对，确认与工作前状态一致

三、作业前工器具及材料准备

准备好标准化作业指导卡以及工作所需工器具、材料等（见表 4-10），并带到工作现场，相应的工器具应满足工作需要，材料应齐全。

四、作业主要步骤及工艺要求

确认工作环境良好，天气无雨，相对湿度不大于 85%；检查和确认 GIS 指示灯、储能

空开的异常情况及原因；针对异常情况进行消缺处理。

表 4-10　　　　　GIS 指示灯、储能空气开关更换所需工器具及材料准备

序号	名称	单位	数量	备注
1	万用表	只	1	
2	安全帽	顶	若干	
3	螺丝刀	套	1	
4	手套	双	若干	
5	标准化作业指导卡			
6	指示灯及空开等	个	若干	
7	绝缘胶布	卷	若干	

（1）指示灯异常。用万用表测量指示灯两端工作电压是否正常，如正常，则确定为指示灯故障，应断开相应交流或直流电源空气开关、指示灯电源端子线，更换相同规格的指示灯，更换时应按照图纸编号对二次接线进行相应标记，防止误接（见图 4-14）。

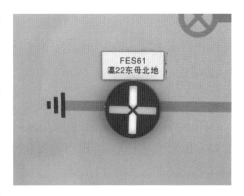

图 4-14　更换后指示灯指示正确

（2）储能空气开关异常。检查空气开关是否在合位，若在合位，则用万用表检查照明灯电源空气开关两侧；如电源侧无电，则对电源回路逐级向上进行检查；如电源侧有电而负载侧无电则，判断空气开关故障，由运维人员负责更换同规格的空气开关，更换时应按照图纸编号对二次接线进行相应标记，防止误接。若空气开关在分位，则对负载侧回路检查是否短路，并进行相应处理。

（3）接线结束后检查接线是否牢固，指示灯工作指示正常，储能空气开关工作正常。

五、验收

所有工作结束后检查缺陷已消除，及时清理现场，将工器具全部收拢并清点，将材料及备品、备件回收清点，确认作业现场无遗留物，并做好本次工作的相关记录。

断　路　器

第一节　断路器端子箱、机构箱箱体消缺

一、作业内容

断路器端子箱、机构箱箱体消缺维护。

二、作业要求

（一）安全要求

（1）应严格执行 Q/GDW 1799.1—2013《国家电网公司电力安全工作规程　变电部分》的相关要求。

（2）应在良好的天气下进行，如遇雷、雨、雪，不得进行该项工作。

（3）作业时应与设备带电部位保持相应的安全距离。

（4）作业时，要防止误碰误动设备。

（5）作业不得少于两人，工作负责人应由有经验的人员担任，开工前，工作负责人应向全体工作人员详细介绍工作的各安全注意事项，应有专人监护，监护人在作业期间应始终履行监护职责，不得擅离岗位或兼职其他工作。

（二）危险点及控制措施

断路器端子箱、机构箱箱体消缺作业中危险点及其控制措施如表 5-1 所示。

表 5-1　　　　断路器端子箱、机构箱箱体消缺作业中危险点及其控制措施

序号	危险点	控制措施
1	触电伤害	（1）进行消缺工作时必须满足 Q/GDW 1799.1—2013《国家电网公司电力安全工作规程　变电部分》规定的安全距离。 （2）工作前确认安全措施到位，作业人员必须在工作范围内进行工作。 （3）工作中若需登高，应使用合格的绝缘梯。梯子必须两人放倒搬运，并与带电部位保持足够的安全距离

序号	危险点	控制措施
2	高空坠落	（1）绝缘梯应坚固完整，有防滑措施。梯子的支柱应能承受作业人员及其所携带工具、材料攀登时的总质量。 （2）绝缘梯必须架设在牢固基础上，单梯应与地面呈60°夹角，人字梯应有限制开度的措施。 （3）在绝缘梯上工作时必须有专人扶持，禁止两人及以上人员在同一爬梯上工作，人在梯子上时，禁止移动梯子
3	误碰、误拉空气开关或接线导致误动	（1）作业前应查阅相关图纸和说明书。 （2）作业中应加强监护，防止误碰、误拉空气开关或接线导致误动
4	机械伤害	箱体边缘等尖锐器件容易造成工作人员割伤，作业人员应戴防护手套，杜绝野蛮施工，防止机械伤害
5	遗留物	（1）工作结束前应仔细检查箱内是否有遗留物。 （2）加强现场器具物料管理，防止相关工器具遗留现场。 （3）工作结束前做好状态核对，确认与工作前状态一致

三、作业前工器具及材料准备

准备好标准化作业指导卡以及工作所需工器具、材料等（见图 5-1 和表 5-2），并带到工作现场，相应的工器具应满足工作需要，材料应齐全。

图 5-1　断路器端子箱、机构箱箱体消缺所需工器具及材料

表 5-2　　　　　　断路器端子箱、机构箱箱体消缺所需工器具及材料

序号	名称	单位	数量	备注
1	标准工具箱	套	1	
2	万用表	只	1	

序号	名称	单位	数量	备注
3	密封粘胶	桶	1	
4	毛刷	把	若干	
5	有机堵料	包	若干	
6	绝缘梯	架	1	根据现场需要
7	观察窗	块	1	根据现场需要同规格、同型号
8	密封条	m	若干	根据现场需要同规格、同型号
9	接地软引线	m	若干	根据现场需要同规格、同型号
10	门轴、门把手等锁具	个	若干	根据现场需要同规格、同型号
11	安全帽	顶	若干	
12	手套	副	若干	
13	毛巾	条	若干	

四、作业主要步骤及工艺要求

确认工作环境良好，天气无雨，相对湿度不大于85%，检查和确认端子箱、端子箱的异常情况及原因，针对异常情况进行消缺处理。

（一）柜门开闭异常消缺

（1）检查汇控柜柜门开闭是否异常，如铰链异常，应进行修复或更换；若门轴或门把手异常，应进行修复或更换。

（2）更换门轴或门把手前，应事先查看准备的门轴（见图5-2）或把手是否符合现场实际应用。

图5-2 检查门轴

（3）拆下旧的门轴或把手，拆除时注意观察安装方法；工作前将端子箱门打开，并注意工作中与运行中的回路的位置，防止在工作中误碰运行设备。工作人员应戴线手套，防止割伤、划伤。

（4）安装新的门轴或把手，安装完毕后检查端子箱门关闭良好、无卡涩现象。

（5）将门把手活动部位注油润滑。

（二）柜体接地软引线消缺

检查箱体接地软引线接地端、接地线连接是否异常，如接地端、接地线松动，应重新连接紧固（见图5-3），如接地线断股或破损，应更换同规格的接地线，并检查连接可靠、牢固。

（三）箱体密封异常处理

（1）检查箱体表面是否有破损情况，如有破损，应根据破损情况修补。检查箱体封堵是否良好，如封堵不良，应选用新的封堵材料重新封堵。

（2）检查箱体橡胶密封条是否完好，如有脱落，用密封粘胶进行修复，如损坏，应选用同规格密封条更换。

（3）拆除旧的密封胶条，并注意工作中与运行中的回路的位置，防止在工作中误碰运行设备。工作人员应戴线手套，防止割伤、划伤。

（4）将新的密封胶条涂抹上密封胶，安装在端子箱门的胶条槽内，按压确认胶条牢固结实，密封良好。

图 5-3　紧固柜体软引线

（四）观察窗消缺

查看观察窗螺丝是否松动，并进行紧固，若密封条脱落应用密封胶进行修复。若观察窗破损脱落，应进行更换，并事先查看准备的观察窗是否符合现场实际应用；拆除旧观察窗，安装新观察窗，保证观察窗封闭完好。

五、验收

所有工作结束后检查缺陷已消除，及时清理现场，将工器具全部收拢并清点，将材料及备品、备件回收清点，确认作业现场无遗留物，并做好本次工作的相关记录。

第二节　断路器端子箱、机构箱内加热器、温湿度控制模块和回路维护消缺

一、作业内容

断路器端子箱、机构箱内加热器、温湿度控制模块和回路维护消缺。

二、作业要求

（一）安全要求

（1）应严格执行 Q/GDW 1799.1—2013《国家电网公司电力安全工作规程　变电部分》的相关要求。

（2）应在良好的天气下进行，如遇雷、雨、雪，不得进行该项工作。

（3）作业时应与设备带电部位保持相应的安全距离。

（4）作业时，要防止误碰误动设备。

（5）作业不得少于两人，工作负责人应由有经验的人员担任，开工前，工作负责人应向全体工作人员详细介绍工作的各安全注意事项，应有专人监护，监护人在作业期间应始终履行监护职责，不得擅离岗位或兼职其他工作。

（二）危险点及控制措施

断路器端子箱、机构箱内加热器、温湿度控制器模块和回路维护消缺作业中危险点及其控制措施如表 5-3 所示。

表 5-3　断路器端子箱、机构箱内加热器、温湿度控制器模块和回路维护消缺作业中
危险点及其控制措施

序号	危险点	控制措施
1	触电伤害	（1）进行消缺工作时必须满足 Q/GDW 1799.1—2013《国家电网公司电力安全工作规程　变电部分》规定的安全距离。 （2）工作前确认安全措施到位，作业人员必须在工作范围内进行工作。 （3）工作中若需登高，应使用合格的绝缘梯。梯子必须两人放倒搬运，并与带电部位保持足够的安全距离。 （4）工作地点与箱内端子排、空气开关等带电设备邻近，工作时防止误碰带电部位造成人员触电，作业人员戴线手套，工器具绝缘包扎，加强工作监护；对于处理过程中临时拆线检查，逐条解除用绝缘胶布进行包扎并做好标记，防止误碰带电部位
2	高空坠落	（1）绝缘梯应坚固完整，有防滑措施。梯子的支柱应能承受作业人员及其所携带工具、材料攀登时的总质量。 （2）绝缘梯必须架设在牢固基础上，单梯应与地面呈 60°夹角，人字梯应有限制开度的措施。 （3）在绝缘梯上工作时必须有专人扶持，禁止两人及以上人员在同一爬梯上工作，人在梯子上时，禁止移动梯子
3	误碰、误拉空气开关或接线导致误动	（1）作业前应查阅相关图纸和说明书。 （2）作业前应做好防误碰、误拉空气开关的措施，箱体空间较狭窄，工作时应防止身体转动时误碰箱内空气开关、继电器及端子排等设备造成误动。 （3）作业中应加强监护，工作后应及时关闭并锁好箱门，防止小动物或雨水进入，造成设备误动
4	防止被加热板烫伤	工作中需接触加热板时应先断开加热电源，待加热板冷却后进行相关工作
5	遗留物	（1）工作结束前应仔细检查箱内是否有遗留物。 （2）加强现场器具物料管理，防止相关工器具遗留现场。 （3）工作结束前做好状态核对，确认与工作前状态一致

三、作业前工器具及材料准备

准备好标准化作业指导卡、图纸以及工作所需工器具、材料等（见图 5-4 和表 5-4），并带到工作现场，相应的工器具应满足工作需要，材料应齐全。

图 5-4　断路器端子箱、机构箱内加热器、温湿度控制器模块和回路维护
消缺所需工器具及材料

表 5-4　断路器端子箱、机构箱内加热器、温湿度控制器模块和回路维护消缺所需工器具及材料

序号	名称	单位	数量	备注
1	万用表	只	1	
2	标准工具箱	套	1	
3	绝缘梯	架	1	根据现场需要
4	空气开关	个	若干	根据现场需要同型号、同规格
5	连接线	m	3	根据现场需要
6	加热器	个	若干	根据现场需要同型号、同规格
7	安全帽	顶	若干	
8	手套	副	若干	

四、作业主要步骤及工艺要求

确认工作环境良好，天气无雨，相对湿度不大于 85%，检查和确认断路器端子箱、机构箱内加热器、温湿度控制器模块和回路的异常情况及原因，针对异常情况进行消缺处理。

（1）电源回路异常。检查空气开关是否在合位，若在合位，检查恒温控制器信号指示灯正常时应亮（热、驱潮装置由其恒温控制器控制投退）；调节温度控制器，查看加热器是否工作；加热、驱潮装置投入时，以手背接近感觉有无温度检查其完好性（见图 5-5）。用万用表检查加热器电源空气开关两侧，如电源侧无电，则对电源回路逐级向上进行检查，如电源侧有电而负载侧无电则判断空气开关故障，则更换同规格的空气开关。若空气开关在分位，则检查负载侧回路是否短路，并进行相应处理。

（2）连接回路异常。断开电源空气开关，用万用表对电源空气开关至加热器回路分段检查，找到相应故障点进行消缺。

（3）加热器异常。在连接回路消缺后，若加热器还不能正常加热，则更换同型号加热器（见图5-6）。

图5-5　检查加热器加热情况

图5-6　机构箱内加热器

（4）消缺工作结束后，合上电源空气开关，将温湿度控制器切至强制（或手动）模式，检查加热器、温湿度控制器模块是否工作正常。

五、验收

所有工作结束后检查缺陷已消除，及时清理现场，将工器具全部收拢并清点，将材料及备品、备件回收清点，确认作业现场无遗留物，并做好本次工作的相关记录。

第三节　断路器端子箱、机构箱内照明回路消缺

一、作业内容

断路器端子箱、机构箱内照明回路维护消缺。

二、作业要求

（一）安全要求

（1）应严格执行 Q/GDW 1799.1—2013《国家电网公司电力安全工作规程　变电部分》的相关要求。

（2）应在良好的天气下进行，如遇雷、雨、雪，不得进行该项工作。

（3）作业时应与设备带电部位保持相应的安全距离。

（4）作业时，要防止误碰误动设备。

（5）严防交、直流接地或短路；接临时电源时，应取自检修电源箱，由两人完成，严禁私自接线。

（6）作业不得少于两人，工作负责人应由有经验的人员担任，开工前，工作负责人应向全体工作人员详细介绍工作的各安全注意事项，应有专人监护，监护人在作业期间应始终履行监护职责，不得擅离岗位或兼职其他工作。

（二）危险点及控制措施

断路器端子箱、机构箱内照明回路消缺作业中危险点及其控制措施如表 5-5 所示。

表 5-5　　　　断路器端子箱、机构箱内照明回路消缺作业中危险点及其控制措施

序号	危险点	控制措施
1	触电伤害	（1）进行消缺工作时必须满足 Q/GDW 1799.1—2013《国家电网公司电力安全工作规程　变电部分》规定的安全距离。 （2）工作前确认安全措施到位，作业人员必须在工作范围内进行工作。 （3）工作中若需登高，应使用合格的绝缘梯。梯子必须两人放倒搬运，并与带电部位保持足够的安全距离。 （4）工作地点与箱内端子排、空气开关等带电设备邻近，工作时防止误碰带电部位造成人员触电，作业人员戴线手套，工器具经绝缘包扎，加强工作监护；对于处理过程中临时拆线检查，逐条解除用绝缘胶布进行包扎并做好标记，防止误碰带电部位
2	高空坠落	（1）绝缘梯应坚固完整，有防滑措施。梯子的支柱应能承受作业人员及其所携带工具、材料攀登时的总质量。 （2）绝缘梯必须架设在牢固基础上，单梯应与地面呈 60°夹角，人字梯应有限制开度的措施。 （3）在绝缘梯上工作时必须有专人扶持，禁止两人及以上人员在同一爬梯上工作，人在梯子上时，禁止移动梯子
3	误碰、误拉空气开关或接线导致误动	（1）作业前应查阅相关图纸和说明书。 （2）作业前应做好防误碰、误拉空气开关的措施，箱体空间较狭窄，工作时应防止身体转动时误碰箱内空气开关、继电器及端子排等设备造成误动。 （3）作业中应加强监护，工作后应及时关闭并锁好箱门，防止小动物或雨水进入，造成设备误动
4	防止低压触电	工作中将空气开关断开；戴防护手套，工作中保证身体不接触到带电部分
5	防止被灯管、灯泡烫伤	工作中需待灯管、灯泡冷却后进行相关工作
6	遗留物	（1）工作结束前应仔细检查箱内是否有遗留物。 （2）加强现场器具物料管理，防止相关工器具遗留现场。 （3）工作结束前做好状态核对，确认与工作前状态一致

三、作业前工器具及材料准备

准备好标准化作业指导卡、图纸以及工作所需工器具、材料等（见图 5-7 和表 5-6），并带到工作现场，相应的工器具应满足工作需要，材料应齐全。

图 5-7　断路器端子箱、机构箱内照明回路维护消缺所需工器具及材料

表 5-6　　　　　　断路器端子箱、机构箱内照明回路维护消缺所需工器具及材料

序号	名称	单位	数量	备注
1	万用表	只	1	
2	标准工具箱	套	1	
3	绝缘梯	架	1	根据现场需要
4	空气开关	个	若干	根据现场需要同型号、同规格
5	连接线	m	若干	根据现场需要
6	照明灯	个	1	根据现场需要同型号、同规格
7	安全帽	顶	若干	
8	手套	副	若干	

四、作业主要步骤及工艺要求

确认工作环境良好，天气无雨，相对湿度不大于 85%，消缺作业前做好防误碰、误拉空气开关的措施，检查箱内照明设施各部件（开关、插座、接头、电缆等）完好没有破损、裂纹，回路有无异常，针对异常情况进行消缺处理。

（1）电源回路异常。检查空气开关是否在合位，若在合位，则用万用表检查照明灯电源空气开关两侧；如电源侧无电，则对电源回路逐级向上进行检查；如电源侧有电而负载侧无电，判断空气开关故障，则更换同规格的空气开关。若空气开关在分位，则对负载侧回路检查是否短路，并进行相应处理。

（2）连接回路异常。断开电源空气开关，用万用表对电源空气开关至照明灯回路分段检查，找到相应故障点进行消缺。

（3）照明灯异常。在连接回路消缺后，若照明灯还不能正常工作，则更换同型号照明灯（见图 5-8）。

（4）消缺工作结束后，合上电源开关，检查照明灯是否工作正常。

五、验收

所有工作结束后检查缺陷已消除，及时清理现场，将工器具全部收拢并清点，将材料及备品、备件回收清点，确认作业现场无遗留物，并做好本次工作的相关记录。

图 5-8　更换机构箱照明灯

第四节　断路器端子箱、机构箱内二次电缆封堵补修

一、作业内容

断路器端子箱、机构箱内二次电缆封堵补修维护消缺。

二、作业要求

（一）安全要求

（1）应严格执行 Q/GDW 1799.1—2013《国家电网公司电力安全工作规程　变电部分》的相关要求。

（2）应在良好的天气下进行，如遇雷、雨、雪，不得进行该项工作。

（3）作业时应与设备带电部位保持相应的安全距离。

（4）作业时，要防止误碰误动设备。

（5）作业不得少于两人，工作负责人应由有经验的人员担任，开工前，工作负责人应向全体工作人员详细介绍工作的各安全注意事项，应有专人监护，监护人在作业期间应始终履行监护职责，不得擅离岗位或兼职其他工作。

（二）危险点及控制措施

断路器端子箱、机构箱内二次电缆封堵修补作业中危险点及其控制措施如表 5-7 所示。

表 5-7 断路器端子箱、机构箱内二次电缆封堵修补作业中危险点及其控制措施

序号	危险点	控制措施
1	触电伤害	(1) 进行消缺工作时必须满足 Q/GDW 1799.1—2013《国家电网公司电力安全工作规程 变电部分》规定的安全距离。 (2) 工作前确认安全措施到位，作业人员必须在工作范围内进行工作。工作地点与箱内端子排、空气开关等带电设备邻近，工作时应防止误碰带电部位造成人员触电，作业人员应戴防护手套，工器具应经绝缘包扎，加强工作监护。 (3) 工作中若需登高，应使用合格的绝缘梯。梯子必须两人放倒搬运，并与带电部位保持足够的安全距离
2	高空坠落	(1) 绝缘梯应坚固完整，有防滑措施。梯子的支柱应能承受作业人员及其所携带工具、材料攀登时的总质量。 (2) 绝缘梯必须架设在牢固基础上，单梯应与地面呈60°夹角，人字梯应有限制开度的措施。 (3) 在绝缘梯上工作时必须有专人扶持，禁止两人及以上人员在同一爬梯上工作，人在梯子上时，禁止移动梯子
3	误碰、误拉空气开关或接线导致误动	(1) 作业前应查阅相关图纸和说明书。 (2) 作业前应做好防误碰、误拉空气开关的措施。箱体空间较狭窄，工作时应防止身体转动时误碰箱内空气开关、继电器及端子排等设备造成误动；工作后应及时关闭锁好箱门，防止小动物或雨水进入，造成设备误动。 (3) 作业中应加强监护
4	金属利器割伤	(1) 使用金属薄片施工时对电缆做好保护。 (2) 工作人员必须穿戴防护手套工作
5	封堵不到位	封堵不到位遗留缝隙等，存在小动物事故等隐患。封堵后必须认真检查是否完全封堵不留缝隙
6	遗留物	(1) 工作结束前应仔细检查箱内是否有遗留物。 (2) 加强现场器具物料管理，防止相关器具遗留现场。 (3) 工作结束前做好状态核对，确认与工作前状态一致

三、作业前工器具及材料准备

准备好标准化作业指导卡以及工作所需工器具、材料等（见图5-9和表5-8），封堵用料必须经过国家防火建筑材料质量监督检验测试中心检测合格，并带到工作现场，相应的工器具应满足工作需要，材料应齐全。

图 5-9 断路器端子箱、机构箱内二次电缆封堵修补所需工器具及材料

表 5-8 断路器端子箱、机构箱内二次电缆封堵修补所需工器具及材料

序号	名称	单位	数量	备注
1	安全帽	顶	若干	
2	有机堵料	包	若干	根据封堵孔洞大小确定
3	防火隔板	块	若干	根据现场需要
4	标准工具箱	套	1	
5	毛巾	条	若干	
6	手套	副	若干	

四、作业主要步骤及工艺要求

确认工作环境良好，天气无雨，相对湿度不大于85％，检查断路器端子箱、机构箱内二次电缆封堵情况，确定封堵修补部位，针对不同情况进行封堵修补处理。

（1）防火隔板封堵修补：检查防火隔板是否破损，若破损，应选择符合要求的防火隔板进行更换，安装前检查防火隔板外观应平整光洁、厚薄均匀，安装应可靠平整；若防火隔板与二次电缆间存在缝隙，应用有机防火堵料封堵严密（见图 5-10）。

（2）二次电缆孔隙封堵修补：选择适量防火堵料，使其软化（如果温度太低，防火泥硬度较高，可加热使其软化），捏成合适形状，压在漏洞或缝隙处，用手指进行按压，先将漏洞填满堵住，再将其压平、均匀密

图 5-10 二次电缆孔隙封堵修补

实，使其与原有防火堵料保持平整，并确定封堵完好，无缝隙。有机防火堵料与防火隔板配合封堵时，有机防火堵料应高于隔板 20mm，并呈规则形状。电缆预留孔和电缆保护管两端口应用有机防火堵料封堵严密。封堵后，有机堵料应不氧化、不冒油、软硬适度。

（3）所有工作结束后应及时清理现场，确认作业现场无遗留物，并做好本次工作的相关记录。

五、验收

所有工作结束检查现场封堵完好，作业现场清理干净，无遗留物。将工器具全部收拢并清点，将材料及备品、备件回收清点，确认作业现场无遗留物，并做好本次工作的相关记录。

第五节　断路器端子箱、储能空气开关更换

一、作业内容

断路器指示灯、储能空气开关更换。

二、作业要求

（一）安全要求

（1）应严格执行 Q/GDW 1799.1—2013《国家电网公司电力安全工作规程　变电部分》的相关要求。

（2）应在良好的天气下进行，如遇雷、雨、雪、雾，不得进行该项工作。

（3）作业时应与设备带电部位保持相应的安全距离。

（4）作业时，要防止误碰误动设备。

（5）作业不得少于两人，工作负责人应由有经验的人员担任，开工前，工作负责人应向全体工作人员详细介绍工作的各安全注意事项，应有专人监护，监护人在作业期间应始终履行监护职责，不得擅离岗位或兼职其他工作。

（6）照明满足要求，环境中温度不低于5℃，相对湿度不大于85％。

（二）危险点及控制措施

断路器指示灯、储能空气开关更换作业中危险点及其控制措施如表5-9所示。

表 5-9　　　　　　断路器指示灯、储能空气开关更换作业中危险点及其控制措施

序号	危险点	控制措施
1	触电伤害	（1）断路器指示灯、储能空气开关更换工作时必须满足 Q/GDW 1799.1—2013《国家电网公司电力安全工作规程　变电部分》规定的安全距离。 （2）工作前确认安全措施到位，作业人员必须在工作范围内进行工作。 （3）工作中若需登高，应使用合格的绝缘梯。梯子必须两人放倒搬运，并与带电部位保持足够的安全距离
2	误碰、误拉空气开关或接线导致误动	（1）作业前应查阅相关图纸和说明书。 （2）作业前应做好防误碰、误拉空气开关的措施。 （3）作业中应加强监护
3	遗留物	（1）工作结束前应仔细检查汇控柜柜内是否有遗留物。 （2）加强现场器具物料管理，防止相关器具遗留现场。 （3）工作结束前做好状态核对，确认与工作前状态一致

三、作业前工器具及材料准备

准备好标准化作业指导卡以及工作所需工器具、材料等（见表5-10），并带到工作现

场，相应的工器具应满足工作需要，材料应齐全。

表 5-10　　　　断路器指示灯、储能空气开关更换作业中所需工器具和材料

序号	名称	单位	数量	备注
1	万用表	只	1	
2	安全帽	顶	若干	
3	螺丝刀	套	1	
4	手套	双	若干	
5	标准化作业指导卡			
6	指示灯及空开等	个	若干	

四、作业主要步骤及工艺要求

确认工作环境良好，天气无雨，相对湿度不大于 85%；检查和确认断路器指示灯、储能空气开关的异常情况及原因；作业前做好防误碰、误拉空气开关的措施；针对异常情况进行消缺处理。

（1）指示灯异常。用万用表测量指示灯两端工作电压是否正常，如正常，则确定为指示灯故障，应断开相应交流或直流电源空气开关、熔丝（如有）或指示灯电源端子线，更换相同规格的指示灯（见图 5-11），更换时应按照图纸编号对二次接线进行相应标记，防止误接。

图 5-11　指示灯更换

（2）储能空气开关异常。检查空气断路器开关是否在合位，若在合位，则用万用表检查照明灯电源空气开关两侧，如电源侧无电，则对电源回路逐级向上进行检查；如电源侧有电而负载侧无电，则判断空气开关故障，由运维人员负责更换同规格的空气开关，更换时应按照图纸编号对二次接线进行相应标记，防止误接。若空气开关在分位，则对负载侧回路检查是否短路，并进行相应处理。

五、验收

所有工作结束后检查缺陷已消除，及时清理现场，将工器具全部收拢并清点，将材料及备品、备件回收清点，确认作业现场无遗留物，并做好本次工作的相关记录。

第六章

隔 离 开 关

第一节 隔离开关端子箱、机构箱箱体消缺

一、作业内容

隔离开关端子箱、机构箱箱体消缺维护。

二、作业要求

（一）安全要求

（1）应严格执行 Q/GDW 1799.1—2013《国家电网公司电力安全工作规程 变电部分》的相关要求。

（2）应在良好的天气下进行，如遇雷、雨、雪，不得进行该项工作。

（3）作业时应与设备带电部位保持相应的安全距离。

（4）作业时，要防止误碰误动设备。

（5）作业不得少于两人，工作负责人应由有经验的人员担任，开工前，工作负责人应向全体工作人员详细介绍工作的各安全注意事项，应有专人监护，监护人在作业期间应始终履行监护职责，不得擅离岗位或兼职其他工作。

（二）危险点及控制措施

隔离开关端子箱、机构箱箱体消缺作业中危险点及其控制措施如表 6-1 所示。

表 6-1　　　　隔离开关端子箱、机构箱箱体消缺作业中危险点及其控制措施

序号	危险点	控制措施
1	触电伤害	（1）进行消缺工作时必须满足 Q/GDW 1799.1—2013《国家电网公司电力安全工作规程 变电部分》规定的安全距离。 （2）工作前确认安全措施到位，作业人员必须在工作范围内进行工作。 （3）工作中若需登高，应使用合格的绝缘梯。梯子必须两人放倒搬运，并与带电部位保持足够的安全距离

序号	危险点	控制措施
2	高空坠落	（1）绝缘梯应坚固完整，有防滑措施。梯的支柱应能承受作业人员及其所携带工具、材料攀登时的总质量。 （2）绝缘梯必须架设在牢固基础上，单梯应与地面呈 60°夹角，人字梯应有限制开度的措施。 （3）在绝缘梯上工作时必须有专人扶持，禁止两人及以上人员在同一爬梯上工作，人在梯子上时，禁止移动梯子
3	误碰、误拉空气开关或接线导致误动	（1）作业前应查阅相关图纸和说明书。 （2）作业中应加强监护，防止防误碰、误拉空气开关或接线导致误动
4	机械伤害	箱体边缘等尖锐器件容易造成工作人员割伤，作业人员应戴防护手套，杜绝野蛮施工，防止机械伤害
5	遗留物	（1）工作结束前应仔细检查箱内是否有遗留物。 （2）加强现场器具物料管理，防止相关工器具遗留现场。 （3）工作结束前做好状态核对，确认与工作前状态一致

三、作业前工器具及材料准备

准备好标准化作业指导卡以及工作所需工器具、材料等（见图 6-1 和表 6-2），并带到工作现场，相应的工器具应满足工作需要，材料应齐全。

图 6-1　隔离开关端子箱、机构箱消缺所需工器具及材料

表 6-2　　　　　　　隔离开关端子箱、机构箱消缺所需工器具及材料

序号	名称	单位	数量	备注
1	标准工具箱	套	1	
2	万用表	只	1	
3	密封黏胶	桶	1	

序号	名称	单位	数量	备注
4	毛刷	把	若干	
5	绝缘梯	架	1	根据现场需要
6	有机堵料	包	若干	
7	观察窗	块	1	根据现场需要同规格、同型号
8	密封条	m	若干	根据现场需要同规格、同型号
9	接地软引线	m	若干	根据现场需要同规格、同型号
10	门轴、门把手等锁具	个	若干	根据现场需要同规格、同型号
11	安全帽	顶	若干	
12	手套	副	若干	
13	毛巾	条	若干	

四、作业主要步骤及工艺要求

确认工作环境良好，天气无雨，相对湿度不大于85%，检查和确认端子箱、冷控箱的异常情况及原因，针对异常情况进行消缺处理。

（一）柜门开闭异常消缺

（1）检查端子箱、机构箱柜门开闭是否异常，如铰链异常，应进行修复或更换；若门轴或门把手异常，应进行修复或更换。

（2）更换门轴或门把手前，应事先查看准备的门轴或把手是否符合现场实际应用（见图6-2）。

（3）拆下旧的门轴或把手，拆除时注意观察安装方法；工作前将端子箱门打开，并注意工作中与运行中的回路的位置，防止在工作中误碰运行设备。工作人员应戴线手套，防止割伤、划伤。

（4）安装新的门轴或把手，安装完毕后检查冷控箱门关闭良好、无卡涩现象。

（5）将门把手活动部位注油润滑。

（二）柜体接地软引线消缺

检查箱体接地软引线接地端、接地线连接是否异常，如接地端、接地线松动，应重新连接紧固（见图6-3），如接地线断股或破损，应更换同规格的接地线，并检查连接可靠、牢固。

（三）箱体密封异常处理

（1）检查箱体表面是否有破损情况，如有破损，应根据破损情况修补。检查箱体封堵是否良好，如封堵不良，应选用新的封堵材料重新封堵。

（2）检查箱体橡胶密封条是否完好，如有脱落，用密封粘胶进行修复，如损坏，应选用同规格密封条更换。

（3）拆除旧的密封胶条，并注意工作中与运行中的回路的位置，防止在工作中误碰运行设备。工作人员应戴线手套，防止割伤、划伤。

图 6-2　检查门把手

图 6-3　紧固接地软引线

（4）将新的密封胶条涂抹上密封胶，安装在端子箱门的胶条槽内，按压确认胶条牢固结实，密封良好。

（四）观察窗消缺

查看观察窗螺丝是否松动，并进行紧固，若密封条脱落应用密封胶进行修复。若观察窗破损脱落，应进行更换，并事先查看准备的观察窗是否符合现场实际应用；拆除旧观察窗，安装新观察窗，保证观察窗封闭完好。

五、验收

所有工作结束后检查缺陷已消除，及时清理现场，将工器具全部收拢并清点，将材料及备品、备件回收清点，确认作业现场无遗留物，并做好本次工作的相关记录。

第二节　隔离开关端子箱、机构箱内加热器、温湿度控制模块和回路维护消缺

一、作业内容

隔离开关端子箱、机构箱内加热器、温湿度控制模块和回路维护消缺。

二、作业要求

（一）安全要求

（1）应严格执行 Q/GDW 1799.1—2013《国家电网公司电力安全工作规程　变电部分》

的相关要求。

（2）应在良好的天气下进行，如遇雷、雨、雪，不得进行该项工作。

（3）作业时应与设备带电部位保持相应的安全距离。

（4）作业时，要防止误碰误动设备。

（5）作业不得少于两人，工作负责人应由有经验的人员担任，开工前，工作负责人应向全体工作人员详细介绍工作的各安全注意事项，应有专人监护，监护人在作业期间应始终履行监护职责，不得擅离岗位或兼职其他工作。

（二）危险点及控制措施

隔离开关端子箱、机构箱内加热器、温湿度控制器模块和回路维护消缺作业中危险点及其控制措施如表 6-3 所示。

表 6-3　隔离开关端子箱、机构箱内加热器、温湿度控制器模块和回路维护消缺作业中

危险点及其控制措施

序号	危险点	控制措施
1	触电伤害	（1）进行消缺工作时必须满足 Q/GDW 1799.1—2013《国家电网公司电力安全工作规程　变电部分》规定的安全距离。 （2）工作前确认安全措施到位，作业人员必须在工作范围内进行工作。 （3）工作中若需登高，应使用合格的绝缘梯。梯子必须两人放倒搬运，并与带电部位保持足够的安全距离。 （4）工作地点与箱内端子排、空气开关等带电设备邻近，工作时防止误碰带电部位造成人员触电，作业人员戴线手套，工器具经绝缘包扎，加强工作监护；对于处理过程中临时拆线检查，逐条解除用绝缘胶布进行包扎并做好标记，防止误碰带电部位
2	高空坠落	（1）绝缘梯应坚固完整，有防滑措施。梯子的支柱应能承受作业人员及其所携带工具、材料攀登时的总质量。 （2）绝缘梯必须架设在牢固基础上，单梯应与地面呈 60°夹角，人字梯应有限制开度的措施。 （3）在绝缘梯上工作时必须有专人扶持，禁止两人及以上人员在同一爬梯上工作，人在梯子上时，禁止移动梯子
3	误碰、误拉空气开关或接线导致误动	（1）作业前应查阅相关图纸和说明书。 （2）作业前应做好防误碰、误拉空气开关的措施，箱体空间较狭窄，工作时应防止身体转动时误碰箱内空气开关、继电器及端子排等设备造成误动。 （3）作业中应加强监护，工作后应及时关闭并锁好箱门，防止小动物或雨水进入，造成设备误动
4	防止被加热板烫伤	工作中需接触加热板时应先断开加热电源，待加热板冷却后进行相关工作
5	遗留物	（1）工作结束前应仔细检查箱内是否有遗留物。 （2）加强现场器具物料管理，防止相关工器具遗留现场。 （3）工作结束前做好状态核对，确认与工作前状态一致

三、作业前工器具及材料准备

准备好标准化作业指导卡、图纸以及工作所需工器具、材料等（见图 6-4 和表 6-4），

并带到工作现场，相应的工器具应满足工作需要，材料应齐全。

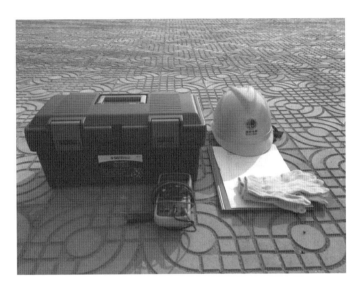

图 6-4　隔离开关端子箱、机构箱内加热器、温湿度控制器模块和回路维护消缺所需工器具及材料

表 6-4　　　　　隔离开关端子箱、机构箱内加热器、温湿度控制器模块和回路维护
消缺所需工器具及材料

序号	名称	单位	数量	备注
1	万用表	只	1	
2	标准工具箱	套	1	
3	绝缘梯	架	1	根据现场需要
4	空气开关	个	若干	根据现场需要同型号、同规格
5	连接线	m	3	根据现场需要
6	加热器	个	若干	根据现场需要同型号、同规格
7	安全帽	顶	若干	
8	手套	副	若干	

四、作业主要步骤及工艺要求

确认工作环境良好，天气无雨，相对湿度不大于 85%，检查和确认隔离开关端子箱、机构箱内加热器、温湿度控制器模块和回路的异常情况及原因，针对异常情况进行消缺处理。

（1）电源回路异常。检查空气开关是否在合位，若在合位，检查恒温控制器信号指示灯正常时应亮（热、驱潮装置由其恒温控制器控制投退）；调节温度控制器，查看加热器是否工作；加热、驱潮装置投入时，以手背接近感觉有无温度检查其完好性。用万用表检查加热器电源空气开关两侧，如电源侧无电，则对电源回路逐级向上进行检查，如电源

图 6-5　检查加热器

侧有电而负载侧无电则判断空气开关故障，则更换同规格的空气开关。若空气开关在分位，则对负载侧回路检查是否短路，并进行相应处理。

（2）连接回路异常。断开电源空气开关，用万用表对电源空气开关至加热器回路分段检查，找到相应故障点进行消缺。

（3）加热器异常。在连接回路消缺后，若加热器还不能正常加热，则更换同型号加热器（见图 6-5）。

（4）消缺工作结束后，合上电源空气开关，将温湿度控制器切至强制（或手动）模式检查加热器、温湿度控制器模块是否工作正常。

五、验收

所有工作结束后检查缺陷已消除，及时清理现场，将工器具全部收拢并清点，将材料及备品、备件回收清点，确认作业现场无遗留物，并做好本次工作的相关记录。

第三节　隔离开关端子箱、机构箱内照明回路消缺

一、作业内容

隔离开关端子箱、机构箱内照明回路维护消缺。

二、作业要求

（一）安全要求

（1）应严格执行 Q/GDW 1799.1—2013《国家电网公司电力安全工作规程　变电部分》的相关要求。

（2）应在良好的天气下进行，如遇雷、雨、雪，不得进行该项工作。

（3）作业时应与设备带电部位保持相应的安全距离。

（4）作业时，要防止误碰误动设备。

（5）严防交、直流接地或短路；接临时电源时，应取自检修电源箱，由两人完成，严禁私自接线。

（6）作业不得少于两人，工作负责人应由有经验的人员担任，开工前，工作负责人应向全体工作人员详细介绍工作的各安全注意事项，应有专人监护，监护人在作业期间应始终履行监护职责，不得擅离岗位或兼职其他工作。

（二）危险点及控制措施

隔离开关端子箱、机构箱内照明回路消缺作业中危险点及其控制措施如表 6-5 所示。

表 6-5　　　隔离开关端子箱、机构箱内照明回路消缺作业中危险点及其控制措施

序号	危险点	控制措施
1	触电伤害	（1）进行消缺工作时必须满足 Q/GDW 1799.1—2013《国家电网公司电力安全工作规程　变电部分》规定的安全距离。 （2）工作前确认安全措施到位，作业人员必须在工作范围内进行工作。 （3）工作中若需登高，应使用绝缘梯，绝缘梯应合格。梯子必须两人放倒搬运，并与带电部位保持足够的安全距离。 （4）工作地点与箱内端子排、空气开关等带电设备邻近，工作时防止误碰带电部位造成人员触电，作业人员戴线手套，工器具经绝缘包扎，加强工作监护；对于处理过程中临时拆线检查，逐条解除用绝缘胶布进行包扎并做好标记，防止误碰带电部位
2	高空坠落	（1）绝缘梯应坚固完整，有防滑措施。梯子的支柱应能承受作业人员及其所携带工具、材料攀登时的总质量。 （2）绝缘梯必须架设在牢固基础上，单梯应与地面呈 60°夹角，人字梯应有限制开度的措施。 （3）在绝缘梯上工作时必须有专人扶持，禁止两人及以上人员在同一爬梯上工作，人在梯子上时，禁止移动梯子
3	误碰、误拉空气开关或接线导致误动	（1）作业前应查阅相关图纸和说明书。 （2）作业前应做好防误碰、误拉空气开关的措施，箱体空间较狭窄，工作时应防止身体转动时误碰箱内空气开关、继电器及端子排等设备造成误动。 （3）作业中应加强监护，工作后应及时关闭并锁好箱门，防止小动物或雨水进入，造成设备误动
4	防止低压触电	工作中将空气开关断开；戴防护手套，工作中保证身体不接触到带电部分
5	防止被灯管、灯泡烫伤	工作中需待灯管、灯泡冷却后进行相关工作
6	遗留物	（1）工作结束前应仔细检查箱内是否有遗留物。 （2）加强现场器具物料管理，防止相关工器具遗留现场。 （3）工作结束前做好状态核对，确认与工作前状态一致

三、作业前工器具及材料准备

准备好标准化作业指导卡、图纸以及工作所需工器具、材料等（见图 6-6 和表 6-6），并带到工作现场，相应的工器具应满足工作需要，材料应齐全。

图 6-6　隔离开关端子箱、机构箱内照明回路维护消缺所需工器具及材料

表 6-6   隔离开关端子箱、机构箱内照明回路维护消缺所需工器具及材料

序号	名称	单位	数量	备注
1	万用表	只	1	
2	标准工具箱	套	1	
3	绝缘梯	架	1	根据现场需要
4	空气开关	个	若干	根据现场需要同型号、同规格
5	连接线	m	若干	根据现场需要
6	照明灯	个	1	根据现场需要同型号、同规格
7	安全帽	顶	若干	
8	手套	副	若干	

四、作业主要步骤及工艺要求

确认工作环境良好，天气无雨，相对湿度不大于 85％，消缺作业前做好防误碰、误拉空气开关的措施，检查箱内照明设施各部件（开关、插座、接头等）完好没有破损、裂纹，回路有无异常，针对异常情况进行消缺处理。

（1）电源回路异常。检查空气开关是否在合位，若在合位，则用万用表检查照明灯电源空气开关两侧，如电源侧无电，则对电源回路逐级向上进行检查；如电源侧有电而负载侧无电，判断空气开关故障，则更换同规格的空气开关。若空气开关在分位，则对负载侧回路检查是否短路，并进行相应处理。

（2）连接回路异常。断开电源空气开关，用万用表对电源空气开关至照明灯回路分段检查，找到相应故障点进行消缺。

（3）照明灯异常。在连接回路消缺后，若照明灯还不能正常工作，则更换同型号照明灯（见图 6-7）。

图 6-7 更换照明灯

（4）消缺工作结束后，合上电源开关，检查照明灯是否工作正常。

五、验收

所有工作结束后检查缺陷已消除，及时清理现场，将工器具全部收拢并清点，将材料及备品、备件回收清点，确认作业现场无遗留物，并做好本次工作的相关记录。

第四节　隔离开关端子箱、机构箱内二次电缆封堵补修

一、作业内容

隔离开关端子箱、机构箱内二次电缆封堵补修维护消缺。

二、作业要求

（一）安全要求

（1）应严格执行 Q/GDW 1799.1—2013《国家电网公司电力安全工作规程　变电部分》的相关要求。

（2）应在良好的天气下进行，如遇雷、雨、雪，不得进行该项工作。

（3）作业时应与设备带电部位保持相应的安全距离。

（4）作业时，要防止误碰误动设备。

（5）作业不得少于两人，工作负责人应由有经验的人员担任，开工前，工作负责人应向全体工作人员详细介绍工作的各安全注意事项，应有专人监护，监护人在作业期间应始终履行监护职责，不得擅离岗位或兼职其他工作。

（二）危险点及控制措施

隔离开关端子箱、机构箱内二次电缆封堵修补作业中危险点及其控制措施如表 6-7 所示。

表 6-7　隔离开关端子箱、机构箱内二次电缆封堵修补作业中危险点及其控制措施

序号	危险点	控制措施
1	触电伤害	（1）进行消缺工作时必须满足 Q/GDW 1799.1—2013《国家电网公司电力安全工作规程　变电部分》规定的安全距离。 （2）工作前确认安全措施到位，作业人员必须在工作范围内进行工作。工作地点与箱内端子排、空气开关等带电设备邻近，工作时应防止误碰带电部位造成人员触电，作业人员应戴防护手套，工器具应经绝缘包扎，加强工作监护。 （3）工作中若需登高，应使用合格的绝缘梯。梯子必须两人放倒搬运，并与带电部位保持足够的安全距离

序号	危险点	控制措施
2	高空坠落	（1）绝缘梯应坚固完整，有防滑措施。梯子的支柱应能承受作业人员及其所携带工具、材料攀登时的总质量。 （2）绝缘梯必须架设在牢固基础上，单梯应与地面呈60°夹角，人字梯应有限制开度的措施。 （3）在绝缘梯上工作时必须有专人扶持，禁止两人及以上人员在同一爬梯上工作，人在梯子上时，禁止移动梯子
3	误碰、误拉空气开关或接线导致误动	（1）作业前应查阅相关图纸和说明书。 （2）作业前应做好防误碰、误拉空气开关的措施。箱体空间较狭窄，工作时应防止身体转动时误碰箱内空气开关、继电器及端子排等设备造成误动；工作后应及时关闭并锁好箱门，防止小动物或雨水进入，造成设备误动。 （3）作业中应加强监护
4	金属利器割伤	（1）使用金属薄片施工时对电缆做好保护。 （2）工作人员必须穿戴劳保手套工作
5	封堵不到位	封堵不到位遗留缝隙等，存在小动物事故等隐患。封堵后必须认真检查是否完全封堵不留缝隙
6	遗留物	（1）工作结束前应仔细检查箱内是否有遗留物。 （2）加强现场器具物料管理，防止相关工器具遗留现场。 （3）工作结束前做好状态核对，确认与工作前状态一致

三、作业前工器具及材料准备

准备好标准化作业指导卡以及工作所需工器具、材料等（见图 6-8 和表 6-8），并带到工作现场，相应的工器具应满足工作需要，材料应齐全。

图 6-8　隔离开关端子箱、机构箱内二次电缆封堵修补所需工器具及材料

表 6-8　　隔离开关端子箱、机构箱内二次电缆封堵修补所需工器具及材料

序号	名称	单位	数量	备注
1	安全帽	顶	若干	
2	有机堵料	包	若干	根据现场封堵孔洞大小
3	防火隔板	块	若干	根据现场需要
4	标准工具箱	套	1	
5	毛巾	条	若干	
6	手套	副	若干	

四、作业主要步骤及工艺要求

确认工作环境良好，天气无雨，相对湿度不大于 85%，检查隔离开关端子箱、机构箱内二次电缆封堵情况，确定封堵修补部位，针对不同情况进行封堵修补处理。

（1）防火隔板封堵修补。检查防火隔板是否破损，若破损，应选择符合要求的防火隔板进行更换，安装前检查防火隔板外观应平整光洁、厚薄均匀，安装应可靠平整；若防火隔板与二次电缆间存在缝隙，应用有机防火堵料封堵严密。

（2）二次电缆孔隙封堵修补（见图 6-9）选择适量防火堵料，使其软化（如果温度太低，防火泥硬度较高，可加热使其软化），捏成合适形状，压在漏洞或缝隙处，用手指进行按压，先将漏洞填满堵住，再将其压平、均匀密实，使其与原有防火堵料保持平整，并确定封堵完好，没缝隙。有机防火堵料与防火隔板配合封堵时，有机防火堵料应高于隔板 20mm，并呈规则形状。电缆预留孔和电缆保护管两端口应用有机防火堵料封堵严密。封堵后，有机堵料应不氧化、不冒油、软硬适度。

图 6-9　二次电缆孔隙封堵修补

（3）所有工作结束后应及时清理现场，确认作业现场无遗留物，并做好本次工作的相关记录。

五、验收

所有工作结束检查现场封堵完好，作业现场清理干净，无遗留物。将工器具全部收拢并清点，将材料及备品、备件回收清点，确认作业现场无遗留物，并做好本次工作的相关记录。

第七章

电 流 互 感 器

第一节 电流互感器端子箱、机构箱箱体消缺

一、作业内容

电流互感器端子箱、机构箱箱体消缺维护。

二、作业要求

（一）安全要求

（1）应严格执行 Q/GDW 1799.1—2013《国家电网公司电力安全工作规程 变电部分》的相关要求。

（2）应在良好的天气下进行，如遇雷、雨、雪，不得进行该项工作。

（3）作业时应与设备带电部位保持相应的安全距离。

（4）作业时，要防止误碰误动设备。

（5）作业不得少于两人，工作负责人应由有经验的人员担任，开工前，工作负责人应向全体工作人员详细布置工作的各安全注意事项，应有专人监护，监护人在作业期间应始终履行监护职责，不得擅离岗位或兼职其他工作。

（二）危险点及控制措施

电流互感器端子箱、机构箱箱体消缺作业中危险点及其控制措施如表 7-1 所示。

表 7-1   电流互感器端子箱、机构箱箱体消缺作业中危险点及其控制措施

序号	危险点	控制措施
1	触电伤害	（1）进行消缺工作时必须满足 Q/GDW 1799.1—2013《国家电网公司电力安全工作规程 变电部分》规定的安全距离。 （2）工作前确认安全措施到位，作业人员必须在工作范围内进行工作。 （3）工作中若需登高，应使用绝缘梯，绝缘梯应合格。梯子必须两人放倒搬运，并与带电部位保持足够的安全距离

序号	危险点	控制措施
2	高空坠落	（1）绝缘梯应坚固完整，有防滑措施。梯子的支柱应能承受作业人员及其所携带工具、材料攀登时的总质量。 （2）绝缘梯必须架设在牢固基础上，单梯应与地面呈60°夹角，人字梯应有限制开度的措施。 （3）在绝缘梯上工作时必须有专人扶持，禁止两人及以上人员在同一爬梯上工作，人在梯子上时，禁止移动梯子
3	误碰、误拉空气开关或接线导致误动	（1）作业前应查阅相关图纸和说明书。 （2）作业中应加强监护，防止误碰、误拉空气开关或接线导致误动
4	机械伤害	箱体边缘等尖锐器件容易造成工作人员割伤，作业人员应戴防护手套，杜绝野蛮施工，防止机械伤害
5	遗留物	（1）工作结束前应仔细检查箱内是否有遗留物。 （2）加强现场器具物料管理，防止相关工器具遗留现场。 （3）工作结束前做好状态核对，确认与工作前状态一致

三、作业前工器具及材料准备

准备好标准化作业指导卡以及工作所需工器具、材料等（见图 7-1 和表 7-2），并带到工作现场，相应的工器具应满足工作需要，材料应齐全。

图 7-1　电流互感器端子箱、机构箱消缺所需工器具及材料

表 7-2　　　　　　　　电流互感器端子箱、机构箱消缺所需工器具及材料

序号	名称	单位	数量	备注
1	标准工具箱	套	1	
2	万用表	只	1	

序号	名称	单位	数量	备注
3	密封粘胶	桶	1	
4	毛刷	把	若干	
5	绝缘梯	架	1	根据现场需要
6	有机堵料	包	若干	
7	观察窗	块	1	根据现场需要同规格、同型号
8	密封条	m	若干	根据现场需要同规格、同型号
9	接地软引线	m	若干	根据现场需要同规格、同型号
10	门轴、门把手等锁具	个	若干	根据现场需要同规格、同型号
11	安全帽	顶	若干	
12	手套	副	若干	
13	毛巾	条	若干	

四、作业主要步骤及工艺要求

确认环境良好，天气无雨，相对湿度不大于85％，检查和确认端子箱、冷控箱的异常情况及原因，针对异常情况进行消缺处理。

（一）柜门开闭异常消缺

（1）检查端子箱、机构箱柜门开闭是否异常，如铰链异常，应进行修复或更换；若门轴或门把手异常，应进行修复或更换。

（2）换门轴或门把手前，应事先查看准备的门轴或把手是否符合现场实际应用。

（3）拆下旧的门轴或把手，拆除时注意观察安装方法；工作前将端子箱门打开，并注意工作中与运行中的回路的位置，防止在工作中误碰运行设备。工作人员应戴线手套，防止割伤、划伤。

（4）装新的门轴或把手，安装完毕后检查冷控箱门关闭良好、无卡涩现象。

（5）门把手活动部位注油润滑。

（二）柜体接地软引线消缺

检查箱体接地软引线接地端、接地线连接是否异常，如接地端、接地线松动，应重新连接紧固，如接地线断股或破损，应更换同规格的接地线，并检查连接可靠、牢固。

（三）箱体密封异常处理

（1）检查箱体表面是否有破损情况，如有破损，应根据破损情况修补。检查箱体封堵是否良好，如封堵不良，应选用新的封堵材料重新封堵。

（2）检查箱体橡胶密封条是否完好，如有脱落，用密封粘胶进行修复，如损坏，应选用同规格密封条更换。

（3）拆除旧的密封胶条，并注意工作中与运行中的回路的位置，防止在工作中误碰运行设备。工作人员应戴线手套，防止割伤、划伤。

（4）将新的密封胶条涂抹上密封胶，安装在端子箱门的胶条槽内，按压确认胶条牢固结实，密封良好。

（四）观察窗除缺

查看观察窗螺丝是否松动，并进行紧固，若密封条脱落应用密封胶进行修复。若观察窗破损脱落，应进行更换，并事先查看准备的观察窗是否符合现场实际应用；拆除旧观察窗，安装新观察窗，保证观察窗封闭完好。

五、验收

所有工作结束后检查缺陷已消除，及时清理现场，将工器具全部收拢并清点，将材料及备品、备件回收清点，确认作业现场无遗留物，并做好本次工作的相关记录。

第二节　电流互感器端子箱、机构箱内加热器、温湿度控制模块和回路维护消缺

一、作业内容

电流互感器端子箱、机构箱内加热器、温湿度控制模块和回路维护消缺。

二、作业要求

（一）安全要求

（1）应严格执行 Q/GDW 1799.1—2013《国家电网公司电力安全工作规程　变电部分》的相关要求。

（2）应在良好的天气下进行，如遇雷、雨、雪，不得进行该项工作。

（3）作业时应与设备带电部位保持相应的安全距离。

（4）作业时，要防止误碰误动设备。

（5）作业不得少于两人，工作负责人应由有经验的人员担任，开工前，工作负责人应向全体工作人员详细布置工作的各安全注意事项，应有专人监护，监护人在作业期间应始终履行监护职责，不得擅离岗位或兼职其他工作。

（二）危险点及控制措施

电流互感器端子箱、机构箱内加热器、温湿度控制器模块和回路维护消缺作业中危险点及其控制措施如表 7-3 所示。

表 7-3 电流互感器端子箱、机构箱内加热器、温湿度控制器模块和回路维护消缺作业中

危险点及其控制措施

序号	危险点	控制措施
1	触电伤害	(1) 进行消缺工作时必须满足 Q/GDW 1799.1—2013《国家电网公司电力安全工作规程 变电部分》规定的安全距离。 (2) 工作前确认安全措施到位，作业人员必须在工作范围内进行工作。 (3) 工作中若需登高，应使用合格的绝缘梯。梯子必须两人放倒搬运，并与带电部位保持足够的安全距离。 (4) 工作地点与箱内端子排、空气开关等带电设备邻近，工作时应防止误碰带电部位造成人员触电，作业人员戴线手套，工器具经绝缘包扎，加强工作监护；对于处理过程中临时拆线检查，逐条解除用绝缘胶布进行包扎并做好标记，防止误碰带电部位
2	高空坠落	(1) 绝缘梯应坚固完整，有防滑措施。梯子的支柱应能承受作业人员及其所携带工具、材料攀登时的总质量。 (2) 绝缘梯必须架设在牢固基础上，单梯与地面呈 60°夹角，人字梯应有限制开度的措施。 (3) 在绝缘梯上工作时必须有专人扶持，禁止两人及以上人员在同一爬梯上工作，人在梯子上时，禁止移动梯子
3	误碰、误拉空气开关或接线导致误动	(1) 作业前应查阅相关图纸和说明书。 (2) 作业前应做好防误碰、误拉空气开关的措施，箱体空间较狭窄，工作时应防止身体转动时误碰箱内空气开关、继电器及端子排等设备造成误动。 (3) 作业中应加强监护，工作后应及时关闭并锁好箱门，防止小动物或雨水进入，造成设备误动
4	防止被加热板烫伤	工作中需接触加热板时应先断开加热电源，待加热板冷却后进行相关工作
5	遗留物	(1) 工作结束前应仔细检查箱内是否有遗留物。 (2) 加强现场器具物料管理，防止相关工器具遗留现场。 (3) 工作结束前做好状态核对，确认与工作前状态一致

三、作业前工器具及材料准备

准备好标准化作业指导卡、图纸以及工作所需工器具、材料等（见图 7-2 和表 7-4），并带到工作现场，相应的工器具应满足工作需要，材料应齐全。

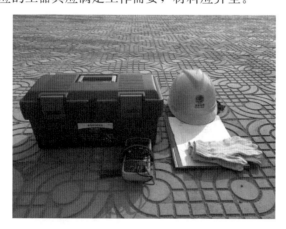

图 7-2 电流互感器端子箱、机构箱内加热器、温湿度控制器模块和回路维护

消缺所需工器具及材料

表 7-4   电流互感器端子箱、机构箱内加热器、温湿度控制器模块和回路维护消缺
所需工器具及材料

序号	名称	单位	数量	备注
1	万用表	只	1	
2	标准工具箱	套	1	
3	绝缘梯	架	1	根据现场需要
4	空气开关	个	若干	根据现场需要同型号、同规格
5	连接线	m	若干	根据现场需要
6	加热器	个	若干	根据现场需要同型号、同规格
7	安全帽	顶	若干	
8	手套	副	若干	

四、作业主要步骤及工艺要求

确认工作环境良好，天气无雨，相对湿度不大于 85%，检查和确认电流互感器端子箱、机构箱内加热器、温湿度控制器模块和回路的异常情况及原因，针对异常情况进行消缺处理。

（1）电源回路异常。检查空气开关是否在合位，若在合位，检查恒温控制器信号指示灯正常时应亮（热、驱潮装置由其恒温控制器控制投退）；调节温度控制器，查看加热器是否工作；加热、驱潮装置投入时，以手背接近感觉有无温度检查其完好性。用万用表检查加热器电源空气开关两侧，如电源侧无电，则对电源回路逐级向上进行检查，如电源侧有电而负载侧无电则判断空气开关故障，则更换同规格的空气开关。若空气开关在分位，则对负载侧回路检查是否短路，并进行相应处理。

（2）连接回路异常。断开电源空气开关，用万用表对电源空气开关至加热器回路分段检查，找到相应故障点进行消缺。

（3）加热器异常。在连接回路消缺后，若加热器还不能正常加热，则更换同型号加热器。

（4）消缺工作结束后，合上电源空气开关，将温湿度控制器切至强制（或手动）模式，检查加热器、温湿度控制器模块是否工作正常。

五、验收

所有工作结束后检查缺陷已消除，及时清理现场，将工器具全部收拢并清点，将材料及备品、备件回收清点，确认作业现场无遗留物，并做好本次工作的相关记录。

第三节　电流互感器端子箱、机构箱内照明回路消缺

一、作业内容

电流互感器端子箱、机构箱内照明回路维护消缺。

二、作业要求

（一）安全要求

（1）应严格执行 Q/GDW 1799.1—2013《国家电网公司电力安全工作规程　变电部分》的相关要求。

（2）应在良好的天气下进行，如遇雷、雨、雪，不得进行该项工作。

（3）作业时应与设备带电部位保持相应的安全距离。

（4）作业时，要防止误碰误动设备。

（5）严防交、直流接地或短路；接临时电源时，应取自检修电源箱，由两人完成，严禁私自接线。

（6）作业不得少于两人，工作负责人应由有经验的人员担任，开工前，工作负责人应向全体工作人员详细布置工作的各安全注意事项，应有专人监护，监护人在作业期间应始终履行监护职责，不得擅离岗位或兼职其他工作。

（二）危险点及控制措施

电流互感器端子箱、机构箱内照明回路消缺作业中危险点及其控制措施如表 7-5 所示。

表 7-5　　　电流互感器端子箱、机构箱内照明回路消缺作业中危险点及其控制措施

序号	危险点	控制措施
1	触电伤害	（1）进行消缺工作时必须满足 Q/GDW 1799.1—2013《国家电网公司电力安全工作规程　变电部分》规定的安全距离。 （2）工作前确认安全措施到位，作业人员必须在工作范围内进行工作。 （3）工作中若需登高，应使用合格的绝缘梯。梯子必须两人放倒搬运，并与带电部位保持足够的安全距离。 （4）工作地点与箱内端子排、空气开关等带电设备邻近，工作时防止误碰带电部位造成人员触电，作业人员戴线手套，工器具经绝缘包扎，加强工作监护；对于处理过程中临时拆线检查，逐条解除用绝缘胶布进行包扎并做好标记，防止误碰带电部位
2	高空坠落	（1）绝缘梯应坚固完整，有防滑措施。梯子的支柱应能承受作业人员及其所携带工具、材料攀登时的总质量。 （2）绝缘梯必须架设在牢固基础上，单梯应与地面呈 60 度夹角，人字梯应有限制开度的措施。 （3）在绝缘梯上工作时必须有专人扶持，禁止两人及以上人员在同一爬梯上工作，人在梯子上时，禁止移动梯子
3	误碰、误拉空气开关或接线导致误动	（1）作业前应查阅相关图纸和说明书。 （2）作业前应做好防误碰、误拉空气开关的措施，箱体空间较狭窄，工作时应防止身体转动时误碰箱内空气开关、继电器及端子排等设备造成误动。 （3）作业中应加强监护，工作后应及时关闭并锁好箱门，防止小动物或雨水进入，造成设备误动
4	防止低压触电	工作中将空气开关断开；戴防护手套，工作中保证身体不接触到带电部分
5	防止被灯管、灯泡烫伤	工作中需待灯管、灯泡冷却后进行相关工作

序号	危险点	控制措施
6	遗留物	（1）工作结束前应仔细检查箱内是否有遗留物。 （2）加强现场器具物料管理，防止相关工器具遗留现场。 （3）工作结束前做好状态核对，确认与工作前状态一致

三、作业前工器具及材料准备

准备好标准化作业指导卡、图纸以及工作所需工器具、材料等（见图 7-3 和表 7-6），并带到工作现场，相应的工器具应满足工作需要，材料应齐全。

图 7-3　电流互感器端子箱、机构箱内照明回路维护消缺所需工器具及材料

表 7-6　　　　电流互感器端子箱、机构箱内照明回路维护消缺所需工器具及材料

序号	名称	单位	数量	备注
1	万用表	只	1	
2	标准工具箱	套	1	
3	绝缘梯	架	1	根据现场需要
4	空气开关	个	若干	根据现场需要同型号、同规格
5	连接线	m	若干	根据现场需要
6	照明灯	个	1	根据现场需要同型号、同规格
7	安全帽	顶	若干	
8	手套	副	若干	

四、作业主要步骤及工艺要求

确认工作环境良好，天气无雨，相对湿度不大于 85％，消缺作业前做好防误碰、误拉

空气开关的措施，检查箱内照明设施各部件（开关、插座、接头、电缆等）完好没有破损、裂纹，回路有无异常，针对异常情况进行消缺处理。

（1）电源回路异常。检查空气开关是否在合位，若在合位，则用万用表检查照明灯电源空气开关两侧；如电源侧无电，则对电源回路逐级向上进行检查；如电源侧有电而负载侧无电则判断空气开关故障，则更换同规格的空气开关。若空气开关在分位，则对负载侧回路检查是否短路，并进行相应处理。

（2）连接回路异常：断开电源空气开关，用万用表对电源空气开关至照明灯回路分段检查，找到相应故障点进行消缺。

（3）照明灯异常。在连接回路消缺后，若照明灯还不能正常工作，则更换同型号照明灯。

（4）消缺工作结束后，合上电源开关，检查照明灯是否工作正常。

五、验收

所有工作结束后检查缺陷已消除，及时清理现场，将工器具全部收拢并清点，将材料及备品、备件回收清点，确认作业现场无遗留物，并做好本次工作的相关记录。

第四节　电流互感器端子箱、机构箱内二次电缆封堵补修

一、作业内容

电流互感器端子箱、机构箱内二次电缆封堵补修维护消缺。

二、作业要求

（一）安全要求

（1）应严格执行 Q/GDW 1799.1—2013《国家电网公司电力安全工作规程　变电部分》的相关要求。

（2）应在良好的天气下进行，如遇雷、雨、雪，不得进行该项工作。

（3）作业时应与设备带电部位保持相应的安全距离。

（4）作业时，要防止误碰误动设备。

（5）作业不得少于两人，工作负责人应由有经验的人员担任，开工前，工作负责人应向全体工作人员详细布置工作的各安全注意事项，应有专人监护，监护人在作业期间应始终履行监护职责，不得擅离岗位或兼职其他工作。

（二）危险点及控制措施

电流互感器端子箱、机构箱内二次电缆封堵修补作业中危险点及其控制措施如表7-7所示。

表 7-7　　　电流互感器端子箱、机构箱内二次电缆封堵修补作业中危险点及其控制措施

序号	危险点	控制措施
1	触电伤害	（1）进行消缺工作时必须满足 Q/GDW 1799.1—2013《国家电网公司电力安全工作规程 变电部分》规定的安全距离。 （2）工作前确认安全措施到位，作业人员必须在工作范围内进行工作。工作地点与箱内端子排、空气开关等带电设备邻近，工作时应防止误碰带电部位造成人员触电，作业人员应戴防护手套，工器具应经绝缘包扎，加强工作监护。 （3）工作中若需登高，应使用合格的绝缘梯。梯子必须两人放倒搬运，并与带电部位保持足够的安全距离
2	高空坠落	（1）绝缘梯应坚固完整，有防滑措施。梯子的支柱应能承受作业人员及其所携带工具、材料攀登时的总质量。 （2）绝缘梯必须架设在牢固基础上，单梯应与地面呈 60°夹角，人字梯应有限制开度的措施。 （3）在绝缘梯上工作时必须有专人扶持，禁止两人及以上人员在同一爬梯上工作，人在梯子上时，禁止移动梯子
3	误碰、误拉空气开关或接线导致误动	（1）作业前应查阅相关图纸和说明书。 （2）作业前应做好防误碰、误拉空气开关的措施。箱体空间较狭窄，工作时应防止身体转动时误碰箱内空气开关、继电器及端子排等设备造成误动；工作后应及时关闭并锁好箱门，防止小动物或雨水进入，造成设备误动。 （3）作业中应加强监护
4	金属利器割伤	（1）使用金属薄片施工时对电缆做好保护。 （2）工作人员必须穿戴防护手套工作
5	封堵不到位	封堵不到位遗留缝隙等，存在小动物事故等隐患。封堵后必须认真检查是否完全封堵不留缝隙
6	遗留物	（1）工作结束前应仔细检查箱内是否有遗留物。 （2）加强现场器具物料管理，防止相关工器具遗留现场。 （3）工作结束前做好状态核对，确认与工作前状态一致

三、作业前工器具及材料准备

准备好标准化作业指导卡以及工作所需工器具、材料等（见图 7-4 和表 7-8），并带到工作现场，相应的工器具应满足工作需要，材料应齐全。

图 7-4　电流互感器端子箱、机构箱内二次电缆封堵修补所需工器具及材料

表 7-8　　　　　电流互感器端子箱、机构箱内二次电缆封堵修补所需工器具及材料

序号	名称	单位	数量	备注
1	安全帽	顶	若干	根据封堵孔洞大小确定
2	有机堵料	包	若干	根据封堵孔洞大小确定
3	防火隔板	块	若干	根据现场需要
4	标准工具箱	套	1	
5	毛巾	条	若干	
6	手套	副	若干	

四、作业主要步骤及工艺要求

确认工作环境良好，天气无雨，相对湿度不大于 85％，检查电流互感器端子箱、机构箱内二次电缆封堵情况，确定封堵修补部位，针对不同情况进行封堵修补处理。

（1）防火隔板封堵修补：检查防火隔板是否破损，若破损，应选择符合要求的防火隔板进行更换，安装前检查防火隔板外观应平整光洁、厚薄均匀，安装应可靠平整；若防火隔板与二次电缆间存在缝隙，应用有机防火堵料封堵严密。

（2）二次电缆孔隙封堵修补。选择适量防火堵料，使其软化（如果温度太低，防火泥硬度较高，可加热使其软化），捏成合适形状，压在漏洞或缝隙处，用手指进行按压，先将漏洞填满堵住，再将其压平、均匀密实，使其与原有防火堵料保持平整，并确定封堵完好，无缝隙。有机防火堵料与防火隔板配合封堵时，有机防火堵料应高于隔板 20mm，并呈规则形状。电缆预留孔和电缆保护管两端口应用有机防火堵料封堵严密。封堵后，有机堵料应不氧化、不冒油、软硬适度。

（3）所有工作结束后应及时清理现场，确认作业现场无遗留物，并做好本次工作的相关记录。

五、验收

所有工作结束检查现场封堵完好，作业现场清理干净，无遗留物。将工器具全部收拢并清点，将材料及备品、备件回收清点，确认作业现场无遗留物，并做好本次工作的相关记录。

第八章

电 压 互 感 器

第一节　电压互感器端子箱、机构箱箱体消缺

一、作业内容

电压互感器端子箱、机构箱箱体消缺维护。

二、作业要求

（一）安全要求

（1）应严格执行 Q/GDW 1799.1—2013《国家电网公司电力安全工作规程　变电部分》的相关要求。

（2）应在良好的天气下进行，如遇雷、雨、雪，不得进行该项工作。

（3）作业时应与设备带电部位保持相应的安全距离。

（4）作业时，要防止误碰误动设备。

（5）作业不得少于两人，工作负责人应由有经验的人员担任，开工前，工作负责人应向全体工作人员详细布置工作的各安全注意事项，应有专人监护，监护人在作业期间应始终履行监护职责，不得擅离岗位或兼职其他工作。

（二）危险点及其控制措施

电压互感器端子箱、机构箱箱体消缺作业中危险点及其控制措施如表 8-1 所示。

表 8-1　　　　电压互感器端子箱、机构箱箱体消缺作业中危险点及其控制措施

序号	危险点	控制措施
1	触电伤害	（1）进行消缺工作时必须满足 Q/GDW 1799.1—2013《国家电网公司电力安全工作规程　变电部分》规定的安全距离。 （2）工作前确认安全措施到位，作业人员必须在工作范围内进行工作。 （3）工作中若需登高，应使用合格的绝缘梯。梯子必须两人放倒搬运，并与带电部位保持足够的安全距离

序号	危险点	控制措施
2	高空坠落	（1）绝缘梯应坚固完整，有防滑措施。梯子的支柱应能承受作业人员及其所携带工具、材料攀登时的总质量。 （2）绝缘梯必须架设在牢固基础上，单梯应与地面呈60°夹角，人字梯应有限制开度的措施。 （3）在绝缘梯上工作时必须有专人扶持，禁止两人及以上人员在同一爬梯上工作，人在梯子上时，禁止移动梯子
3	误碰、误拉空气开关或接线导致误动	（1）作业前应查阅相关图纸和说明书。 （2）作业中应加强监护，防止误碰、误拉空气开关或接线导致误动
4	机械伤害	箱体边缘等尖锐器件容易造成工作人员割伤，作业人员应戴防护手套，杜绝野蛮施工，防止机械伤害
5	遗留物	（1）工作结束前应仔细检查箱内是否有遗留物。 （2）加强现场器具物料管理，防止相关器具遗留现场。 （3）工作结束前做好状态核对，确认与工作前状态一致

三、作业前工器具及材料准备

准备好标准化作业指导卡以及工作所需工器具、材料等，并带到工作现场（见图 8-1 和表 8-2），相应的工器具应满足工作需要，材料应齐全。

图 8-1　电压互感器端子箱、机构箱消缺所需工器具及材料

表 8-2　　　　　　　电压互感器端子箱、机构箱消缺所需工器具及材料

序号	名称	单位	数量	备注
1	标准工具箱	套	1	
2	万用表	只	1	

序号	名称	单位	数量	备注
3	密封粘胶	桶	1	
4	毛刷	把	若干	
5	绝缘梯	架	1	根据现场需要
6	有机堵料	包	若干	
7	观察窗	块	1	根据现场需要同规格、同型号
8	密封条	m	若干	根据现场需要同规格、同型号
9	接地软引线	m	若干	根据现场需要同规格、同型号
10	门轴、门把手等锁具	个	若干	根据现场需要同规格、同型号
11	安全帽	顶	若干	
12	手套	副	若干	
13	毛巾	条	若干	

四、作业主要步骤及工艺要求

确认工作环境良好，天气无雨，相对湿度不大于 85%，检查和确认端子箱、冷控箱的异常情况及原因。针对异常情况进行消缺处理。

（一）柜门开闭异常消缺

（1）检查端子箱、机构箱柜门开闭是否异常，如铰链异常，应进行修复或更换（见图 8-2）；若门轴或门把手异常，应进行修复或更换。

（2）更换门轴或门把手前，应事先查看准备的门轴或把手是否符合现场实际应用。

（3）拆下旧的门轴或把手，拆除时注意观察安装方法；工作前将端子箱门打开，并注意工作中与运行中的回路的位置，防止在工作中误碰运行设备。工作人员应戴线手套，防止割伤、划伤。

（4）安装新的门轴或把手，安装完毕后检查冷控箱门关闭良好、无卡涩现象。

（5）将门把手活动部位注油润滑。

（二）柜体接地软引线消缺

检查箱体接地软引线接地端、接地线连接是否异常，如

图 8-2　维修铰链

接地端、接地线松动，应重新连接紧固，如接地线断股或破损，应更换同规格的接地线，并检查连接可靠、牢固（见图 8-3）。

（三）箱体密封异常处理

（1）检查箱体表面是否有破损情况，如有破损，应根据破损情况修补。检查箱体封堵

是否良好，如封堵不良，应选用新的封堵材料重新封堵。

（2）检查箱体橡胶密封条是否完好，如有脱落，用密封粘胶进行修复，如损坏，应选用同规格密封条更换。

（3）拆除旧的密封胶条，并注意工作中与运行中的回路的位置，防止在工作中误碰运行设备。工作人员应戴线手套，防止割伤、划伤。

（4）将新的密封胶条涂抹上密封胶，安装在端子箱门的胶条槽内，按压确认胶条牢固结实，密封良好（见图 8-4）。

（四）观察窗消缺

查看观察窗螺丝是否松动，并进行紧固，若密封条脱落应用密封胶进行修复。若观察窗破损脱落，应进行更换，并事先查看准备的观察窗是否符合现场实际应用；拆除旧观察窗，安装新观察窗，保证观察窗封闭完好。

图 8-3　紧固接地软引线　　　　　　　　图 8-4　维修密封胶条

五、验收

所有工作结束后检查缺陷已消除，及时清理现场，将工器具全部收拢并清点，将材料及备品、备件回收清点，确认作业现场无遗留物，并做好本次工作的相关记录。

第二节　电压互感器端子箱、机构箱内加热器、温湿度控制模块和回路维护消缺

一、作业内容

电压互感器端子箱、机构箱内加热器、温湿度控制模块和回路维护消缺。

二、作业要求

（一）安全要求

（1）应严格执行 Q/GDW 1799.1—2013《国家电网公司电力安全工作规程　变电部分》的相关要求。

（2）应在良好的天气下进行，如遇雷、雨、雪，不得进行该项工作。

（3）作业时应与设备带电部位保持相应的安全距离。

（4）作业时，要防止误碰误动设备。

（5）作业不得少于两人，工作负责人应由有经验的人员担任，开工前，工作负责人应向全体工作人员详细布置工作的各安全注意事项，应有专人监护，监护人在作业期间应始终履行监护职责，不得擅离岗位或兼职其他工作。

（二）危险点及控制措施

电压互感器端子箱、机构箱内加热器、温湿度控制器模块和回路维护消缺作业中危险点及其控制措施如表 8-3 所示。

表 8-3　电压互感器端子箱、机构箱内加热器、温湿度控制器模块和回路维护消缺作业中

危险点及其控制措施

序号	危险点	控制措施
1	触电伤害	（1）进行消缺工作时必须满足 Q/GDW 1799.1—2013《国家电网公司电力安全工作规程　变电部分》规定的安全距离。 （2）工作前确认安全措施到位，作业人员必须在工作范围内进行工作。 （3）工作中若需登高，应使用合格的绝缘梯。梯子必须两人放倒搬运，并与带电部位保持足够的安全距离。 （4）工作地点与箱内端子排、空气开关等带电设备邻近，工作时防止误碰带电部位造成人员触电，作业人员戴线手套，工器具经绝缘包扎，加强工作监护；对于处理过程中临时拆线检查，逐条解除用绝缘胶布进行包扎并做好标记，防止误碰带电部位
2	高空坠落	（1）绝缘梯应坚固完整，有防滑措施。梯子的支柱应能承受作业人员及其所携带工具、材料攀登时的总质量。 （2）绝缘梯必须架设在牢固基础上，单梯应与地面呈 60°夹角，人字梯应有限制开度的措施。 （3）在绝缘梯上工作时必须有专人扶持，禁止两人及以上人员在同一爬梯上工作，人在梯子上时，禁止移动梯子
3	误碰、误拉空气开关或接线导致误动	（1）作业前应查阅相关图纸和说明书。 （2）作业前应做好防误碰、误拉空气开关的措施，箱体空间较狭窄，工作时应防止身体转动时误碰箱内空气开关、继电器及端子排等设备造成误动。 （3）作业中应加强监护，工作后应及时关闭并锁好箱门，防止小动物或雨水进入，造成设备误动
4	防止被加热板烫伤	工作中需接触加热板时应先断开加热电源，待加热板冷却后进行相关工作
5	遗留物	（1）工作结束前应仔细检查箱内是否有遗留物。 （2）加强现场器具物料管理，防止相关工器具遗留现场。 （3）工作结束前做好状态核对，确认与工作前状态一致

三、作业前工器具及材料准备

准备好标准化作业指导卡、图纸以及工作所需工器具、材料等，（见图 8-5 和表 8-4）并带到工作现场，相应的工器具应满足工作需要，材料应齐全。

图 8-5　电压互感器端子箱、机构箱内加热器、温湿度控制器模块和回路维护消缺所需工器具及材料

表 8-4　　　　　　　电压互感器端子箱、机构箱内加热器、温湿度控制器模块和

回路维护消缺所需工器具及材料

序号	名称	单位	数量	备注
1	万用表	只	1	
2	标准工具箱	套	1	
3	绝缘梯	架	1	根据现场需要
4	空气开关	个	若干	根据现场需要同型号、同规格
5	连接线	m	3	根据现场需要
6	加热器	个	若干	根据现场需要同型号、同规格
7	安全帽	顶	若干	
8	手套	副	若干	

四、作业主要步骤及工艺要求

确认工作环境良好，天气无雨，相对湿度不大于 85％，检查和确认电压互感器端子箱、机构箱内加热器、温湿度控制器模块和回路的异常情况及原因，针对异常情况进行消缺处理。

（1）电源回路异常：检查空气开关是否在合位，若在合位，检查恒温控制器信号指示灯正常时应亮（热、驱潮装置由其恒温控制器控制投退）；调节温度控制器，查看加热器是否工作；加热、驱潮装置投入时，以手背接近感觉有无温度检查其完好性，如图 8-6 所示。用万用表检查加热器电源空气开关两侧，如电源侧无电，则对电源回路逐级向上进行检查，如电源侧有电而负载侧无电则判断空气开关故障，则更换同规格的空气开关。若空气开关在分位，则对负载侧回路检查是否短路，并进行相应处理。

（2）连接回路异常：断开电源空气开关，用万用表对电源空气开关至加热器回路分段检查，找到相应故障点进行消缺。

（3）加热器异常：在连接回路消缺后，若加热器还不能正常加热，则更换同型号加热器，如图 8-7 所示。

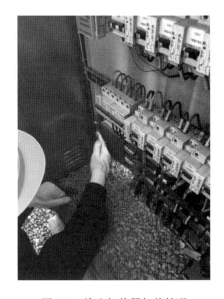 

图 8-6　检查加热器加热情况　　　　　图 8-7　维修加热器

（4）消缺工作结束后，合上电源空气开关，将温湿度控制器切至强制（或手动）模式，检查加热器、温湿度控制器模块是否工作正常。

五、验收

所有工作结束后检查缺陷已消除，及时清理现场，将工器具全部收拢并清点，将材料及备品、备件回收清点，确认作业现场无遗留物，并做好本次工作的相关记录。

第三节　电压互感器端子箱、机构箱内照明回路消缺

一、作业内容

电压互感器端子箱、机构箱内照明回路维护消缺。

二、作业要求

（一）安全要求

（1）应严格执行 Q/GDW 1799.1—2013《国家电网公司电力安全工作规程 变电部分》的相关要求。

（2）应在良好的天气下进行，如遇雷、雨、雪，不得进行该项工作。

（3）作业时应与设备带电部位保持相应的安全距离。

（4）作业时，要防止误碰误动设备。

（5）严防交、直流接地或短路；接临时电源时，应取自检修电源箱，由两人完成，严禁私自接线。

（6）作业不得少于两人，工作负责人应由有经验的人员担任，开工前，工作负责人应向全体工作人员详细布置工作的各安全注意事项，应有专人监护，监护人在作业期间应始终履行监护职责，不得擅离岗位或兼职其他工作。

（二）危险点及控制措施

电压互感器端子箱、机构箱内照明回路消缺作业中危险点及控制措施如表 8-5 所示。

表 8-5　　　电压互感器端子箱、机构箱内照明回路消缺作业中危险点及其控制措施

序号	危险点	控制措施
1	触电伤害	（1）进行消缺工作时必须满足 Q/GDW 1799.1—2013《国家电网公司电力安全工作规程 变电部分》规定的安全距离。 （2）工作前确认安全措施到位，作业人员必须在工作范围内进行工作。 （3）工作中若需登高，应使用合格的绝缘梯。梯子必须两人放倒搬运，并与带电部位保持足够的安全距离。 （4）工作地点与箱内端子排、空气开关等带电设备邻近，工作时防止误碰带电部位造成人员触电，作业人员戴线手套，工器具经绝缘包扎，加强工作监护；对于处理过程中临时拆线检查，逐条解除用绝缘胶布进行包扎并做好标记，防止误碰带电部位
2	高空坠落	（1）绝缘梯应坚固完整，有防滑措施。梯子的支柱应能承受作业人员及其所携带工具、材料攀爬时的总质量。 （2）绝缘梯必须架设在牢固基础上，单梯应与地面呈 60°夹角，人字梯应有限制开度的措施。 （3）在绝缘梯上工作时必须有专人扶持，禁止两人及以上人员在同一爬梯上工作，人在梯子上时，禁止移动梯子
3	误碰、误拉空气开关或接线导致误动	（1）作业前应查阅相关图纸和说明书。 （2）作业前应做好防误碰、误拉空气开关的措施，箱体空间较狭窄，工作时应防止身体转动时误碰箱内空气开关、继电器及端子排等设备造成误动。 （3）作业中应加强监护，工作后应及时关闭并锁好箱门，防止小动物或雨水进入，造成设备误动
4	防止低压触电	工作中将空开断开；戴防护手套，工作中保证身体不接触到带电部分
5	防止被灯管、灯泡烫伤	工作中需待灯管、灯泡冷却后进行相关工作
6	遗留物	（1）工作结束前应仔细检查箱内是否有遗留物。 （2）加强现场器具物料管理，防止相关工器具遗留现场。 （3）工作结束前做好状态核对，确认与工作前状态一致

三、作业前工器具及材料准备

准备好标准化作业指导卡、图纸以及工作所需工器具、材料等，并带到工作现场，相应的工器具应满足工作需要，材料应齐全（见图 8-8 和表 8-6）。

图 8-8　电压互感器端子箱、机构箱内照明回路维护消缺所需工器具及材料

表 8-6　　　电压互感器端子箱、机构箱内照明回路维护消缺所需工器具及材料

序号	名称	单位	数量	备注
1	万用表	只	1	
2	标准工具箱	套	1	
3	绝缘梯	架	1	根据现场需要
4	空气开关	个	若干	根据现场需要同型号、同规格
5	连接线	m	若干	根据现场需要
6	照明灯	个	1	根据现场需要同型号、同规格
7	安全帽	顶	若干	
8	手套	副	若干	

四、作业主要步骤及工艺要求

确认工作环境良好，天气无雨，相对湿度不大于 85%，消缺作业前做好防误碰、误拉空气开关的措施，检查箱内照明设施各部件（开关、插座、接头等）完好没有破损、裂纹，回路有无异常，针对异常情况进行消缺处理。

（1）电源回路异常：检查空气开关是否在合位。若在合位，则用万用表检查照明灯电源空气开关两侧。如电源侧无电，则对电源回路逐级向上进行检查；如电源侧有电而负载

图 8-9　更换照明灯

侧无电则判断空气开关故障，则更换同规格的空气开关。若空气开关在分位，则对负载侧回路检查是否短路，并进行相应处理。

（2）连接回路异常：断开电源空气开关，用万用表对电源空气开关至照明灯回路分段检查，找到相应故障点进行消缺。

（3）照明灯异常：在连接回路消缺后，若照明灯还不能正常工作，则更换同型号照明灯，如图 8-9 所示。

（4）消缺工作结束后，合上电源开关，检查照明灯是否工作正常。

五、验收

所有工作结束后检查缺陷已消除，及时清理现场，将工器具全部收拢并清点，将材料及备品、备件回收清点，确认作业现场无遗留物，并做好本次工作的相关记录。

第四节　电压互感器端子箱、机构箱内二次电缆封堵补修

一、作业内容

电压互感器端子箱、机构箱内二次电缆封堵补修维护消缺。

二、作业要求

（一）安全要求

（1）应严格执行 Q/GDW 1799.1—2013《国家电网公司电力安全工作规程　变电部分》的相关要求。

（2）应在良好的天气下进行，如遇雷、雨、雪，不得进行该项工作。

（3）作业时应与设备带电部位保持相应的安全距离。

（4）作业时，要防止误碰误动设备。

（5）作业不得少于两人，工作负责人应由有经验的人员担任，开工前，工作负责人应向全体工作人员详细布置工作的各安全注意事项，应有专人监护，监护人在作业期间应始终履行监护职责，不得擅离岗位或兼职其他工作。

（二）危险点及控制措施

电压互感器端子箱、机构箱危险点及控制措施见表 8-7。

表 8-7 电压互感器端子箱、机构箱内二次电缆封堵修补作业中危险点及其控制措施

序号	危险点	控制措施
1	触电伤害	（1）进行消缺工作时必须满足 Q/GDW 1799.1—2013《国家电网公司电力安全工作规程 变电部分》规定的安全距离。 （2）工作前确认安全措施到位，作业人员必须在工作范围内进行工作。工作地点与箱内端子排、空气开关等带电设备邻近，工作时应防止误碰带电部位造成人员触电，作业人员应戴防护手套，工器具应经绝缘包扎，加强工作监护。 （3）工作中若需登高，应使用绝缘梯，绝缘梯应合格。梯子必须两人放倒搬运，并与带电部位保持足够的安全距离
2	高空坠落	（1）绝缘梯应坚固完整，有防滑措施。梯子的支柱应能承受作业人员及其所携带工具、材料攀登时的总质量。 （2）绝缘梯必须架设在牢固基础上，单梯应与地面呈60°夹角，人字梯应有限制开度的措施。 （3）在绝缘梯上工作时必须有专人扶持，禁止两人及以上人员在同一爬梯上工作，人在梯子上时，禁止移动梯子
3	误碰、误拉空气开关或接线导致误动	（1）作业前应查阅相关图纸和说明书。 （2）作业前应做好防误碰、误拉空气开关的措施。箱体空间较狭窄，工作时应防止身体转动时误碰箱内空气开关、继电器及端子排等设备造成误动；工作后应及时关闭并锁好箱门，防止小动物或雨水进入，造成设备误动。 （3）作业中应加强监护
4	金属利器割伤	（1）使用金属薄片施工时对电缆做好保护。 （2）工作人员必须穿戴劳保手套工作
5	封堵不到位	封堵不到位遗留缝隙等，存在小动物事故等隐患。封堵后必须认真检查是否完全封堵不留缝隙
6	遗留物	（1）工作结束前应仔细检查箱内是否有遗留物。 （2）加强现场器具物料管理，防止相关工器具遗留现场。 （3）工作结束前做好状态核对，确认与工作前状态一致

三、作业前工器具及材料准备

准备好标准化作业指导卡以及工作所需工器具、材料等（见图 8-10 和表 8-8），并带到工作现场，相应的工器具应满足工作需要，材料应齐全。

图 8-10　电压互感器端子箱、机构箱内二次电缆封堵修补所需工器具及材料

表 8-8　　　电压互感器端子箱、机构箱内二次电缆封堵修补所需工器具及材料

序号	名称	单位	数量	备注
1	安全帽	块	若干	根据封堵孔洞大小确定
2	有机堵料	包	若干	根据封堵孔洞大小确定
3	防火隔板	块	若干	根据现场需要
4	标准工具箱	套	1	
5	毛巾	条	若干	
6	手套	副	若干	

四、作业主要步骤及工艺要求

确认工作环境良好，天气无雨，相对湿度不大于 85%，检查电压互感器端子箱、机构箱内二次电缆封堵情况，确定封堵修补部位，针对不同情况进行封堵修补处理。

（1）防火隔板封堵修补：检查防火隔板是否破损，若破损，应选择符合要求的防火隔板进行更换，安装前检查防火隔板外观应平整光洁、厚薄均匀，安装应可靠平整；若防火隔板与二次电缆间存在缝隙，应用有机防火堵料封堵严密。

图 8-11　二次电缆孔隙封堵修补

（2）二次电缆孔隙封堵修补：如图 8-11 所示，选择适量防火堵料，使其软化（如果温度太低，防火泥硬度较高，可加热使其软化），捏成合适形状，压在漏洞或缝隙处，用手指进行按压，先将漏洞填满堵住，再将其压平、均匀密实，使其与原有防火堵料保持平整，并确定封堵完好，没缝隙。有机防火堵料与防火隔板配合封堵时，有机防火堵料应高于隔板 20mm，并呈规则形状。电缆预留孔和电缆保护管两端口应用有机防火堵料封堵严密。封堵后，有机堵料应不氧化、不冒油、软硬适度。

（3）所有工作结束后应及时清理现场，确认作业现场无遗留物，并做好本次工作的相关记录。

五、验收

所有工作结束检查现场封堵完好，作业现场清理干净，无遗留物。将工器具全部收拢并清点，将材料及备品、备件回收清点，确认作业现场无遗留物，并做好本次工作的相关记录。

第五节　电压互感器高压保险管更换

一、作业内容

电压互感器高压保险管更换工作的主要内容包括现场光字检查、确定电压互感器高压保险管熔断相、电压互感器高压保险管更换等。

二、作业要求

（一）安全要求

（1）应严格执行 Q/GDW 1799.1—2013《国家电网公司电力安全工作规程　变电部分》的相关要求。

（2）应在良好的天气下进行，如遇雷、雨、雪，不得进行该项工作。

（3）作业时应与设备带电部位保持相应的安全距离。

（4）作业时，要防止误碰误动设备。

（5）作业不得少于两人，工作负责人应由有经验的人员担任，开工前，工作负责人应向全体工作人员详细布置工作的各安全注意事项，应有专人监护，监护人在作业期间应始终履行监护职责，不得擅离岗位或兼职其他工作。

（二）危险点及控制措施

电压互感器高压保险管更换作业中危险点及控制措施如表 8-9 所示。

表 8-9　　　　　　电压互感器高压保险管更换作业中危险点及其控制措施

序号	危险点	控制措施
1	触电伤害	（1）进行电压互感器高压保险管更换工作时必须满足 Q/GDW 1799.1—2013《国家电网公司电力安全工作规程　变电部分》规定的安全距离。 （2）工作前确认安全措施到位，作业人员必须在工作范围内进行工作。 （3）工作中若需登高，应使用绝缘梯，绝缘梯应合格。梯子必须两人放倒搬运，并与带电部位保持足够的安全距离
2	误碰、误拉空气开关或接线导致误动	（1）作业前应查阅相关图纸和说明书。 （2）作业前应做好防误碰、误拉空气开关的措施。 （3）作业中应加强监护
3	遗留物	（1）工作结束前应仔细检查汇控柜柜内是否有遗留物。 （2）加强现场器具物料管理，防止相关工器具遗留现场。 （3）工作结束前做好状态核对，确认与工作前状态一致

三、作业前工器具及材料准备

准备好标准化作业指导书以及工作所需工器具、材料等（见表 8-10），封堵用料必须经过国家防火建筑材料质量监督检验测试中心检测合格，并带到工作现场，相应的工器具应满足工作需要，材料应齐全。

表 8-10　　　　　　电压互感器高压保险管更换所需工器具及材料准备

序号	名称	单位	数量	备注
1	绝缘垫	块	若干	
2	安全帽	顶	若干	
3	高压保险	套	1	
4	手套	双	若干	
5	标准化作业指导卡			
6	万用表	个	1	

四、作业主要步骤及工艺要求

（1）确认工作环境良好，相对湿度不大于 85%。

（2）检查现场光字异常情况。所在母线接地光字亮，所在母线故障相电压为零，非故障相正常。

（3）退出可能误动的保护和自动装置。

（4）将电压互感器退出运行，并做好安全措施。

（5）检查电压互感器外部有无故障，高压保险管卡口无异常。开关柜电压互感器高压保险如图 8-12 所示。

（6）根据二次电压异常情况，确定电压互感器高压保险管熔断相。

（7）取下故障相高压保险管，测量高压保险管电阻情况，如图 8-13 所示，若明显变大，则确定已熔断。

图 8-12　开关柜电压互感器高压保险

图 8-13　高压保险电阻测量

（8）选择同型号高压保险管进行更换，更换前测量高压保险管电阻与正常相阻值接近，更换后检查高压保险管卡口已可靠固定、接触良好。

（9）恢复电压互感器的运行，如再次熔断则判断为电压互感器内部故障，则应上报缺陷，申请停用该电压互感器，进行检修。

（10）更换工作完成，检查电压指示正常后，投入所有断开的保护和自动装置。

五、验收

所有工作结束后检查缺陷已消除，及时清理现场，将工器具全部收拢并清点，将材料及备品、备件回收清点，确认作业现场无遗留物，并做好本次工作的相关记录。

第六节　电压互感器二次快分开关和保险管更换

一、作业内容

电压互感器二次快分开关和保险管更换工作主要包括确认已熔断的二次保险管、二次快分开关和保险管更换等。

二、作业要求

（一）安全要求

（1）应严格执行 Q/GDW 1799.1—2013《国家电网公司电力安全工作规程　变电部分》的相关要求；

（2）应在良好的天气下进行，如遇雷、雨、雪，不得进行该项工作；

（3）作业时应与设备带电部位保持相应的安全距离；

（4）作业时，要防止误碰误动设备；

（5）作业不得少于两人，工作负责人应由有经验的人员担任，开工前，工作负责人应向全体工作人员详细布置工作的各安全注意事项，应有专人监护，监护人在作业期间应始终履行监护职责，不得擅离岗位或兼职其他工作。

（二）危险点及控制措施

电压互感器二次快分开关和保险管更换的危险点及控制措施见表8-11。

表 8-11　　　　电压互感器二次快分开关和保险管更换的危险点及其控制措施

序号	危险点	控制措施
1	触电伤害	（1）进行电压互感器二次快分开关和保险管更换工作时必须满足 Q/GDW 1799.1—2013《国家电网公司电力安全工作规程　变电部分》规定的安全距离。 （2）工作前确认安全措施到位，作业人员必须在工作范围内进行工作。 （3）工作中若需登高，应使用绝缘梯，绝缘梯应合格。梯子必须两人放倒搬运，并与带电部位保持足够的安全距离

序号	危险点	控制措施
2	高空坠落	(1) 绝缘梯应坚固完整，有防滑措施。梯子的支柱应能承受作业人员及其所携带工具、材料攀登时的总质量。 (2) 绝缘梯必须架设在牢固基础上，单梯应与地面呈60°夹角，人字梯应有限制开度的措施。 (3) 在绝缘梯上工作时必须有专人扶持，禁止两人及以上人员在同一爬梯上工作，人在梯子上时，禁止移动梯子
3	误碰、误拉空气开关或接线导致误动	(1) 作业前应查阅相关图纸和说明书。 (2) 作业前应做好防误碰、误拉空气开关的措施。 (3) 作业中应加强监护
4	遗留物	(1) 工作结束前应仔细检查汇控柜柜内是否有遗留物。 (2) 加强现场器具物料管理，防止相关工器具遗留现场。 (3) 工作结束前做好状态核对，确认与工作前状态一致

三、作业前工器具及材料准备

准备好标准化作业指导书以及工作所需工器具、材料等（见表8-12），封堵用料必须经过国家防火建筑材料质量监督检验测试中心检测合格，并带到工作现场，相应的工器具应满足工作需要，材料应齐全。

表8-12　　　　电压互感器二次快分开关和保险管更换所需工器具及材料准备

序号	名称	单位	数量	备注
1	扳手	套	1	
2	垃圾桶	只	1	
3	护目镜	副	1	
4	绝缘手套	副	1	
5	绝缘靴	副	1	
6	梯子	架	1	根据现场具体情况
7	标准化作业指导卡	个	1	
8	二次快分开关	个	若干	

四、作业步骤与工艺要求

（1）确认工作环境良好，天气无雨，相对湿度不大于85%。

（2）根据监控系统遥信、遥测信号情况，确定电压互感器二次快分开关断开或二次保管熔断。

（3）现场确认电压互感器二次快分开关已断开或二次保险管已熔断。

（4）应试合电压互感器二次快分开关，将电压互感器二次快分开关试合一次，如二次快分开关跳开，则汇报调度，须将电压互感器改检修处理。确认已熔断的二次保险管，取下电压互感器保险管，选择同型号二次保险管进行更换，并检查确已固定完好，见图 8-14。恢复电压互感器的运行，如再次熔断需汇报调度，须将电压互感器改检修处理。

图 8-14　更换二次快分开关

五、验收

所有工作结束后检查缺陷已消除，及时清理现场，将工器具全部收拢并清点，将材料及备品、备件回收清点，确认作业现场无遗留物，并做好本次工作的相关记录。

第九章

继电保护及自动装置

第一节 继电保护及自动装置屏柜体消缺

一、作业内容

继电保护及自动装置屏柜体消缺。

二、作业要求

（一）安全要求

（1）应严格执行 Q/GDW 1799.1—2013《国家电网公司电力安全工作规程 变电部分》的相关要求。

（2）作业时应与设备带电部位保持相应的安全距离。

（3）作业时，要防止误碰误动设备。

（4）作业不得少于两人，工作负责人应由有经验的人员担任，开工前，工作负责人应向全体工作人员详细布置工作的各安全注意事项，应有专人监护，监护人在作业期间应始终履行监护职责，不得擅离岗位或兼职其他工作。

（二）危险点及其控制措施

继电保护及自动装置屏柜体消缺作业中危险点及其控制措施见表 9-1。

表 9-1　　　　继电保护及自动装置屏柜体消缺作业中危险点及其控制措施

序号	危险点	控制措施
1	触电伤害	（1）进行继电保护及自动装置屏柜体消缺工作时必须满足 Q/GDW 1799.1—2013《国家电网公司电力安全工作规程 变电部分》规定的安全距离。 （2）工作前确认安全措施到位，作业人员必须在工作范围内进行工作。 （3）工作中若需登高，应使用绝缘梯，绝缘梯应合格。梯子必须两人放倒搬运，并与带电部位保持足够的安全距离
2	误碰空气开关或接线导致误动	（1）作业前应查阅相关图纸和说明书。 （2）作业中应加强监护，防止误碰空气开关或接线导致误动
3	遗留物	（1）工作结束前应仔细检查柜内是否有遗留物。 （2）加强现场器具物料管理，防止相关工器具遗留现场。 （3）工作结束后做好状态核对，确认与工作前状态一致

三、作业前工器具及材料准备

准备好标准化作业指导卡以及工作所需工器具、材料等（见表 9-2 和图 9-1），并带到工作现场，相应的工器具应满足工作需要，材料应齐全。

表 9-2 继电保护及自动装置屏柜体消缺所需工器具及材料

序号	名称	单位	数量	备注
1	一字螺钉旋具	套	1	
2	十字螺钉旋具	套	1	
3	尖嘴钳	把	1	
4	玻璃刀	把	1	
5	万用表	只	1	
6	垃圾桶	只	1	
7	锁具	把	1	根据汇控柜型号、规格
8	铰链	个	若干	
9	手套	副	若干	

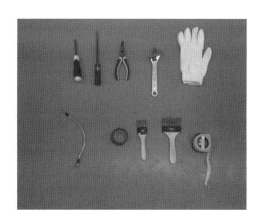

图 9-1 继电保护及自动装置屏柜体消缺所需工器具及材料

四、作业步骤与工艺要求

（1）检查和确认屏柜的异常情况及原因。

（2）消缺作业前做好作业防误碰空气开关或接线的措施。

（3）针对异常情况进行消缺处理。

1）屏柜门开闭异常：检查屏柜门锁、铰链是否异常。如门锁异常，应选用同规格的门锁更换。如铰链异常，应紧固松动的铰链见图 9-2；如铰链损坏，应更换同规格的铰链。更换后关、合屏柜门若干次，测试是否恢复正常。

2）屏柜接地异常：检查屏柜接地端、接地线连接是否异常。如接地端、接地线松动，应重新连接紧固；如接地线断股或破损，应更换同规格的接地线。

3）密封异常：检查屏柜橡胶密封条是否完好，如损坏，应选用同规格密封条更换。检查屏柜表面是否有破损情况，如破损，应根据破损情况修补。检查屏柜封堵是否良好，如封堵不良，应选用新的封堵材料重新封堵。

图 9-2　紧固铰链

五、验收

所有工作结束后检查缺陷已消除，及时清理现场，将工器具全部收拢并清点，将材料及备品、备件回收清点，作业现场无遗留物，并做好本次工作的相关记录。

第二节　继电保护及自动装置屏柜内照明回路维护消缺

一、作业内容

继电保护及自动装置屏柜内照明回路维护消缺工作。

二、作业要求

（一）安全要求

（1）应严格执行 Q/GDW 1799.1—2013《国家电网公司电力安全工作规程　变电部分》的相关要求。

（2）作业时应与设备带电部位保持相应的安全距离。

（3）作业时，要防止误碰误动设备。

（4）作业不得少于两人，工作负责人应由有经验的人员担任，开工前，工作负责人应向全体工作人员详细布置工作的各安全注意事项，应有专人监护，监护人在作业期间应始终履行监护职责，不得擅离岗位或兼职其他工作。

（二）危险点及控制措施

继电保护及自动装置屏柜内照明回路维护消缺作业中危险点及控制措施见表 9-3。

表 9-3　　继电保护及自动装置屏柜内照明回路维护消缺作业中危险点及其控制措施

序号	危险点	控制措施
1	触电伤害	（1）进行继电保护及自动装置屏柜内照明回路维护消缺工作时必须满足 Q/GDW 1799.1—2013《国家电网公司电力安全工作规程　变电部分》规定的安全距离。 （2）工作前确认安全措施到位，作业人员必须在工作范围内进行工作。 （3）工作中若需登高，应使用绝缘梯，绝缘梯应合格。梯子必须两人放倒搬运，并与带电部位保持足够的安全距离
2	误碰、误拉空气开关或接线导致误动	（1）作业前应查阅相关图纸和说明书。 （2）作业中应加强监护，防止误碰、误拉空气开关
3	遗留物	（1）工作结束前应仔细检查汇控柜柜内是否有遗留物。 （2）加强现场器具物料管理，防止相关工器具遗留现场。 （3）工作结束前做好状态核对，确认与工作前状态一致

三、作业前工器具及材料准备

准备好标准化作业指导卡以及工作所需工器具、材料等（见表 9-4 和图 9-3），并带到工作现场，相应的工器具应满足工作需要，材料应齐全。

表 9-4　　继电保护及自动装置屏柜内照明回路维护消缺工作所需工器具

序号	名称	单位	数量	备注
1	一字螺钉旋具	套	1	
2	十字螺钉旋具	套	1	
3	万用表	只	1	
4	毛刷	只	2	
5	照明灯备品	只	若干	具体型号看变电站具体情况
6	其他			

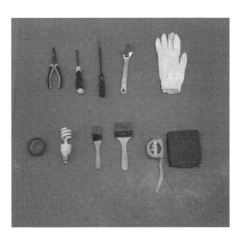

图 9-3　继电保护及自动化装置屏柜内照明回路维护消缺工作所需材料及工器具

四、作业步骤与工艺要求

（1）检查和确认继电保护及自动装置屏柜内照明回路的异常情况及原因。

（2）消缺作业前做好防误碰接线、误拉空气开关的措施。

（3）针对异常情况进行消缺处理。

1）电源回路异常：检查空气开关是否在合位。若在合位，则用万用表检查照明灯电源空气开关两侧。如电源侧无电，则对电源回路逐级向上进行检查；如电源侧有电而负载侧无电则判断空气开关故障，更换同规格的空气开关。若空气开关在分位，则对负载侧回路检查是否短路，并进行相应处理。

2）连接回路异常：断开电源空气开关，用万用表对电源空气开关至照明灯回路分段检查，找到相应故障点进行消缺。

3）照明灯异常：在连接回路消缺后，若照明灯还不能正常工作，则由运维人员负责更换同型号照明灯，如图9-4所示。

图 9-4　取下损坏灯泡装上新灯泡后照明正常

五、验收

所有工作结束后检查缺陷已消除，及时清理现场，将工器具全部收拢并清点，将材料及备品、备件回收清点，作业现场无遗留物，并做好本次工作的相关记录。

第三节　继电保护及自动装置屏柜内二次电缆封堵修补

一、作业内容

继电保护及自动装置屏柜内二次电缆封堵补修维护消缺。

二、作业要求

1. 安全要求

（1）应严格执行 Q/GDW 1799.1—2013《国家电网公司电力安全工作规程　变电部分》的相关要求。

（2）作业时应与设备带电部位保持相应的安全距离。

（3）作业时，要防止误碰误动设备。

（4）作业不得少于两人，工作负责人应由有经验的人员担任，开工前，工作负责人应向全体工作人员详细布置工作的各安全注意事项，应有专人监护，监护人在作业期间应始终履行监护职责，不得擅离岗位或兼职其他工作。

2. 危险点及控制措施

继电保护及自动装置屏柜内二次电缆封堵修补作业中危险点及控制措施见表 9-5。

表 9-5　　继电保护及自动装置屏柜内二次电缆封堵修补作业中危险点及其控制措施

序号	危险点	控制措施
1	触电伤害	（1）进行消缺工作时必须满足 Q/GDW 1799.1—2013《国家电网公司电力安全工作规程　变电部分》规定的安全距离。 （2）工作前确认安全措施到位，作业人员必须在工作范围内进行工作。工作地点与箱内端子排、空气开关等带电设备邻近，工作时应防止误碰带电部位造成人员触电，作业人员应戴防护手套，工器具应经绝缘包扎，加强工作监护。 （3）工作中若需登高，应使用合格的绝缘梯。梯子必须两人放倒搬运，并与带电部位保持足够的安全距离
2	误碰、误拉空气开关或接线导致误动	（1）作业前应查阅相关图纸和说明书。 （2）作业前应做好防误碰、误拉空气开关的措施。箱体空间较狭窄，工作时应防止身体转动时误碰箱内空气开关、继电器及端子排等设备造成误动；工作后应及时关闭并锁好箱门，防止小动物或雨水进入，造成设备误动。 （3）作业中应加强监护
3	金属利器割伤	（1）使用金属薄片施工时对电缆做好保护。 （2）工作人员必须穿戴劳保手套工作
4	封堵不到位	封堵不到位遗留缝隙等，存在小动物事故等隐患。封堵后必须认真检查是否完全封堵，不留缝隙
5	遗留物	（1）工作结束前应仔细检查箱内是否有遗留物。 （2）加强现场器具物料管理，防止相关工器具遗留现场。 （3）工作结束前做好状态核对，确认与工作前状态一致

三、作业前工器具及材料准备

准备好标准化作业指导卡以及工作所需工器具、材料等（见表 9-6 和图 9-5），并带到工作现场，相应的工器具应满足工作需要，材料应齐全。

表 9-6				继电保护及自动装置屏柜内二次电缆封堵修补所需工器具及材料
序号	名称	单位	数量	备注
1	安全帽	顶	若干	
2	有机堵料	包	若干	根据封堵孔洞大小确定
3	防火隔板	块	若干	根据现场需要
4	标准工具箱	套	1	
5	毛巾	条	若干	
6	手套	副	若干	

图 9-5　继电保护及自动装置屏柜内二次电缆封堵修补所需工器具及材料

四、作业主要步骤及工艺要求

检查继电保护及自动装置屏柜内二次电缆封堵情况，确定封堵修补部位。封堵修补作业前做好防误碰、误拉空气开关的措施，针对不同情况进行封堵修补处理。

（1）防火隔板封堵修补：检查防火隔板是否破损，若破损，应选择符合要求的防火隔板进行更换，安装前检查防火隔板外观应平整光洁、厚薄均匀，安装应可靠平整；若防火隔板与二次电缆间存在缝隙，应用有机防火堵料封堵严密。

（2）二次电缆孔隙封堵修补：选择适量防火堵料，使其软化（如果温度太低，防火泥硬度较高，可加热使其软化），捏成合适形状，压在漏洞或缝隙处，用手指进行按压，先将漏洞填满堵住，再将其压平、均匀密实，使其与原有防火堵料保持平整，并确定封堵完好，无缝隙。软化防火泥及封堵分别见图 9-6 及图 9-7。有机防火堵料与防火隔板配合封堵时，有机防火堵料应高于隔板 20mm，并呈规则形状。电缆预留孔和电缆保护管两端口应用有机防火堵料封堵严密。封堵后，有机堵料应不氧化、不冒油、软硬适度。

图 9-6 软化防火泥

图 9-7 进行封堵

五、验收

所有工作结束检查现场封堵完好，作业现场清理干净，无遗留物。将工器具全部收拢并清点，将材料及备品、备件回收清点，作业现场无遗留物，并做好本次工作的相关记录。

第四节 继电保护及自动装置外观清扫、检查

一、作业内容

继电保护及自动装置外观清扫、检查。

二、作业要求

（一）安全要求

（1）应严格执行 Q/GDW 1799.1—2013《国家电网公司电力安全工作规程 变电部分》的相关要求。

（2）作业时应与设备带电部位保持相应的安全距离。

（3）作业时，要防止误碰误动设备。

（4）作业不得少于两人，工作负责人应由有经验的人员担任，开工前，工作负责人应向全体工作人员详细布置工作的各安全注意事项，应有专人监护，监护人在作业期间应始终履行监护职责，不得擅离岗位或兼职其他工作。

（二） 危险点及控制措施

继电保护及自动装置外观清扫、检查作业中危险点及控制措施如表 9-7 所示。

表 9-7　　　　继电保护及自动装置外观清扫、检查作业中危险点及其控制措施

序号	危险点	控制措施
1	触电伤害	（1）进行消缺工作时必须满足 Q/GDW 1799.1—2013《国家电网公司电力安全工作规程 变电部分》规定的安全距离。 （2）工作前确认安全措施到位，作业人员必须在工作范围内进行工作。工作地点与端子排、空气开关等带电设备邻近，工作时应防止误碰带电部位造成人员触电，作业人员应戴防护手套，工器具应经绝缘包扎，加强工作监护。 （3）工作中若需登高，应使用合格的绝缘梯。梯子必须两人放倒搬运，并与带电部位保持足够的安全距离
2	高空坠落	（1）绝缘梯应坚固完整，有防滑措施。梯子的支柱应能承受作业人员及其所携带工具、材料攀登时的总质量。 （2）绝缘梯必须架设在牢固基础上，单梯应与地面呈 60°夹角，人字梯应有限制开度的措施。 （3）在绝缘梯上工作时必须有专人扶持，禁止两人及以上人员在同一爬梯上工作，人在梯子上时，禁止移动梯子
3	误碰、误拉空气开关或接线导致误动	（1）作业前应查阅相关图纸和说明书。 （2）作业前做好防误碰、误拉空气开关的措施。箱体空间较狭窄，工作时应防止身体转动时误碰箱内空气开关、继电器与端子排等设备造成误动；工作后应及时关闭并锁好箱门，防止小动物进入，造成设备误动。 （3）作业中应加强监护
4	机械伤害	屏柜体边缘等尖锐器件容易造成工作人员割伤，作业人员应戴防护手套，杜绝野蛮施工，防止机械伤害
5	遗留物	（1）工作结束前应仔细检查箱内是否有遗留物。 （2）加强现场器具物料管理，防止相关工器具遗留现场。 （3）工作结束前做好状态核对，确认与工作前状态一致

三、作业前工器具及材料准备

准备好标准化作业指导卡以及工作所需工器具、材料等（见表 9-8 和图 9-8），并带到工作现场，相应的工器具应满足工作需要，材料应齐全。

表 9-8　　　　继电保护及自动装置外观清扫、检查屏柜所需工器具及材料

序号	名称	单位	数量	备注
1	刷子	个	若干	
2	标准工具箱	套	1	
3	梯子	架	1	根据现场需要
4	擦镜布	条	若干	
5	毛巾	条	若干	
6	安全帽	顶	若干	
7	手套	副	若干	

图 9-8　继电保护及自动装置外观清扫、检查作业中所需工器具及材料

四、作业主要步骤及工艺要求

确认工作环境良好，作业前做好作业防误碰接线、误拉空气开关的措施。

（1）使用干毛巾、干毛刷对屏柜内直流电源设备进行清扫，确保无污损和积灰，如图 9-9所示。

（2）检查屏柜端子排、设备配线、端子号和电缆号牌，确保端子号和电缆号牌标注清晰可辨。检查各端子排及其接线是否存在松动、锈蚀现象。

（3）检查屏柜上相关常亮指示灯完好，检查继电保护及自动装置各类装置有无故障报警。

（4）检查继电保护及自动装置运行正常。

图 9-9　外观清扫清擦

五、验收

所有工作结束后全面检查，及时清理现场，将工器具全部收拢并清点，将材料及备品、备件回收清点，确认作业现场无遗留物。及时关闭并锁好屏柜门，防止小动物进入。并做好本次工作的相关记录。

第五节　继电保护及自动装置保护差流检查、通道检查

一、作业内容

继电保护及自动装置保护差流检查、通道检查。

二、作业要求

（一）安全要求

（1）应严格执行 Q/GDW 1799.1—2013《国家电网公司电力安全工作规程　变电部分》的相关要求；

（2）作业时应与设备带电部位保持相应的安全距离；

（3）作业时，要防止误碰误动设备；

（4）作业不得少于两人，工作负责人应由有经验的人员担任，开工前，工作负责人应向全体工作人员详细布置工作的各安全注意事项，应有专人监护，监护人在作业期间应始终履行监护职责，不得擅离岗位或兼职其他工作。

（二）危险点及控制措施

继电保护及自动装置保护差流检查、通道检查作业中危险点及控制措施如表9-9所示。

表 9-9　　继电保护及自动装置保护差流检查、通道检查作业中危险点及其控制措施

序号	危险点	控制措施
1	触电伤害	工作前确认安全措施到位，作业人员必须在工作范围内进行工作
2	负荷电流不够大导致误判断	应按照规程要求具备足够的负荷电流情况下测试差流（主变压器每侧二次电流均大于 $0.05I_n$，线路二次电流均大于 250mA）
3	操作差流查看菜单时误将保护退出	严格执行标准化作业卡
4	误碰接线、误拉空气开关导致误动	（1）作业前应查阅相关图纸和说明书。 （2）作业前应做好防误碰、误拉空气开关的措施。 （3）作业中应加强监护
5	遗留物	（1）加强现场器具物料管理，防止相关工器具遗留现场。 （2）工作结束后做好状态核对，确认与工作前状态一致

注　I_n 为主变压器各侧额定电流的二次值。

三、作业主要步骤及工艺要求

（1）记录被测设备当前负荷电流，确认设备运行且负荷电流满足差流测试作业要求。

（2）按照"××保护差流标准化作业卡"中"操作流程"逐步操作。

（3）记录差流值并判断是否在合格范围内，见图 9-10。

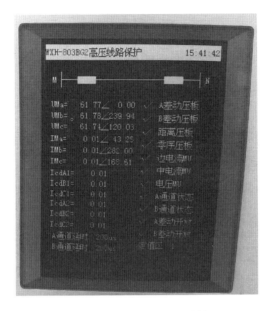

图 9-10　记录差流检查通道情况

四、验收

所有工作结束后全面检查，及时清理现场，将工器具全部收拢并清点，将材料及备品、备件回收清点，确认作业现场无遗留物。及时关闭并锁好屏柜门，防止小动物进入。并做好本次工作的相关记录。

第六节　继电保护及自动装置保护装置光纤自环检查工作

一、作业内容

继电保护及自动装置保护装置光纤自环检查。

二、作业要求

（一）安全要求

（1）应严格执行 Q/GDW 1799.1—2013《国家电网公司电力安全工作规程　变电部分》

的相关要求；

（2）作业时应与设备带电部位保持相应的安全距离；

（3）作业时，要防止误碰误动设备；

（4）作业不得少于两人，工作负责人应由有经验的人员担任，开工前，工作负责人应向全体工作人员详细布置工作的各安全注意事项，应有专人监护，监护人在作业期间应始终履行监护职责，不得擅离岗位或兼职其他工作。

（二）危险点及控制措施

继电保护及自动装置保护装置光纤自环检查作业中危险点及控制措施如表9-10所示。

表9-10　　　　继电保护及自动装置保护装置光纤自环检查作业中危险点及其控制措施

序号	危险点	控制措施
1	触电伤害	工作前确认安全措施到位，作业人员必须在工作范围内进行工作
2	负荷电流不够大导致误判断	应按照规程要求具备足够的负荷电流情况下测试差流（主变压器每侧二次电流均大于 $0.05I_n$，线路二次电流均大于 250mA）
3	操作差流查看菜单时误将保护退出	严格执行标准化作业卡
4	误碰接线、误拉空气开关导致误动	（1）作业前应查阅相关图纸和说明书。 （2）作业前应做好防误碰、误拉空气开关的措施。 （3）作业中应加强监护
5	遗留物	（1）加强现场器具物料管理，防止相关工器具遗留现场。 （2）工作结束前做好状态核对，确认与工作前状态一致

注　I_n 为主变压器各侧额定电流的二次值。

三、作业前工器具及材料准备

准备好标准化作业指导卡以及工作所需工器具、材料等（见表9-11），并带到工作现场，相应的工器具应满足工作需要，材料应齐全。

表9-11　　　　　　　　所 需 工 器 具 及 材 料

序号	名称	单位	数量	备注
1	继电保护综合试验仪	套	1	
2	继电保护工具箱	只	1	
3	垃圾桶	只	1	
4	光纤尾纤	根	若干	

四、作业主要步骤及工艺要求

（一）操作注意事项

（1）确认工作环境良好，相对湿度不大于85%。

（2）开展作业前做好防误碰、误拉空气开关的措施。

（3）开展作业前查看光纤差动保护装置运行情况并做好记录。

（4）自环时检查保护装置运行情况。若保护通道采样数据恢复正常、通信正常，则表明保护装置（包括通信接口）运行正常。若采样和通信不正常，判断为保护装置（包括通信接口）故障。

（5）恢复正常的光纤通道接线后，查看光纤差动保护装置运行情况是否正常。

（6）检查保护装置运行情况。若保护通道采样数据恢复正常、通信正常，则表明保护装置（包括通信接口）运行正常。若采样和通信不正常，判断为保护装置（包括通信接口）故障。

（7）断开自环尾纤，插入收发信光纤芯，恢复正常的光纤通道接线。恢复后，查看光纤差动保护装置运行情况是否正常。

（二）CSC103光纤通道自环步骤

（1）确认主保护已退出。

（2）拔掉自环点1、自环点2原有光纤并保持清洁。

（3）将自环点1、自环点2接口用一根尾纤连接。

（4）按"SET"键进入"主菜单"→"定值设置"→"整定定值"→输入密码"8888"。

（5）选中"保护定值"→"定值区号01"→按"SET"键进入整定菜单。

（6）将对侧识别码改为与本侧识别码一致，并做好记录（见图9-11）。

（7）退出至"保护定值"，进入"保护控制字"。

（8）将"通道环回试验"置1。

（9）按下"复归"按钮。

图 9-11　拆线前检查位置并做好标记

（10）观察显示屏主界面内是否显示"通道—正常"；面板上"通道告警"灯是否熄灭。

（11）将自环检查情况汇报调度，并记录在运维一体化任务单上。

（三）CSC103 光纤通道恢复步骤

（1）恢复自环点 1、自环点 2 原有光纤并检查（自环点 1 对应光纤 1、自环点 2 对应光纤 2）。

（2）按"SET"键进入"主菜单"→"定值设置"→"整定定值"→输入密码"8888"。

（3）选中"保护定值"→"定值区号 01"→按"SET"键进入整定菜单。

（4）根据修改记录将对侧识别码改回原定值。

（5）退出至"保护定值"，进入"保护控制字"。

（6）将"通道环回试验"置 0。

（7）按下"复归"按钮。

（8）观察显示屏主界面内是否显示"通道—故障"，面板上"通道告警"灯是否仍亮。

五、验收

工作结束后检查保护装置，应运行正常，及时清理现场，将工器具全部收回并清点，检查作业现场无遗留物，及时关闭并锁好屏柜门，做好本次工作记录。

第七节　继电保护及自动装置故障录波器死机或故障后重启

一、作业内容

继电保护及自动装置故障录波器死机或故障后重启。

二、作业要求

（1）应严格执行 Q/GDW 1799.1—2013《国家电网公司电力安全工作规程　变电部分》的相关要求。

（2）作业时应与设备带电部位保持相应的安全距离。

（3）作业时，要防止误碰误动设备。

（4）作业不得少于两人，工作负责人应由有经验的人员担任，开工前，工作负责人应向全体工作人员详细布置工作的各安全注意事项，应有专人监护，监护人在作业期间应始终履行监护职责，不得擅离岗位或兼职其他工作。

三、作业步骤与工艺要求

（1）检查故障录波器的运行状态，确认重启的必要性。正常运行时，运行灯绿灯并闪烁，启动灯、告警灯熄灭。如果告警灯亮，则通知专业检修处理。

（2）步骤。

1）直接将装置断电，约2min后再上电。

2）待故障录波器重启后，检查装置面板指示灯，确认装置运行正常：运行灯绿灯并闪烁，启动灯、告警灯熄灭。如果告警灯亮，则通知专业检修处理。

3）在后台机上检查录波分析程序运行正常（见图9-12），确认重启成功。

4）重启后，出现录波程序运行异常、装置告警、运行灯熄灭等，则上报缺陷，通知专业检修进行处理。

图 9-12　确认装置开关位置检查装置是否回复正常

四、验收

所有工作结束后全面检查，及时清理现场，及时关闭并锁好屏柜门，防止小动物进入。并做好本次工作的相关记录。

第八节　继电保护及自动装置保护子站死机或故障后重启

一、作业内容

继电保护及自动装置保护子站死机或故障后重启。

二、作业要求

（1）应严格执行 Q/GDW 1799.1—2013《国家电网公司电力安全工作规程　变电部分》的相关要求；

（2）作业时应与设备带电部位保持相应的安全距离；

（3）作业时，要防止误碰误动设备；

（4）作业不得少于两人，工作负责人应由有经验的人员担任，开工前，工作负责人应向全体工作人员详细布置工作的各安全注意事项，应有专人监护，监护人在作业期间应始终履行监护职责，不得擅离岗位或兼职其他工作。

三、作业步骤与工艺要求

（1）接到任务，保护子站异常需重启。

（2）通过录音电话与所属调控中心联系，保护子站故障，需重启。

（3）确认保护子站中通信管理机，断开装置电源开关（切至"OFF"），约1min后再接通开关（切至"ON"），见图9-13。

（4）待通信管理机重启后，检查装置面板指示灯，确认装置运行正常；检查装置液晶显示通信连接情况，确认连接正常。

（5）检查一体化监控机上的故障信息子站系统运行正常。

（6）通过录音电话与所属调控中心联系，确认保护子站与主站通信恢复、数据正常后，完成重启。

（7）若重启后仍存在异常，则上报缺陷，通知专业检修进行处理。

图9-13　保护子站异常需重启断开装置电源开关

四、验收

所有工作结束后全面检查，及时清理现场，及时关闭并锁好屏柜门，防止小动物进入。并做好本次工作的相关记录。

第九节　继电保护及自动装置打印机维护和缺陷处理

一、作业内容

继电保护及自动装置打印机维护和缺陷处理。

二、作业要求

（一）安全要求

（1）应严格执行 Q/GDW 1799.1—2013《国家电网公司电力安全工作规程　变电部分》的相关要求。

（2）作业时应与设备带电部位保持相应的安全距离。

（3）作业时，要防止误碰误动设备。

（4）作业不得少于两人，工作负责人应由有经验的人员担任，开工前，工作负责人应向全体工作人员详细布置工作的各安全注意事项，应有专人监护，监护人在作业期间应始终履行监护职责，不得擅离岗位或兼职其他工作。

（二）危险点及控制措施

打印机的维护和缺陷处理作业中危险点及控制措施如表 9-12 所示。

表 9-12　　　　　　　打印机的维护和缺陷处理作业中危险点及控制措施

序号	危险点	控制措施
1	触电伤害	工作前确认安全措施到位，作业人员必须在工作范围内进行工作
2	误碰、误拉空气开关或接线导致误动	（1）作业前应做好防误碰、误拉空气开关的措施。 （2）作业中应加强监护
3	遗留物	（1）加强现场器具物料管理，防止相关工器具遗留现场。 （2）工作结束前做好状态核对，确认与工作前状态一致

三、作业前工器具及材料准备

作业所需工器具、材料见表 9-13。

表 9-13　　　　　　　　　所 需 工 器 具 及 材 料

序号	名称	单位	数量	备注
1	保护打印纸	包	1	
2	色带	卷	1	
3	万用表	只	1	

四、作业步骤及工作要求

（1）打印机电源指示灯不亮处理。

1）检查电源插头的接触情况，打印机电源插头应与触头充分接触，如属接触不良，则应重新固定电源插头。

2）检查电源插座指示灯是否正确，必要时使用万用表测量插座是否带电，如不带电则向上逐级检查并恢复相关电源。

3）指示灯亮一下然后熄灭，即使再打开电源，指示灯仍然不亮，则应检查打印机电源回路是否正常。

（2）打印机电源正常，但不能正常打印处理。

1）检查打印机是否有故障指示，如无则应确保接口电缆符合打印机和计算机规格，且接触良好。如线缆及接口无异常，可检查对应的保护、自动装置的打印机驱动安装情况，并做对应的处理。对打印机驱动异常的情况，宜上报缺陷，由专业人员或厂家人员进行处理。

2）如打印机"缺纸"指示灯和"暂停"指示灯亮，则应检查打印机是否缺纸。正确打开打印机，检查打印机是否缺纸或纸张未正确放置，在确保打印纸进纸边清洁、平直的条件下，打开链齿盖，将打印纸两边的孔对齐穿在齿钉上，关闭链齿盖。滑动右侧链齿部件将打印纸拉平直，然后在该处锁定链齿部件。

3）如打印机发出正在打印的声音，但无法正常打印，则应检查色带是否耗尽或色带是否正确安装。打开色带盖检查色带情况，如色带耗尽则更换色带，如色带未卡紧，则重新安装色带。

4）如打印机打印时伴随报警音，且突然停止，则应检查打印纸或色带是否卡住，或打印机是否存在过热现象。关闭打印机，检查是否卡纸、色带卡住或是其他问题，如卡纸或色带卡住则重新安装。如上述情况均不存在则可能是打印机过热引起的，此时应试着让打印机冷却后再打印，如果打印机仍然不能正确打印则联系厂家维护。

第十章

监 控 装 置

第一节 监控装置屏柜体消缺

一、作业内容

监控装置屏柜体消缺。

二、作业要求

（一）安全要求

（1）应严格执行 Q/GDW 1799.1—2013《国家电网公司电力安全工作规程 变电部分》的相关要求。

（2）作业时应与设备带电部位保持相应的安全距离。

（3）作业时，要防止误碰误动设备。

（4）作业不得少于两人，工作负责人应由有经验的人员担任，开工前，工作负责人应向全体工作人员详细布置工作的各安全注意事项，应有专人监护，监护人在作业期间应始终履行监护职责，不得擅离岗位或兼职其他工作。

（二）危险点及控制措施

监控装置消缺作业中危险点及控制措施如表 10-1 所示。

表 10-1　　　　　　　　　　监控装置消缺作业中危险点及其控制措施

序号	危险点	控制措施
1	触电伤害	（1）进行消缺工作时必须满足 Q/GDW 1799.1—2013《国家电网公司电力安全工作规程 变电部分》规定的安全距离。 （2）工作前确认安全措施到位，作业人员必须在工作范围内进行工作。 （3）工作中若需登高，应使用合格的绝缘梯。梯子必须两人放倒搬运，并与带电部位保持足够的安全距离
2	高空坠落	（1）绝缘梯应坚固完整，有防滑措施。梯子的支柱应能承受作业人员及其所携带工具、材料攀登时的总质量。 （2）绝缘梯必须架设在牢固基础上，单梯应与地面呈60°夹角，人字梯应有限制开度的措施。 （3）在绝缘梯上工作时必须有专人扶持，禁止两人及以上人员在同一爬梯上工作，人在梯子上时，禁止移动梯子

序号	危险点	控制措施
3	误碰、误拉空气开关或接线导致误动	(1) 作业前应查阅相关图纸和说明书。 (2) 作业中应加强监护，防止误碰、误拉空气开关或接线导致误动
4	野蛮施工造成误动	工作时应防止严重的振动及晃动，以防止箱内继电器误动、空气开关跳开、端子接线松动掉落
5	机械伤害	屏柜体边缘等尖锐器件容易造成工作人员割伤，作业人员应戴防护手套，杜绝野蛮施工，防止机械伤害
6	遗留物	(1) 工作结束前应仔细检查箱内是否有遗留物。 (2) 加强现场器具物料管理，防止相关工器具遗留现场。 (3) 工作结束前做好状态核对，确认与工作前状态一致

三、作业前工器具及材料准备

准备好标准化作业指导卡以及工作所需工器具、材料等（见图 10-1 和表 10-2），并带到工作现场，相应的工器具应满足工作需要，材料应齐全。

图 10-1　监控装置屏柜消缺所需工器具及材料

表 10-2　　　　　　　　　　监控装置屏柜消缺所需工器具及材料

序号	名称	单位	数量	备注
1	标准工具箱	套	1	
2	万用表	只	1	
3	密封粘胶	桶	1	
4	毛刷	把	若干	
5	绝缘梯	架	1	根据现场需要
6	毛巾	条	若干	
7	屏柜玻璃	块	1	根据现场需要同规格、同型号

序号	名称	单位	数量	备注
8	密封条	m	若干	根据现场需要同规格、同型号
9	接地软引线	m	若干	根据现场需要同规格、同型号
10	门轴、门把手、铰链等锁具	个	若干	根据现场需要同规格、同型号
11	安全帽	顶	若干	
12	手套	副	若干	

四、作业主要步骤及工艺要求

确认工作环境良好，检查和确认屏柜的异常情况及原因，针对不同异常情况进行消缺处理。

（一）柜门开闭异常消缺

（1）检查监控装置屏柜门开闭是否异常，如铰链异常，应进行修复或更换；若门轴或门把手异常，应进行修复或更换，见图10-2。

（2）更换门轴或门把手前，应事先查看准备的门轴或把手是否符合现场实际应用。

（3）拆下旧的门轴或把手，工作前将端子箱门打开，并注意工作中与运行中的回路的位置，防止在工作中误碰运行设备。工作人员应戴线手套，防止割伤、划伤。

（4）安装新的门轴或把手，安装完毕后检查柜门关闭良好、无卡涩现象。

（5）将门把手活动部位注油润滑。

图10-2 维修屏柜门把手

（二）屏柜体接地软引线消缺

检查屏柜体接地软引线接地端、接地线连接是否异常，如接地端、接地线松动，应重新连接紧固，见图10-3；如接地线断股或破损，应更换同规格的接地线，并检查连接可靠牢固。

（三）屏柜体密封异常处理

（1）检查屏柜体表面是否有破损情况，如有破损，应根据破损情况修补。检查屏柜体封堵是否良好，如封堵不良，应选用新的封堵材料重新封堵。

（2）检查箱体橡胶密封条是否完好，如有脱落，用密封粘胶进行修复，如损坏，应选用同规格密封条更换。

（3）拆除旧的密封胶条，并注意工作中与运行中的回路的位置，防止在工作中误碰运行设备。工作人员应戴线手套，防止割伤、划伤。

（4）将新的密封胶条涂抹上密封胶，安装在端子箱门的胶条槽内，按压确认胶条牢固结实，密封良好。

（四）柜体玻璃消缺

查看柜体玻璃螺丝是否松动，并进行紧固；若密封条脱落，应用密封胶进行修复。若柜体玻璃破损脱落，应进行更换，并事先查看准备的柜体玻璃是否符合现场实际应用，拆除旧柜体玻璃，安装新柜体玻璃，保证柜体玻璃封闭完好，见图10-4。

图 10-3　紧固屏柜接地软引线　　　　　　　图 10-4　维修柜体玻璃

五、验收

所有工作结束后检查缺陷已消除，及时清理现场，将工器具全部收拢并清点，将材料及备品、备件回收清点，确认作业现场无遗留物。及时关闭并锁好屏柜门，防止小动物进入。并做好本次工作的相关记录。

第二节　监控装置屏柜内照明回路消缺

一、作业内容

监控装置屏柜内照明回路维护消缺。

二、作业要求

（一）安全要求

（1）应严格执行 Q/GDW 1799.1—2013《国家电网公司电力安全工作规程　变电部分》的相关要求。

（2）作业时应与设备带电部位保持相应的安全距离。

（3）作业时，要防止误碰误动设备。

（4）严防交、直流接地或短路；接临时电源时，应取自检修电源箱，由两人完成，严禁私自接线。

（5）作业不得少于两人，工作负责人应由有经验的人员担任，开工前，工作负责人应向全体工作人员详细布置工作的各安全注意事项，应有专人监护，监护人在作业期间应始终履行监护职责，不得擅离岗位或兼职其他工作。

（二）危险点及控制措施

监控装置屏柜内照明回路消缺作业中危险点及控制措施如表 10-3 所示。

表 10-3　　　　　　　监控装置屏柜内照明回路消缺作业中危险点及控制措施

序号	危险点	控制措施
1	触电伤害	（1）进行消缺工作时必须满足 Q/GDW 1799.1—2013《国家电网公司电力安全工作规程　变电部分》规定的安全距离。 （2）工作前确认安全措施到位，作业人员必须在工作范围内进行工作。 （3）工作中若需登高，应使用合格的绝缘梯。梯子必须两人放倒搬运，与带电部位保持足够的安全距离。 （4）工作地点与箱内端子排、空气开关等带电设备邻近，工作时防止误碰带电部位造成人员触电，作业人员戴线手套，工器具经绝缘包扎，加强工作监护；对于处理过程中临时拆线检查，逐条解除用绝缘胶布进行包扎并做好标记，防止误碰带电部位
2	高空坠落	（1）绝缘梯应坚固完整，有防滑措施。梯子的支柱应能承受作业人员及其所携带工具、材料攀登时的总质量。 （2）绝缘梯必须架设在牢固基础上，单梯应与地面呈 60°夹角，人字梯应有限制开度的措施。 （3）在绝缘梯上工作时必须有专人扶持，禁止两人及以上人员在同一爬梯上工作，人在梯子上时，禁止移动梯子
3	误碰、误拉空气开关或接线导致误动	（1）作业前应查阅相关图纸和说明书。 （2）作业前应做好防误碰、误拉空气开关的措施，箱体空间较狭窄，工作时应防止身体转动时误碰箱内空气开关、继电器及端子排等设备造成误动。 （3）作业中应加强监护，工作后应及时关闭并锁好箱门，防止小动物或雨水进入，造成设备误动
4	防止低压触电	工作中将空开断开；戴防护手套，工作中保证身体不接触到带电部分
5	防止被灯管、灯泡烫伤	工作中需待灯管、灯泡冷却后进行相关工作
6	遗留物	（1）工作结束前应仔细检查箱内是否有遗留物。 （2）加强现场器具物料管理，防止相关工器具遗留现场。 （3）工作结束前做好状态核对，确认与工作前状态一致

三、作业前工器具及材料准备

准备好标准化作业指导卡、图纸以及工作所需工器具、材料等，并带到工作现场（见

图 10-5 和表 10-4）。相应的工器具应满足工作需要，材料应齐全。检查作业使用的工器具、备品备件合格，工器具的绝缘裸露部位应包裹好绝缘带。

图 10-5　监控装置屏柜内照明回路维护消缺所需工器具及材料

表 10-4　　　　　　　　监控装置屏柜内照明回路维护消缺所需工器具及材料

序号	名称	单位	数量	备注
1	万用表	只	1	
2	标准工具箱	套	1	
3	绝缘梯	架	1	根据现场需要
4	空气开关	个	若干	根据现场需要同型号、同规格
5	连接线	m	若干	根据现场需要
6	照明灯	个	1	根据现场需要同型号、同规格
7	安全帽	顶	若干	
8	手套	副	若干	

四、作业主要步骤及工艺要求

确认工作环境良好，防止误碰、误拉空气开关，检查柜内照明设施各部件（开关、插座、接头等）完好没有破损、裂纹，回路有无异常，针对异常情况进行消缺处理。

（1）电源回路异常：检查空气开关是否在合位，若在合位，则用万用表检查照明灯电源空气开关两侧，如电源侧无电，则对电源回路逐级向上进行检查，如电源侧有电而负载侧无电则判断空气开关故障，更换同规格的空气开关。若空气开关在分位，则对负载侧回路检查是否短路，并进行相应处理。

（2）连接回路异常：断开电源空气开关，用万用表对电源空气开关至照明灯回路分段检查，找到相应故障点进行消缺。

（3）照明灯异常：在连接回路消缺后，若照明灯还不能正常工作，则更换同型号照明灯。

（4）消缺工作结束后，合上电源开关，检查照明灯工作正常。

五、验收

所有工作结束后检查缺陷已消除，及时清理现场，将工器具全部收拢并清点，将材料及备品、备件回收清点，确认作业现场无遗留物，及时关闭屏柜门，防止小动物进入。并做好本次工作的相关记录。

第三节　监控装置屏柜内二次电缆封堵补修

一、作业内容

监控装置屏柜内二次电缆封堵补修维护消缺。

二、作业要求

（一）安全要求

（1）应严格执行 Q/GDW 1799.1—2013《国家电网公司电力安全工作规程　变电部分》的相关要求。

（2）作业时应与设备带电部位保持相应的安全距离。

（3）作业时，要防止误碰误动设备。

（4）作业不得少于两人，工作负责人应由有经验的人员担任，开工前，工作负责人应向全体工作人员详细布置工作的各安全注意事项，应有专人监护，监护人在作业期间应始终履行监护职责，不得擅离岗位或兼职其他工作。

（二）危险点及控制措施

监控装置屏柜内二次电缆封堵修补作业中危险点及其控制措施见表10-5。

表 10-5　　监控装置屏柜内二次电缆封堵修补作业中危险点及其控制措施

序号	危险点	控制措施
1	触电伤害	（1）进行消缺工作时必须满足 Q/GDW 1799.1—2013《国家电网公司电力安全工作规程　变电部分》规定的安全距离。 （2）工作前确认安全措施到位，作业人员必须在工作范围内进行工作。工作地点与箱内端子排、空气开关等带电设备邻近，工作时应防止误碰带电部位造成人员触电，作业人员应戴防护手套，工器具经绝缘包扎，加强工作监护。 （3）工作中若需登高，应使用合格的绝缘梯。梯子必须两人放倒搬运，并与带电部位保持足够的安全距离

序号	危险点	控制措施
2	高空坠落	（1）绝缘梯应坚固完整，有防滑措施。梯子的支柱应能承受作业人员及其所携带工具、材料攀登时的总质量。 （2）绝缘梯必须架设在牢固基础上，单梯应与地面呈60°夹角，人字梯应有限制开度的措施。 （3）在绝缘梯上工作时必须有专人扶持，禁止两人及以上人员在同一爬梯上工作，人在梯子上时，禁止移动梯子
3	误碰、误拉空气开关或接线导致误动	（1）作业前应查阅相关图纸和说明书。 （2）作业前应做好防误碰、误拉空气开关的措施。箱体空间较狭窄，工作时应防止身体转动时误碰箱内空气开关、继电器及端子排等设备造成误动；工作后应及时关闭并锁好箱门，防止小动物或雨水进入，造成设备误动。 （3）作业中应加强监护
4	金属利器割伤	（1）使用金属薄片施工时对电缆做好保护。 （2）工作人员必须穿戴劳保手套工作
5	封堵不到位	封堵不到位遗留缝隙等，存在小动物事故等隐患。封堵后必须认真检查是否完全封堵不留缝隙
6	遗留物	（1）工作结束前应仔细检查箱内是否有遗留物。 （2）加强现场器具物料管理，防止相关工器具遗留现场。 （3）工作结束前做好状态核对，确认与工作前状态一致

三、作业前工器具及材料准备

准备好标准化作业指导卡、图纸以及工作所需工器具、材料等，并带到工作现场，相应的工器具应满足工作需要，材料应齐全，如图10-6及表10-6所示。

图10-6　监控装置屏柜内二次电缆封堵修补所需工器具及材料

表 10-6		监控装置屏柜内二次电缆封堵修补所需工器具及材料			
序号	名称	单位	数量	备注	
1	安全帽	顶	若干	根据封堵孔洞大小确定	
2	有机堵料	包	若干	根据封堵孔洞大小确定	
3	防火隔板	块	若干	根据现场需要	
4	标准工具箱	套	1		
5	毛巾	条	若干		
6	手套	副	若干		

四、作业主要步骤及工艺要求

确认工作环境良好，天气无雨，相对湿度不大于 85%，检查监控装置屏柜内二次电缆封堵情况，确定封堵修补部位，针对不同情况进行封堵修补处理。

1. 防火隔板封堵修补

检查防火隔板是否破损，若破损，应选择符合要求的防火隔板进行更换，安装前检查防火隔板外观应平整光洁、厚薄均匀，安装应可靠平整；若防火隔板与二次电缆间存在缝隙，应用有机防火堵料封堵严密。

2. 二次电缆孔隙封堵修补

选择适量防火堵料，使其软化（如果温度太低，防火泥硬度较高，可加热使用），捏成合适形状，压在漏洞或缝隙处，用手指进行按压，先将漏洞填满堵住，再将其压平、均匀密实，使其与原有防火堵料保持平整，并确定封堵完好，无缝隙。有机防火堵料与防火隔板配合封堵时，有机防火堵料应高于隔板 20mm，并呈规则形状。电缆预留孔和电缆保护管两端口应用有机防火堵料封堵严密。封堵后，有机堵料应不氧化、不冒油、软硬适度。二次电缆孔隙封堵见图 10-7。

图 10-7　二次电缆孔隙封堵修补

五、验收

所有工作结束检查现场封堵完好，作业现场清理干净，无遗留物。将工器具全部收拢并清点，将材料及备品、备件回收清点，确认作业现场无遗留物，及时关闭屏柜门，防止小动物进入。并做好本次工作的相关记录。

第四节　监控装置外观清扫、检查

一、作业内容

监控装置外观清扫、检查。

二、作业要求

（一）安全要求

（1）应严格执行 Q/GDW 1799.1—2013《国家电网公司电力安全工作规程　变电部分》的相关要求。

（2）作业时应与设备带电部位保持相应的安全距离。

（3）作业时，要防止误碰误动设备。

（4）作业不得少于两人，工作负责人应由有经验的人员担任，开工前，工作负责人应向全体工作人员详细布置工作的各安全注意事项，应有专人监护，监护人在作业期间应始终履行监护职责，不得擅离岗位或兼职其他工作。

（二）危险点及控制措施

监控装置外观清扫、检查危险点及其控制措施如表 10-7 所示。

表 10-7　　　　　　　　监控装置外观清扫、检查危险点及其控制措施

序号	危险点	控制措施
1	触电伤害	（1）进行消缺工作时必须满足 Q/GDW 1799.1—2013《国家电网公司电力安全工作规程　变电部分》规定的安全距离。 （2）工作前确认安全措施到位，作业人员必须在工作范围内进行工作。工作地点与箱内端子排、空气开关等带电设备邻近，工作时应防止误碰带电部位造成人员触电，作业人员应戴防护手套，工器具应经绝缘包扎，加强工作监护。 （3）工作中若需登高，应使用合格的绝缘梯。梯子必须两人放倒搬运，并与带电部位保持足够的安全距离
2	高空坠落	（1）绝缘梯应坚固完整，有防滑措施。梯子的支柱应能承受作业人员及其所携带工具、材料攀登时的总质量。 （2）绝缘梯必须架设在牢固基础上，单梯应与地面呈 60°夹角，人字梯应有限制开度的措施。 （3）在绝缘梯上工作时必须有专人扶持，禁止两人及以上人员在同一爬梯上工作，人在梯子上时，禁止移动梯子
3	误碰、误拉空气开关或接线导致误动	（1）作业前应查阅相关图纸和说明书。 （2）作业前应做好防误碰、误拉空气开关的措施。箱体空间较狭窄，工作时应防止身体转动时误碰箱内空气开关、继电器及端子排等设备造成误动；工作后应及时关闭并锁好箱门，防止小动物或雨水进入，造成设备误动。 （3）作业中应加强监护
4	机械伤害	屏柜体边缘等尖锐器件容易造成工作人员割伤，作业人员应戴防护手套，杜绝野蛮施工，防止机械伤害
5	遗留物	（1）工作结束前应仔细检查箱内是否有遗留物。 （2）加强现场器具物料管理，防止相关工器具遗留现场。 （3）工作结束前做好状态核对，确认与工作前状态一致

三、作业前工器具及材料准备

准备好标准化作业指导卡以及工作所需工器具、材料等（见图 10-8 和表 10-8），并带到工作现场，相应的工器具应满足工作需要，材料应齐全。

图 10-8　监控装置屏柜外观清扫、检查消缺所需工器具

表 10-8　　　　　　　　监控装置屏柜外观清扫、检查消缺所需工器具

序号	名称	单位	数量	备注
1	毛刷	把	若干	
2	绝缘梯	架	1	根据现场需要
3	擦镜布	块	若干	根据现场需要
4	毛巾	条	若干	
5	安全帽	顶	若干	
6	手套	副	若干	

四、作业主要步骤及工艺要求

确认工作环境良好，防止误碰接线、误拉空气开关。

（一）测控装置及远动屏外观清扫、检查

（1）检查测控装置及远动屏运行情况是否正常。

（2）检查螺钉旋具上端裸露部分是否已用绝缘胶布包裹。

（3）检查屏柜端子排及设备配线、端子号以及电缆号牌，确保端子号及电缆号牌标注清晰可辨。测控装置背面见图 10-9。

（4）检查各端子排是否存在松动、锈蚀现象。

（5）检查屏柜、装置上相关指示灯是否完好。

（6）使用干毛巾、绝缘毛刷对屏柜内设备进行清洁，清除污损和积灰。

图 10-9　测控装置背面图

（7）发现松动端子排及时使用螺钉旋具进行紧固处理，发现端子排锈蚀现象，及时上报缺陷。

（8）发现指示灯存在问题的及时进行检查，按照指示灯调换作业卡进行更换工作。

（9）检查屏柜面板上各类切换开关以及按钮是否存在松动、脱落现象。

（10）检查装置外壳清洁无积灰，面板完好无损，各部件安装牢固，无明显损坏及变形现象。

（11）检查装置背板接线无积灰，标号应清晰正确，接线应无机械损伤。

（二）监控后台外观清扫、检查

（1）检查监控装置（后台）是否运行正常，监控装置正面见图 10-10。

（2）检查键盘、鼠标、显示器与主机的连接是否可靠。

（3）记录键盘、鼠标与主机的连接情况。

（4）拔下鼠标、键盘，并确认键盘、鼠标确已拔下（按"NUMLOCK"及"CAPSLOCK"键，键盘无反应，鼠标无电源灯亮等，即可确认键盘、鼠标已拔下，UNIX 系统不可进行该项操作）。

（5）记录显示器与电脑的连接情况。

图 10-10　监控装置正面图

（6）显示器断电，并拔下与主机的连接线。

（7）用擦镜布擦拭显示器，用干毛巾擦拭键盘、鼠标。

（8）使用毛刷清扫监控装置表面灰尘，见图 10-11。

（9）显示器、鼠标、键盘清扫完成后，按记录恢复与主机的连接。

（10）检查键盘、鼠标、显示器、监控装置运行正常。

图 10-11　监控装置外观清扫

五、验收

所有工作结束后全面检查，及时清理现场，将工器具全部收拢并清点，将材料及备品、备件回收清点，确认作业现场无遗留物。及时关闭并锁好屏柜门，防止小动物进入。并做好本次工作的相关记录。

第五节　监控装置自动化信息核对

一、作业内容

变电站常规自动化信息核对工作的主要内容包括：变电站后台机信息检查、测控装置、后台机对时检查、变电站与调控中心信息核对等工作。

二、作业要求

（一）安全要求

（1）应严格执行 Q/GDW 1799.1—2013《国家电网公司电力安全工作规程　变电部分》的相关要求。

（2）作业时，要防止误碰误动设备。

（3）作业不得少于两人，工作负责人应由有经验的人员担任，开工前，工作负责人应向全体工作人员详细布置工作的各安全注意事项，应有专人监护，监护人在作业期间应始终履行监护职责，不得擅离岗位或兼职其他工作。

（二）危险点及控制措施

变电站常规自动化核对作业中危险点及其控制措施见表 10-9。

表 10-9　　　　　　　变电站常规自动化核对作业中危险点及其控制措施

序号	危险点	控制措施
1	触电伤害	（1）进行工作时必须满足 Q/GDW 1799.1—2013《国家电网公司电力安全工作规程 变电部分》规定的安全距离。 （2）工作前确认安全措施到位，作业人员必须在工作范围内进行工作
2	修改后台机数据库	工作中不能使用超级用户登录后台机数据库
3	后台机软件出错	针对部分软件版本较旧的后台机，打开较多分画面，会引起软件出错，建议打开某个分画面后，及时关闭
4	遗留物	（1）加强现场器具物料管理，防止相关器具遗留现场。 （2）工作结束前做好状态核对，确认与工作前状态一致

三、作业前工器具及材料准备

准备好标准化作业指导卡，并带到工作现场。

四、作业主要步骤及工艺要求

（一）变电站后台机信息检查

（1）装置通信工况检查。检查后台机、远动机、测控装置、保护装置的通信状况。

（2）遥测量数据刷新情况检查。

（3）同一母线所有间隔电压值比较。

（4）功率平衡计算检查。检查母线有功功率、无功功率；检查主变压器三侧有功功率。

（5）主变压器档位、油温、绕组温度检查。

（6）站用电电压、直流电压检查。

（7）遥信信息检查。检查后台机画面显示信息（断路器、隔离开关、接地开关、测控装置软压板、远方/就地等信息）；检查告警及异常光字；检查事件顺序（sequence of event，SOE）记录信息。

（8）检查测控装置、后台机与 GPS 标准时间对时情况。

（二）变电站与调控中心核对信息（遥测、遥信信息）

核对变电站遥测、遥信数据是否一致。核对有无异常遥信、光字牌信息。核对母线电压、各间隔电流、有功、无功数据、主变压器温度、档位、直流母线电压等是否一致。检查各间隔光字牌、遥信信息是否一致。核对断路器、隔离开关等设备位置状态是否一致。

五、验收

所有工作结束后，全面确认现场装置运行正常，并做好本次工作的相关记录。

第六节 监控装置指示灯更换

一、作业内容

监控装置指示灯更换。

二、作业要求

（一）安全要求

（1）应严格执行 Q/GDW 1799.1—2013《国家电网公司电力安全工作规程 变电部分》的相关要求。

（2）作业时应与设备带电部位保持相应的安全距离。

（3）作业时，要防止误碰误动设备。

（4）作业不得少于两人，工作负责人应由有经验的人员担任，开工前，工作负责人应向全体工作人员详细布置工作的各安全注意事项，应有专人监护，监护人在作业期间应始终履行监护职责，不得擅离岗位或兼职其他工作。

（二）危险点及控制措施

监控装置指示灯更换作业中危险点及其控制措施如表 10-10 所示。

表 10-10　　　　　　　　　监控装置指示灯更换作业中危险点及其控制措施

序号	危险点	控制措施
1	触电伤害	（1）进行消缺工作时必须满足 Q/GDW 1799.1—2013《国家电网公司电力安全工作规程 变电部分》规定的安全距离。 （2）工作前确认安全措施到位，作业人员必须在工作范围内进行工作。 （3）工作中若需登高，应使用合格的绝缘梯。梯子必须两人放倒搬运，并与带电部位保持足够的安全距离。 （4）工作地点与箱内端子排、空气开关等带电设备邻近，工作时防止误碰带电部位造成人员触电，作业人员戴线手套，工器具经绝缘包扎，加强工作监护；对于处理过程中临时拆线检查，逐条解除用绝缘胶布进行包扎并做好标记，防止误碰带电部位
2	误碰、误拉空气开关或接线导致误动	（1）作业前应查阅相关图纸和说明书。 （2）作业中应加强监护，防止误碰、误拉空气开关或接线导致误动
3	误碰其他运行设备	工作前仔细查看指示灯周边运行设备，确保更换指示灯工作期间不会误碰
4	新指示灯与原指示灯规格不一致，更换过程中直接烧坏	更换指示灯前，仔细核对有关参数，特别要注意额定参数值
5	遗留物	（1）工作结束前应仔细检查保护屏柜内是否有遗留物。 （2）加强现场器具物料管理，防止相关工器具遗留现场。 （3）工作结束前做好状态核对，确认与工作前状态一致

三、作业前工器具及材料准备

准备好标准化作业指导卡以及工作所需工器具、材料等（见图 10-12 和表 10-11），并带到工作现场，相应的工器具应满足工作需要，材料应齐全。

图 10-12　监控装置屏柜指示灯更换所需工器具及材料

表 10-11 　　　　　　　　　　监控装置屏柜指示灯更换所需工器具及材料

序号	名称	单位	数量	备注
1	标准工具箱	套	1	
2	绝缘胶带	卷	1	
3	万用表	只	1	
4	安全帽	顶	若干	
5	手套	副	若干	

四、作业主要步骤及工艺要求

确认工作环境良好，作业前认清设备间隔，做好防误动、误碰措施，进行监控装置指示灯更换工作。

（一）监控常见指示灯

（1）合闸指示灯：红色灯泡，灯亮表示开关处于合闸运行状态，以及跳闸回路正常。

（2）分闸指示灯：绿色灯泡，灯亮表示开关处于分闸状态，以及合闸回路正常。

（3）信号指示灯：用来监视设备、回路等运行状况。

图 10-13　更换监控装置指示灯

（二）更换监控常见指示灯

（1）拆卸监控装置前面板。用螺丝刀拆卸监控装置前面板，见图 10-13，用万用表测量指示灯两端工作电压是否正常，如正常，则确定为指示灯故障。

（2）拆除故障指示灯。逐根拆除指示灯二次线并用绝缘胶布包扎好，做好标记，拆除损坏的指示灯。

（3）更换新指示灯，更换过程中应检查指示灯型号，更换同型号的指示灯。按照标记逐根恢复二次线，安装新指示灯。

（4）检查更换后的监控指示灯正常点亮。

（5）装上监控装置前面板。

五、验收

所有工作结束后全面检查，及时清理现场，将工器具全部收拢并清点，将材料及备品、备件回收清点，确认作业现场无遗留物。及时关闭并锁好屏柜门，防止小动物进入。并做好本次工作的相关记录。

第七节 监控装置除尘

一、作业内容

监控装置除尘。

二、作业要求

（一）安全要求

（1）应严格执行 Q/GDW 1799.1—2013《国家电网公司电力安全工作规程 变电部分》的相关要求。

（2）作业时应与设备带电部位保持相应的安全距离。

（3）作业时，要防止误碰误动设备。

（4）作业不得少于两人，工作负责人应由有经验的人员担任，开工前，工作负责人应向全体工作人员详细布置工作的各安全注意事项，应有专人监护，监护人在作业期间应始终履行监护职责，不得擅离岗位或兼职其他工作。

（二）危险点及控制措施

监控装置除尘作业中危险点及其控制措施见表 10-12。

表 10-12　　　　　　　　　　监控装置除尘作业中危险点及其控制措施

序号	危险点	控制措施
1	触电伤害	（1）进行消缺工作时必须满足 Q/GDW 1799.1—2013《国家电网公司电力安全工作规程 变电部分》规定的安全距离。 （2）工作前确认安全措施到位，作业人员必须在工作范围内进行工作。 （3）工作中若需登高，应使用合格的绝缘梯。梯子必须两人放倒搬运，并与带电部位保持足够的安全距离
2	高空坠落	（1）绝缘梯应坚固完整，有防滑措施。梯子的支柱应能承受作业人员及其所携带工具、材料攀登时的总质量。 （2）绝缘梯必须架设在牢固基础上，单梯应与地面呈 60°夹角，人字梯应有限制开度的措施。 （3）在绝缘梯上工作时必须有专人扶持，禁止两人及以上人员在同一爬梯上工作，人在梯子上时，禁止移动梯子
3	误碰、误拉空气开关或接线导致误动	（1）作业前应查阅相关图纸和说明书。 （2）作业中应加强监护，防止误碰、误拉空气开关或接线导致误动
4	野蛮施工造成误动	工作时应防止严重的振动及晃动，以防止箱内继电器误动、空气开关跳开、端子接线松动掉落
5	机械伤害	屏柜体边缘等尖锐器件容易造成工作人员割伤，作业人员应戴防护手套，杜绝野蛮施工，防止机械伤害

序号	危险点	控制措施
6	误碰导致通信中断或装置失电	防止误碰二次接线、电源开关；除尘需要移动时，尽量轻碰、轻移
7	遗留物	（1）工作结束前应仔细检查箱内是否有遗留物。 （2）加强现场器具物料管理，防止相关工器具遗留现场。 （3）工作结束前做好状态核对，确认与工作前状态一致

三、作业前工器具及材料准备

准备好标准化作业指导卡以及工作所需工器具、材料等，并带到工作现场，相应的工器具应满足工作需要，材料应齐全，详见图 10-14 及表 10-13。

图 10-14　监控装置除尘所需工器具及材料

表 10-13　　　　　　　　　监控装置除尘所需工器具及材料

序号	名称	单位	数量	备注
1	标准工具箱	套	1	
2	毛刷	把	若干	
3	吹风机	台	1	
4	吸尘器	台	1	根据现场需要
5	毛巾	条	若干	
6	安全帽	顶	若干	
7	手套	副	若干	

四、作业主要步骤及工艺要求

确认工作环境良好，认清间隔位置，防止误碰、误动运行设备。

（1）检查设备运行正常。检查监控主机、监控不间断电源（uninterruptible power supply，UPS）、监控交换机等服务器屏端子排、电缆、空气开关等设备标识齐全清晰，装置无异常报警信息，特别是通信中断的异常信号。

（2）使用经绝缘处理良好的工具清理监控主机、服务器屏、UPS 等设备的外壳及散热风扇。

（3）清扫时按照从上到下的顺序，应保证监控主机及服务器屏内及端子排上无明显积尘。

（4）除尘结束后，检查装置无异常信号报出，运行正常。

五、验收

所有工作结束后全面检查，及时清理现场，将工器具全部收拢并清点，将材料及备品、备件回收清点，确认作业现场无遗留物。及时关闭并锁好屏柜门，防止小动物进入。并做好本次工作的相关记录。

第八节　测控装置一般性故障处理

一、作业内容

测控装置一般性故障处理。

二、作业要求

（一）安全要求

（1）应严格执行 Q/GDW 1799.1—2013《国家电网公司电力安全工作规程　变电部分》的相关要求。

（2）作业时应与设备带电部位保持相应的安全距离。

（3）作业时，要防止误碰误动设备。

（4）作业不得少于两人，工作负责人应由有经验的人员担任，开工前，工作负责人应向全体工作人员详细布置工作的各安全注意事项，应有专人监护，监护人在作业期间应始终履行监护职责，不得擅离岗位或兼职其他工作。

（二）危险点及控制措施

测控装置一般性故障处理作业中危险点及其控制措施如表 10-14 所示。

表 10-14　　　　测控装置一般性故障处理作业中危险点及其控制措施

序号	危险点	控制措施
1	触电伤害	（1）工作前确认安全措施到位，作业人员必须在工作范围内进行工作。 （2）工作中若需登高，应使用合格的绝缘梯。梯子必须两人放倒搬运，并与带电部位保持足够的安全距离

序号	危险点	控制措施
2	误碰其他运行设备	作业前仔细核对屏位图及装置位置，防止误碰其他运行设备
3	装置误动	注意断开相关出口压板
4	重启中装置被遥控出口	重启前先将测控装置"远方/就地"把手切至"就地"位置
5	误碰、误拉空气开关或接线导致误动	（1）作业前应查阅相关图纸和说明书。 （2）作业中应加强监护，防止误碰、误拉空气开关
6	造成电网调度负荷不平衡和 AGC 误动	注意告知所属调度对相关数据封锁和恢复

三、作业前工器具及材料准备

准备好标准化作业指导卡、安全措施卡等，并带到工作现场。

四、作业主要步骤及工艺要求

确认工作环境良好，认清间隔位置，防止误碰其他运行设备，进行测控装置重启：

（1）通过录音电话向调控中心汇报并申请××测控装置异常需要重启。相关遥信、遥测及控制无效，注意数据变化（或封锁数据）。

（2）无功补偿系统测控装置重启需向调控中心申请退出 AVC 系统。

（3）退出测控装置的各出口压板（断路器、隔离开关出口压板等），并逐一记录于安全措施卡。

（4）如果测控装置具有重启功能的"复位"按钮，按下该按钮 1~2s 重启装置。

（5）如果无"复位"按钮或复位无效，则断开测控装置电源空气开关，约 5s 后重新合上，重启测控装置。断开测控装置电源前，应仔细核对测控装置电源空开，核实无误后，方可断开。

（6）合上测控装置电源空开后，检查测控装置工况指示灯正常，液晶画面数据正确。

（7）数分钟后，检查测控装置对时正确。

（8）检查测控装置与监控系统通信正常，并且后台数据正确、刷新正常。

（9）与调控中心核对测控装置相关数据，重启完成。

（10）根据安全措施卡，逐一恢复测控装置各出口压板。

（11）检查监控后台状态一致。

五、验收

所有工作结束后检查缺陷已消除，及时清理现场，将工器具全部收拢并清点，将材料及备品、备件回收清点，确认作业现场无遗留物。及时关闭并锁好屏柜门，防止小动物进入。并做好本次工作的相关记录。

第十一章

直流电源（含事故照明屏）

第一节 直流电源（含事故照明屏）屏柜体消缺

一、作业内容

直流电源（含事故照明屏）屏柜体消缺。

二、作业要求

（一）安全要求

（1）应严格执行 Q/GDW 1799.1—2013《国家电网公司电力安全工作规程 变电部分》的相关要求。

（2）作业时应与设备带电部位保持相应的安全距离。

（3）作业时，要防止误碰误动设备。

（4）作业不得少于两人，工作负责人应由有经验的人员担任，开工前，工作负责人应向全体工作人员详细布置工作的各安全注意事项，应有专人监护，监护人在作业期间应始终履行监护职责，不得擅离岗位或兼职其他工作。

（二）危险点及控制措施

直流电源（含事故照明屏）消缺作业中危险点及其控制措施如表 11-1 所示。

表 11-1 直流电源（含事故照明屏）消缺作业中危险点及其控制措施

序号	危险点	控制措施
1	触电伤害	（1）进行消缺工作时必须满足 Q/GDW 1799.1—2013《国家电网公司电力安全工作规程 变电部分》规定的安全距离。 （2）工作前确认安全措施到位，作业人员必须在工作范围内进行工作。 （3）工作中若需登高，应使用合格的绝缘梯。梯子必须两人放倒搬运，并与带电部位保持足够的安全距离
2	高空坠落	（1）绝缘梯应坚固完整，有防滑措施。梯子的支柱应能承受作业人员及其所携带工具、材料攀登时的总质量。 （2）绝缘梯必须架设在牢固基础上，单梯应与地面呈 60°夹角，人字梯应有限制开度的措施。 （3）在绝缘梯上工作时必须有专人扶持，禁止两人及以上人员在同一梯子上工作，人在梯子上时，禁止移动梯子

序号	危险点	控制措施
3	误碰、误拉空气开关或接线导致误动	（1）作业前应查阅相关图纸和说明书。 （2）作业前应做好防误碰、误拉空气开关的措施。 （3）作业中应加强监护
4	野蛮施工造成误动	工作时应防止严重的振动及晃动，以防止箱内继电器误动、空气开关跳开、端子接线松动掉落
5	机械伤害	屏柜体边缘等尖锐器件容易造成工作人员割伤，作业人员应戴防护手套，杜绝野蛮施工，防止机械伤害
6	遗留物	（1）工作结束前应仔细检查箱内是否有遗留物。 （2）加强现场器具物料管理，防止相关工器具遗留现场。 （3）工作结束前做好状态核对，确认与工作前状态一致

三、作业前工器具及材料准备

准备好标准化作业指导卡以及工作所需工器具、材料等（见表 11-2 和图 11-1），并带到工作现场，相应的工器具应满足工作需要，材料应齐全。

表 11-2 　　　　　　直流电源（含事故照明屏）屏柜消缺所需工器具及材料

序号	名称	单位	数量	备注
1	标准工具箱	套	1	
2	万用表	只	1	
3	密封粘胶	桶	1	
4	刷子	个	若干	
5	梯子	架	1	根据现场需要
6	毛巾	条	若干	
7	屏柜玻璃	块	1	根据现场需要同规格、同型号
8	密封条	m	若干	根据现场需要同规格、同型号
9	接地软引线	m	若干	根据现场需要同规格、同型号
10	门轴、门把手、铰链等锁具	个	若干	根据现场需要同规格、同型号
11	安全帽	顶	若干	
12	手套	副	若干	

图 11-1　直流电源（含事故照明屏）屏柜消缺所需工器具及材料

四、作业主要步骤及工艺要求

确认工作环境良好，检查和确认屏柜的异常情况及原因，针对异常情况进行消缺处理。

（一）柜门开闭异常消缺

（1）检查监控装置屏柜门开闭是否异常，如铰链异常，应进行修复或更换；若门轴或门把手异常，应进行修复或更换，见图 11-2。

（2）更换门轴或门把手前，应事先查看准备的门轴或把手是否符合现场实际应用。

（3）拆下旧的门轴或把手，工作前将端子箱门打开，并注意工作中与运行中的回路的位置，防止在工作中误碰运行设备。工作人员应戴线手套，防止割伤、划伤。

（4）安装新的门轴或把手，安装完毕后检查柜门关闭良好、无卡涩现象。

（5）将门把手活动部位注油润滑。

（二）屏柜体接地软引线消缺

检查屏柜体接地软引线接地端、接地线连接是否异常，如接地端、接地线松动，应重新连接紧固，见图 11-3。如接地线断股或破损，应更换同规格的接地线，并检查连接可靠牢固。

（三）屏柜体密封异常处理

（1）检查屏柜体表面是否有破损情况，如有破损，应根据破损情况修补。检查屏柜体封堵是否良好，如封堵不良，应选用新的封堵材料重新封堵。

（2）检查箱体橡胶密封条是否完好，如有脱落，用密

图 11-2　维修屏柜门把手

封粘胶进行修复，如损坏，应选用同规格密封条更换。

（3）拆除旧的密封胶条，并注意工作中与运行中的回路的位置，防止在工作中误碰运行设备。工作人员应戴线手套，防止割伤、划伤。

（4）将新的密封胶条涂抹上密封胶，安装在端子箱门的胶条槽内，按压确认胶条牢固结实，密封良好。

（四）柜体玻璃消缺

查看柜体玻璃螺丝是否松动，并进行紧固。若密封条脱落应用密封胶进行修复。若柜体玻璃破损脱落，应进行更换，并事先查看准备的柜体玻璃是否符合现场实际应用。拆除旧柜体玻璃，安装新柜体玻璃，保证柜体玻璃封闭完好，见图11-4。

图 11-3　紧固屏柜接地软引线　　　　　　　　图 11-4　维修柜体玻璃

五、验收

所有工作结束后检查缺陷已消除，及时清理现场，将工器具全部收拢并清点，将材料及备品、备件回收清点，确认作业现场无遗留物。及时关闭并锁好屏柜门，防止小动物进入。并做好本次工作的相关记录。

第二节　直流电源（含事故照明屏）屏柜内照明回路消缺

一、作业内容

直流电源（含事故照明屏）屏柜内照明回路消缺。

二、作业要求

（一）安全要求

（1）应严格执行 Q/GDW 1799.1—2013《国家电网公司电力安全工作规程　变电部分》

的相关要求。

（2）作业时应与设备带电部位保持相应的安全距离。

（3）作业时，要防止误碰误动设备。

（4）严防交、直流接地或短路；接临时电源时，应取自检修电源箱，由两人完成，严禁私自接线。

（5）作业不得少于两人，工作负责人应由有经验的人员担任，开工前，工作负责人应向全体工作人员详细布置工作的各安全注意事项，应有专人监护，监护人在作业期间应始终履行监护职责，不得擅离岗位或兼职其他工作。

（二）危险点及控制措施

直流电源（含事故照明屏）屏柜内照明回路消缺作业中危险点及其控制措施如表 11-3 所示。

表 11-3　直流电源（含事故照明屏）屏柜内照明回路消缺作业中危险点及其控制措施

序号	危险点	控制措施
1	触电伤害	（1）进行消缺工作时必须满足 Q/GDW 1799.1—2013《国家电网公司电力安全工作规程　变电部分》规定的安全距离。 （2）工作前确认安全措施到位，作业人员必须在工作范围内进行工作。 （3）工作中若需登高，应使用合格的绝缘梯。梯子必须两人放倒搬运，并与带电部位保持足够的安全距离。 （4）工作地点与箱内端子排、空气开关等带电设备邻近，工作时防止误碰带电部位造成人员触电，作业人员戴线手套，工器具经绝缘包扎，加强工作监护；对于处理过程中临时拆线检查，逐条解除用绝缘胶布进行包扎并做好标记，防止误碰带电部位
2	高空坠落	（1）绝缘梯应坚固完整，有防滑措施。梯子的支柱应能承受作业人员及其所携带工具、材料攀登时的总质量。 （2）绝缘梯必须架设在牢固基础上，单梯应与地面呈 60°夹角，人字梯应有限制开度的措施。 （3）在绝缘梯上工作时必须有专人扶持，禁止两人及以上人员在同一梯子上工作，人在梯子上时，禁止移动梯子
3	误碰、误拉空气开关或接线导致误动	（1）作业前应查阅相关图纸和说明书。 （2）作业前应做好防误碰、误拉空气开关的措施，箱体空间较狭窄，工作时应防止身体转动时误碰箱内空气开关、继电器及端子排等设备造成误动 （3）作业中应加强监护，工作后应及时关闭并锁好箱门，防止小动物或雨水进入，造成设备误动
4	防止低压触电	工作中将空开断开；戴防护手套，工作中保证身体不接触到带电部分
5	防止被灯管、灯泡烫伤	工作中需待灯管、灯泡冷却后进行相关工作
6	遗留物	（1）工作结束前应仔细检查箱内是否有遗留物。 （2）加强现场器具物料管理，防止相关工器具遗留现场。 （3）工作结束前做好状态核对，确认与工作前状态一致

三、作业前工器具及材料准备

准备好标准化作业指导卡以及工作所需工器具、材料等（见表 11-4 和图 11-5），并带到工作现场，相应的工器具应满足工作需要，材料应齐全。工器具的绝缘裸露部位应包裹好绝缘带。

表 11-4　　直流电源（含事故照明屏）屏柜内照明回路维护消缺所需工器具及材料

序号	名称	单位	数量	备注
1	万用表	只	1	
2	标准工具箱	套	1	
3	梯子	架	1	根据现场需要
4	空气开关	个	若干	根据现场需要同型号、同规格的空气开关
5	连接线	m	若干	根据现场需要
6	照明灯	个	1	根据现场需要同型号、同规格的照明灯
7	安全帽	顶	若干	
8	手套	副	若干	

图 11-5　直流电源（含事故照明屏）屏柜内照明回路维护消缺所需工器具及材料

四、作业主要步骤及工艺要求

确认工作环境良好，天气无雨，相对湿度不大于 85%，消缺作业前做好防误碰、误拉空气开关的措施，检查箱内照明设施各部件（开关、插座、接头、电缆、标签等）完好没有破损、裂纹，回路有无异常，针对异常情况进行消缺处理。

（1）电源回路异常：检查空气开关是否在合位。若在合位，则用万用表检查照明灯电源空气开关两侧。如电源侧无电，则对电源回路逐级向上进行检查；如电源侧有电而负载侧无电则判断空气开关故障，则更换同规格的空气开关。若空气开关在分位，则对负载侧回路检查是否短路，并进行相应处理。

（2）连接回路异常：断开电源空气开关，用万用表对电源空气开关至照明灯回路分段检查，找到相应故障点进行消缺。

（3）照明灯异常：在连接回路消缺后，若照明灯还不能正常工作，则更换同型号照明灯，见图 11-6。

（4）消缺工作结束后，合上电源开关，检查照明灯是否工作正常。

图 11-6　更换照明灯

五、验收

所有工作结束后检查缺陷已消除，及时清理现场，将工器具全部收拢并清点，将材料及备品、备件回收清点，确认作业现场无遗留物，及时关闭屏柜门，防止小动物进入。并做好本次工作的相关记录。

第三节　直流电源（含事故照明屏）屏柜内二次电缆封堵补修

一、作业内容

直流电源（含事故照明屏）屏柜内二次电缆封堵补修消缺。

二、作业要求

（一）安全要求

（1）应严格执行 Q/GDW 1799.1—2013《国家电网公司电力安全工作规程　变电部分》的相关要求。

（2）作业时应与设备带电部位保持相应的安全距离。

（3）作业时，要防止误碰误动设备。

（4）作业不得少于两人，工作负责人应由有经验的人员担任，开工前，工作负责人应向全体工作人员详细布置工作的各安全注意事项，应有专人监护，监护人在作业期间应始终履行监护职责，不得擅离岗位或兼职其他工作。

（二）危险点及控制措施

直流电源（含事故照明屏）屏柜内二次电缆封堵修补作业中危险点及其控制措施如表 11-5 所示。

表 11-5　直流电源（含事故照明屏）屏柜内二次电缆封堵修补作业中危险点及其控制措施

序号	危险点	控制措施
1	触电伤害	（1）进行消缺工作时必须满足 Q/GDW 1799.1—2013《国家电网公司电力安全工作规程　变电部分》规定的安全距离。 （2）工作前确认安全措施到位，作业人员必须在工作范围内进行工作。工作地点与箱内端子排、空气开关等带电设备邻近，工作时应防止误碰带电部位造成人员触电，作业人员应戴防护手套，工器具应经绝缘包扎，加强工作监护。 （3）工作中若需登高，应使用合格的绝缘梯。梯子必须两人放倒搬运，并与带电部位保持足够的安全距离
2	高空坠落	（1）绝缘梯应坚固完整，有防滑措施。梯子的支柱应能承受作业人员及其所携带工具、材料攀登时的总质量。 （2）绝缘梯必须架设在牢固基础上，单梯应与地面呈 60°夹角，人字梯应有限制开度的措施。 （3）在绝缘梯上工作时必须有专人扶持，禁止两人及以上人员在同一梯子上工作，人在梯子上时，禁止移动梯子
3	误碰、误拉空气开关或接线导致误动	（1）作业前应查阅相关图纸和说明书。 （2）作业前应做好防误碰、误拉空气开关的措施。箱体空间较狭窄，工作时应防止身体转动时误碰箱内空气开关、继电器及端子排等设备造成误动；工作后应及时关闭并锁好箱门，防止小动物或雨水进入，造成设备误动。 （3）作业中应加强监护
4	金属利器割伤	（1）使用金属薄片施工时对电缆做好保护。 （2）工作人员必须穿戴劳保手套工作
5	封堵不到位	封堵不到位遗留缝隙等，存在小动物事故等隐患。封堵后必须认真检查是否完全封堵不留缝隙
6	遗留物	（1）工作结束前应仔细检查箱内是否有遗留物。 （2）加强现场器具物料管理，防止相关工器具遗留现场。 （3）工作结束前做好状态核对，确认与工作前状态一致

三、作业前工器具及材料准备

准备好标准化作业指导卡以及工作所需工器具、材料等（见表 11-6 和图 11-7），并带到工作现场，相应的工器具应满足工作需要，材料应齐全。

表 11-6　直流电源（含事故照明屏）屏柜内二次电缆封堵修补所需工器具及材料

序号	名称	单位	数量	备注
1	安全帽	块	若干	根据封堵孔洞大小确定
2	有机堵料	包	若干	根据封堵孔洞大小确定
3	防火隔板	块	若干	根据现场需要

序号	名称	单位	数量	备注
4	标准工具箱	套	1	
5	毛巾	条	若干	
6	手套	副	若干	

图 11-7　直流电源（含事故照明屏）屏柜内二次电缆封堵修补所需工器具及材料

四、作业主要步骤及工艺要求

确认工作环境良好，天气无雨，相对湿度不大于 85%，检查监控装置屏柜内二次电缆封堵情况，确定封堵修补部位，针对不同情况进行封堵修补处理。

（一）防火隔板封堵修补

检查防火隔板是否破损，若破损，应选择符合要求的防火隔板进行更换，安装前检查防火隔板外观应平整光洁、厚薄均匀，安装应可靠平整；若防火隔板与二次电缆间存在缝隙，应用有机防火堵料封堵严密。

（二）二次电缆孔隙封堵修补

如图 11-8 所示，选择适量防火堵料，使其软化（如果温度太低，防火泥硬度较高，可加热使用），捏成合适形状，压在漏洞或缝隙处，用手指进行按压，先将漏洞填满堵住，再将其压平、均匀密实，使其与原有防火堵料保持平整，并确定封堵完好，无缝隙。有机防火堵料与防火隔板配合封堵时，有机防火堵料应高于隔板

图 11-8　二次电缆孔隙封堵修补

20mm，并呈规则形状。电缆预留孔和电缆保护管两端口应用有机防火堵料封堵严密。封堵后，有机堵料应不氧化、不冒油、软硬适度。

五、验收

所有工作结束检查现场封堵完好，作业现场清理干净，无遗留物。将工器具全部收拢并清点，将材料及备品、备件回收清点，确认作业现场无遗留物，及时关闭屏柜门，防止小动物进入。并做好本次工作的相关记录。

第四节　直流电源屏（含事故照明屏）屏外部清扫、检查

一、作业内容

直流电源（含事故照明屏）屏外观清扫、检查。

二、作业要求

（一）安全要求

（1）应严格执行 Q/GDW 1799.1—2013《国家电网公司电力安全工作规程　变电部分》的相关要求。

（2）作业时应与设备带电部位保持相应的安全距离。

（3）作业时，要防止误碰误动设备。

（4）作业不得少于两人，工作负责人应由有经验的人员担任，开工前，工作负责人应向全体工作人员详细布置工作的各安全注意事项，应有专人监护，监护人在作业期间应始终履行监护职责，不得擅离岗位或兼职其他工作。

（二）危险点及控制措施

直流电源（含事故照明屏）屏外观清扫、检查作业中危险点及其控制措施见表11-7。

表 11-7　直流电源屏（含事故照明屏）屏外部清扫、检查作业中危险点及其控制措施

序号	危险点	控制措施
1	触电伤害	（1）进行消缺工作时必须满足 Q/GDW 1799.1—2013《国家电网公司电力安全工作规程　变电部分》规定的安全距离。 （2）工作前确认安全措施到位，作业人员必须在工作范围内进行工作。工作地点与箱内端子排、空气开关等带电设备邻近，工作时应防止误碰带电部位造成人员触电，作业人员应戴防护手套，工器具应经绝缘包扎，加强工作监护。 （3）工作中若需登高，应使用合格的绝缘梯。梯子必须两人放倒搬运，并与带电部位保持足够的安全距离
2	高处坠落	（1）绝缘梯应坚固完整，有防滑措施。梯子的支柱应能承受作业人员及其所携带工具、材料攀登时的总质量。 （2）绝缘梯必须架设在牢固基础上，单梯与地面呈 60°夹角，人字梯应有限制开度的措施。 （3）在绝缘梯上工作时必须有专人扶持，禁止两人及以上人员在同一爬梯上工作，人在梯子上时，禁止移动梯子

序号	危险点	控制措施
3	误碰、误拉空气开关或接线导致误动	（1）作业前应查阅相关图纸和说明书。 （2）作业前应做好防误碰、误拉空气开关的措施。箱体空间较狭窄，工作时应防止身体转动时误碰箱内空气开关、继电器及端子排等设备造成误动；工作后应及时关闭并锁好箱门，防止小动物或雨水进入，造成设备误动。 （3）作业中应加强监护
4	机械伤害	屏柜体边缘等尖锐器件容易造成工作人员割伤，作业人员应戴防护手套，杜绝野蛮施工，防止机械伤害
5	遗留物	（1）工作结束前应仔细检查箱内是否有遗留物。 （2）加强现场器具物料管理，防止相关工器具遗留现场。 （3）工作结束前做好状态核对，确认与工作前状态一致

三、作业前工器具及材料准备

准备好标准化作业指导卡以及工作所需工器具、材料等（见表 11-8 和图 11-9），并带到工作现场，相应的工器具应满足工作需要，材料应齐全。

表 11-8　　直流电源（含事故照明屏）外观清扫、检查作业中所需工器具及材料

序号	名称	单位	数量	备注
1	刷子	个	若干	
2	标准工具箱	套	1	
3	梯子	架	1	根据现场需要
4	擦镜布	条	若干	
5	毛巾	条	若干	
6	安全帽	顶	若干	
7	手套	副	若干	

图 11-9　直流电源（含事故照明屏）外观清扫、检查作业中所需工器具及材料

四、作业主要步骤及工艺要求

确认工作环境良好，作业前做好作业防误碰接线、误拉空气开关的措施。

（1）检查直流电源（含事故照明屏）监控装置、充电模块、绝缘监察装置、蓄电池监测装置、蓄电池运行情况如图 11-10 所示。

图 11-10　绝缘监察装置、充电模块及直流馈线屏

（2）使用干毛巾、干毛刷对屏柜内直流电源设备进行清扫，确保无污损和积灰，如图 11-11所示。

图 11-11　外观清扫

（3）检查屏柜端子排、设备配线、端子号和电缆号牌，确保端子号和电缆号牌标注清晰可辨。检查各端子排及其接线是否存在松动、锈蚀现象。

（4）检查屏柜上相关常亮指示灯完好，检查直流电源（含事故照明屏）各类装置有无故障报警。

（5）检查直流充电模块风扇运转情况，如风扇不转且模块温度较高，需报缺陷，由检修人员处理；检查通风网罩积灰，并清扫。

（6）检查直流电源系统（含事故照明屏）运行正常。

五、验收

所有工作结束后全面检查，及时清理现场，将工器具全部收拢并清点，将材料及备品、备件回收清点，确认作业现场无遗留物。及时关闭并锁好屏柜门，防止小动物进入。并做好本次工作的相关记录。

第五节　直流电源（含事故照明屏）指示灯更换

一、作业内容

直流电源（含事故照明屏）指示灯更换。

二、作业要求

（一）安全要求

（1）应严格执行 Q/GDW 1799.1—2013《国家电网公司电力安全工作规程　变电部分》的相关要求。

（2）作业时应与设备带电部位保持相应的安全距离。

（3）作业时，要防止误碰误动设备。

（4）作业不得少于两人，工作负责人应由有经验的人员担任，开工前，工作负责人应向全体工作人员详细布置工作的各安全注意事项，应有专人监护，监护人在作业期间应始终履行监护职责，不得擅离岗位或兼职其他工作。

（二）危险点及控制措施

直流电源（含事故照明屏）指示灯更换作业中危险点及其控制措施见表 11-9。

表 11-9　　　　直流电源（含事故照明屏）指示灯更换作业中危险点及其控制措施

序号	危险点	控制措施
1	触电伤害	（1）工作前确认安全措施到位，作业人员必须在工作范围内进行工作。 （2）工作中若需登高，应使用合格的绝缘梯。梯子必须两人放倒搬运，并与带电部位保持足够的安全距离
2	带电端子误碰造成短路或接地，导致直流失电	（1）工作前确认安全措施到位，作业人员必须在工作范围内进行工作。 （2）工作中应加强监护，防止误碰有电部分

三、作业前工器具及材料准备

准备好标准化作业指导卡以及工作所需工器具、材料等（见表 11-10），并带到工作现场，相应的工器具应满足工作需要，材料应齐全。

表 11-10　　　　直流电源（含事故照明屏）指示灯更换所需工器具及材料

序号	名称	单位	数量	备注
1	指示灯备品	只	若干	
2	绝缘胶布	卷	1	

序号	名称	单位	数量	备注
3	一字螺钉旋具	套	1	
4	十字螺钉旋具	套	1	
5	万用表	只	1	

四、作业步骤与工艺要求

（1）检查熄灭的指示灯对应的电源空气开关确在合上位置。

（2）用万用表测量指示灯对应的电源空气开关输入、输出电源均正常。如空气开关电源不正常，检查上级电源或空气开关。

（3）用万用表测量指示灯两端电压，如果电压正常，表明指示灯损坏，对指示灯进行更换。如果电压不正常，紧固空气开关至指示灯回路接线后再次测量，若电压仍不正常，上报缺陷由检修人员处理。

（4）直接拆下损坏的指示灯（螺旋式），或者逐一拆开指示灯上接线并用绝缘胶布包好。

（5）更换指示灯并恢复接线。

（6）检查指示灯应点亮并运行正常。

五、验收

所有工作结束后全面检查，及时清理现场，将工器具全部收拢并清点，将材料及备品、备件回收清点，确认作业现场无遗留物。及时关闭并锁好屏柜门，防止小动物进入。并做好本次工作的相关记录。

第六节　直流电源（含事故照明屏）熔断器更换

一、作业内容

直流电源（含事故照明屏）熔断器更换。

二、作业要求

（一）安全要求

（1）应严格执行 Q/GDW 1799.1—2013《国家电网公司电力安全工作规程　变电部分》的相关要求。

（2）作业时应与设备带电部位保持相应的安全距离。

（3）作业时，要防止误碰误动设备。

（4）作业不得少于两人，工作负责人应由有经验的人员担任，开工前，工作负责人应向全体工作人员详细布置工作的各安全注意事项，应有专人监护，监护人在作业期间应始终履行监护职责，不得擅离岗位或兼职其他工作。

（二）危险点及控制措施

直流电源熔断器更换作业中危险点及其控制措施如表 11-11 所示。

表 11-11　　　　　直流电源（含事故照明屏）熔断器更换作业中危险点及其控制措施

序号	危险点	控制措施
1	触电伤害	（1）工作前确认安全措施到位，作业人员必须在工作范围内进行工作。 （2）工作中若需登高，应使用合格的绝缘梯。梯子必须两人放倒搬运，并与带电部位保持足够的安全距离

三、作业前工器具及材料准备

准备好标准化作业指导卡以及工作所需工器具、材料等（见表 11-12），并带到工作现场，相应的工器具应满足工作需要，材料应齐全。

表 11-12　　　　　直流电源（含事故照明屏）熔断器更换作业中所需工器具及材料

序号	名称	单位	数量	备注
1	熔丝手柄	把	1	与熔丝同规格
2	绝缘手套	副	若干	
3	熔丝	个	1	同型号、同规格

四、作业步骤与工艺要求

（1）检查需更换的直流回路电源熔丝确已熔断。

（2）核对图纸和现场实际，确认该项工作不影响保护功能、控制回路正常运行。

（3）断开相应的直流空气开关、熔丝。

（4）取下已熔断的直流电源熔丝。

（5）放上同型号的直流电源熔丝，检查确已固定。

（6）试送该直流回路，确认运行正常。

五、验收

所有工作结束后全面检查，及时清理现场，将工器具全部收拢并清点，将材料及备品、备件回收清点，确认作业现场无遗留物，并做好本次工作的相关记录。

第七节　直流电源（含事故照明屏）单个电池内阻测试

一、作业内容

直流电源（含事故照明屏）单个电池内阻测试。

二、作业要求

（一）安全要求

（1）应严格执行 Q/GDW 1799.1—2013《国家电网公司电力安全工作规程　变电部分》的相关要求。

（2）作业时应与设备带电部位保持相应的安全距离。

（3）作业时，要防止误碰误动设备。

（4）作业不得少于两人，工作负责人应由有经验的人员担任，开工前，工作负责人应向全体工作人员详细布置工作的各安全注意事项，应有专人监护，监护人在作业期间应始终履行监护职责，不得擅离岗位或兼职其他工作。

（二）危险点及控制措施

直流电源（含事故照明屏）单个电池内阻测试作业中危险点及其控制措施见表 11-13。

表 11-13　直流电源（含事故照明屏）单个电池内阻测试作业中危险点及其控制措施

序号	危险点	控制措施
1	直流失电	（1）对照直流系统图核对直流系统供电方式，检查直流系统无异常。 （2）操作中核对空气开关名称、编号，防止误操作空气开关

三、作业前工器具及材料准备

准备好标准化作业指导书以及工作所需工器具、材料等（见表 11-14），并带到工作现场，相应的工器具应满足工作需要，材料应齐全。

表 11-14　直流电源（含事故照明屏）单个电池内阻测试所需工器具及材料

序号	名称	单位	数量	备注
1	内阻测试仪	台	1	
2	安全帽	顶	若干	
3	手套	副	若干	
4	标准化作业指导卡			

四、作业步骤与工艺要求 （电阻测试法）

（1）准备好电池内阻测试相关记录。

（2）合上放电空气开关。

（3）在蓄电池监测装置上进行内阻测试；2s后放电空气开关自动跳闸，并复位。

（4）将内阻数值进行记录。

（5）判断本次内阻测试数据是否合格，是否满足要求。

（6）与历史数据进行比较，判断电池是否满足要求。

（7）所有工作结束后应及时清理现场，确认作业现场无遗留物，并做好本次工作的相关记录。

五、检测数据分析与处理

检测工作结束后，应在 3 个工作日内将检测报告整理完毕记录格式见附录 R。对于存在缺陷设备应提供检测异常报告。

第八节　直流电源（含事故照明屏）蓄电池核对性充放电

一、作业内容

直流电源（含事故照明屏）蓄电池核对性充放电。

二、作业要求

（一）安全要求

（1）应严格执行《国家电网公司电力安全工作规程　变电部分》的相关要求；

（2）作业时应与设备带电部位保持相应的安全距离；

（3）作业时，要防止误碰误动设备；

（4）作业不得少于两人，工作负责人应由有经验的人员担任，开工前，工作负责人应向全体工作人员详细布置工作的各安全注意事项，应有专人监护，监护人在作业期间应始终履行监护职责，不得擅离岗位或兼职其他工作。

（二）危险点及控制措施

直流电源（含事故照明屏）蓄电池核对性充放电危险点及其控制措施见表11-15。

三、作业前工器具及材料准备

准备好标准化作业指导书以及工作所需工器具、材料等，并带到工作现场，相应的工器具应满足工作需要，材料应齐全，见表 11-16。

表 11-15　直流电源（含事故照明屏）蓄电池核对性充放电作业中危险点及其控制措施

序号	危险点	控制措施
1	直流失电	（1）对照直流系统图核对直流系统供电方式，检查直流系统无异常。 （2）操作中核对空气开关名称、编号，防止错拉合空气开关。 （3）测试过程中，操作人员不可离开现场，以便及时有效地处理可能发生的故障。放电过程中若发生直流系统故障，应立即停止放电，防止系统故障扩大
2	火灾爆炸	电池测试时，放电模块将产生大量的热量，测试应在室温 30℃ 以下进行，并保持室内通风良好

表 11-16　直流电源（含事故照明屏）蓄电池核对性充放电所需工器具及材料

序号	名称	单位	数量	备注
1	蓄电池充放电仪	台	1	
2	安全帽	顶	若干	
3	手套	副	若干	
4	标准化作业指导卡			

四、作业主要步骤及工艺要求

（1）准备好蓄电池核对性充放电相关记录。

（2）转移该组蓄电池直流负荷。

（3）核对充放电相关数据设置正确，合上放电空气开关。

（4）在蓄电池监测装置上进行核对性充放电测试，见图 11-12，测试结束放电空气开关自动跳闸，并复位。

（5）恢复该组蓄电池直流负荷。

（6）将核对性充放电测试数值进行记录。

（7）判断本次核对性充放电测试数据是否合格，与历史数据进行比较，判断电池是否满足要求，见图 11-13。

图 11-12　蓄电池放电

图 11-13　蓄电池充电后恢复正常运行方式

1）全站若具有两组蓄电池时，则一组运行，另一组退出运行进行全核对性放电。放电用 I_{10} 恒流，当蓄电池组电压下降到 $1.8V \times N$ 或单体蓄电池电压出现低于 $1.8V$ 时，停止放电。

2）隔 $1 \sim 2h$ 后，再用 I_{10} 电流进行恒流限压充电—恒压充电—浮充电。反复放充 $2 \sim 3$ 次，蓄电池容量可以得到恢复。

3）若经过 3 次全核对性放充电，蓄电池组容量均达不到其额定容量的 80% 以上，则应安排更换。

五、检测数据分析与处理

检测工作结束后，应在 3 个工作日内将检测报告整理完毕，记录格式见附录 S。对于存在缺陷设备应提供检测异常报告。

第九节　直流电源（含事故照明屏）电压采集单元熔断器更换

一、作业内容

直流电源（含事故照明屏）电压采集单元熔断器更换。

二、作业要求

（一）安全要求

（1）应严格执行 Q/GDW 1799.1—2013《国家电网公司电力安全工作规程　变电部分》的相关要求；

（2）作业时应与设备带电部位保持相应的安全距离；

（3）作业时，要防止误碰误动设备；

（4）作业不得少于两人，工作负责人应由有经验的人员担任，开工前，工作负责人应向全体工作人员详细布置工作的各安全注意事项，应有专人监护，监护人在作业期间应始终履行监护职责，不得擅离岗位或兼职其他工作。

（二）危险点及控制措施

直流电源（含事故照明屏）电压采集单元熔断器更换危险点及其控制措施见表 11-17。

表 11-17　直流电源（含事故照明屏）电压采集单元熔断器更换作业中危险点及其控制措施

序号	危险点	控制措施
1	触电伤害	（1）工作前确认安全措施到位，作业人员必须在工作范围内进行工作。 （2）工作中应加强监护，防止误碰有电设备

三、相关工器具和材料

准备好标准化作业指导卡以及工作所需工器具、材料等（见表 11-18），并带到工作现场，相应的工器具应满足工作需要，材料应齐全。

表 11-18　　　直流电源（含事故照明屏）电压采集单元熔断器更换所需工器具

序号	名称	单位	数量	备注
1	万用表	只	1	
2	绝缘夹钳	把	1	
3	直流熔断器	只	若干	同型号、同规格

四、作业步骤与工艺要求

（1）检查直流监控装置电压采集异常，需更换的电压采集单元熔断器确已熔断。

图 11-14　更换电压采集单元熔断器

（2）核对图纸和现场实际，确认该项工作不影响保护功能、控制回路正常运行。

（3）取下已熔断的直流电压采集单元熔断器。

（4）放上同型号的直流电压采集单元熔断器，检查确已固定，接触良好，见图 11-14。

（5）检查直流监控装置电压采集数据正常。

五、验收

所有工作结束后全面检查，及时清理现场，将工器具全部收拢并清点，将材料及备品、备件回收清点，确认作业现场无遗留物，并做好本次工作的相关记录。

第十二章

站 用 变 压 器

第一节　站用电系统屏柜体消缺

一、作业内容

站用电系统屏柜体消缺。

二、作业要求

（一）安全要求

（1）应严格执行 Q/GDW 1799.1—2013《国家电网公司电力安全工作规程　变电部分》的相关要求。

（2）应在良好的天气下进行，如遇雷、雨、雪不得进行该项工作。

（3）作业时应与设备带电部位保持相应的安全距离。

（4）作业时，要防止误碰误动设备。

（5）作业不得少于两人，工作负责人应由有经验的人员担任，开工前，工作负责人应向全体工作人员详细布置工作的各安全注意事项，应有专人监护，监护人在作业期间应始终履行监护职责，不得擅离岗位或兼职其他工作。

（二）危险点及控制措施

站用电系统屏柜体消缺作业中危险点及其控制措施见表 12-1。

表 12-1　　　　　站用电系统屏柜体消缺作业中危险点及其控制措施

序号	危险点	控制措施
1	触电伤害	（1）站用电系统屏柜体消缺工作时必须满足 Q/GDW 1799.1—2013《国家电网公司电力安全工作规程　变电部分》规定的安全距离。 （2）工作前确认安全措施到位，作业人员必须在工作范围内进行工作。 （3）工作中若需登高，应使用合格的绝缘梯。梯子必须两人放倒搬运，并与带电部位保持足够的安全距离
2	高空坠落	（1）绝缘梯应坚固完整，有防滑措施。梯子的支柱应能承受作业人员及其所携带工具、材料攀登时的总质量。 （2）绝缘梯必须架设在牢固基础上，单梯应与地面呈 60°夹角，人字梯应有限制开度的措施。 （3）在绝缘梯上工作时必须有专人扶持，禁止两人及以上人员在同一爬梯上工作，人在梯子上时，禁止移动梯子

序号	危险点	控制措施
3	误碰、误拉空气开关或接线导致误动	（1）作业前应查阅相关图纸和说明书。 （2）作业前应做好防误碰、误拉空气开关的措施。 （3）作业中应加强监护
4	机械伤害	屏柜体边缘等尖锐器件容易造成工作人员割伤，作业人员应戴防护手套，杜绝野蛮施工，防止机械伤害
5	遗留物	（1）工作结束前应仔细检查箱内是否有遗留物。 （2）加强现场器具物料管理，防止相关工器具遗留现场。 （3）工作结束前做好状态核对，确认与工作前状态一致

三、作业前工器具及材料准备

准备好标准化作业指导卡以及工作所需工器具、材料等（见表 12-2 和图 12-1），并带到工作现场，相应的工器具应满足工作需要，材料应齐全。

表 12-2 　　　　　　　站用电系统屏柜体消缺所需工器具及材料

序号	名称	单位	数量	备注
1	标准工具箱	套	1	
2	万用表	只	1	
3	密封粘胶	桶	1	
4	刷子	个	若干	
5	梯子	架	1	根据现场需要
6	有机堵料	包	若干	根据现场需要
7	观察窗	块	1	根据现场需要同规格、同型号
8	密封条	m	若干	根据现场需要同规格、同型号
9	接地软引线	m	若干	根据现场需要同规格、同型号
10	门轴、门把手等锁具	个	若干	根据现场需要同规格、同型号
11	安全帽	顶	若干	
12	手套	副	若干	

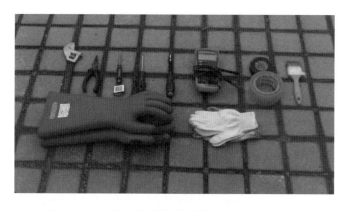

图 12-1　站用电系统屏柜体消缺所需工器具及材料

四、作业主要步骤及工艺要求

确认工作环境良好，天气无雨，相对湿度不大于85％，检查和确认端子箱、冷控箱的异常情况及原因。消缺作业前做好防误碰、误拉空气开关的措施，针对异常情况进行消缺处理。

（一）屏柜体柜门开闭异常消缺

（1）检查屏柜体柜门开闭是否异常，如铰链异常，应进行修复或更换，若门轴或门把手异常，应进行修复或更换。

（2）更换门轴或门把手前，应事先查看准备的门轴或把手是否符合现场实际应用。

（3）拆下旧的门轴或把手，拆除时注意观察安装方法。工作前将端子箱门打开，并注意工作中与运行中的回路的位置，防止在工作中误碰运行设备。工作人员应戴线手套，防止割伤、划伤。

（4）安装新的门轴或门把手，安装完毕后检查冷控箱门关闭良好、无卡涩现象。

（5）将门把手活动部位注油润滑。

（二）柜体接地软引线消缺

检查屏柜体接地软引线接地端、接地线连接是否异常，如接地端、接地线松动，应重新连接紧固，如接地线断股或破损，应更换同规格的接地线，并检查连接可靠、牢固。

（三）屏柜体密封异常处理

（1）检查屏柜体表面是否有破损情况，如有破损，应根据破损情况修补。检查屏柜体封堵是否良好，如封堵不良，应选用新的封堵材料重新封堵。

（2）检查屏柜体橡胶密封条是否完好，如有脱落，用密封粘胶进行修复，如损坏，应选用同规格密封条更换。

（3）拆除旧的密封胶条，并注意工作中与运行中的回路的位置，防止在工作中误碰运行设备。工作人员应戴线手套，防止割伤、划伤。

（4）将新的密封胶条涂抹上密封胶，安装在端子箱门的胶条槽内，按压确认胶条牢固结实，密封良好。

（四）观察窗消缺

查看观察窗螺丝是否松动，并进行紧固，若密封条脱落应用密封胶进行修复。若观察窗破损脱落，应进行更换，并事先查看准备的观察窗是否符合现场实际应用；拆除旧观察窗，安装新观察窗，保证观察窗封闭完好。

五、验收

所有工作结束后检查缺陷已消除，及时清理现场，将工器具全部收拢并清点，将材料及备品、备件回收清点，作业现场无遗留物，并做好本次工作的相关记录。

第二节　站用电系统屏柜内照明回路维护消缺

一、作业内容

站用电系统屏柜内照明回路维护消缺。

二、作业要求

（一）安全要求

（1）应严格执行 Q/GDW 1799.1—2013《国家电网公司电力安全工作规程　变电部分》的相关要求。

（2）应在良好的天气下进行，如遇雷、雨、雪不得进行该项工作。

（3）作业时应与设备带电部位保持相应的安全距离。

（4）作业时，要防止误碰误动设备。

（5）作业不得少于两人，工作负责人应由有经验的人员担任，开工前，工作负责人应向全体工作人员详细布置工作的各安全注意事项，应有专人监护，监护人在作业期间应始终履行监护职责，不得擅离岗位或兼职其他工作。

（二）危险点及控制措施

站用电系统屏柜内照明回路维护消缺作业中危险点及其控制措施见表12-3。

表 12-3　　　站用电系统屏柜内照明回路维护消缺作业中危险点及其控制措施

序号	危险点	控制措施
1	触电伤害	（1）工作前确认安全措施到位，所有检修人员必须在明确的工作范围内进行工作。 （2）工作中应加强监护，防止人体触碰带电部位。 （3）调换照明灯前先断开电源空气开关（或熔丝）
2	误拉空气开关造成设备运行异常	断开照明电源空气开关前应经监护人确认无误
3	误碰运行设备造成异常	（1）工作中加强监护，严禁误碰照明回路之外的运行设备。 （2）用万用表电阻挡检查照明回路时，必须先测量确无交直流电压

三、作业前工器具及材料准备

准备好标准化作业指导卡以及工作所需工器具、材料等（见表12-4和图12-2），并带到工作现场，相应的工器具应满足工作需要，材料应齐全。

表 12-4　　　　　　　　站用电系统屏柜内照明回路维护消缺工作所需工器具

序号	名称	单位	数量	备注
1	一字螺钉旋具	套	1	
2	十字螺钉旋具	套	1	
3	万用表	只	1	
4	安全帽	顶	若干	
5	手套	副	若干	

图 12-2　站用电系统屏柜内照明回路维护消缺工作所需工器具及材料

四、作业主要步骤及工艺要求

确认工作环境良好，天气无雨，检查屏柜内照明设施各部件（空气开关、接线盒、开关、插座、接头、电缆、挂牌、标签）完好没有破损、裂纹，回路有无异常，针对异常情况进行消缺处理。

（1）电源回路异常：检查空气开关是否在合位。若在合位，则用万用表检查照明灯电源空气开关两侧。如电源侧无电，则对电源回路逐级向上进行检查；如电源侧有电而负载侧无电则判断空气开关故障，应上报缺陷，则更换同规格的空气开关。若空气开关在分位，则对负载侧回路检查是否短路，并进行相应处理。

（2）连接回路异常：断开电源空气开关，用万用表对电源空气开关至照明灯回路分段检查，找到相应故障点进行消缺。

（3）照明灯异常：在连接回路消缺后，若照明灯还不能正常工作，则更换同型号照明灯。

（4）消缺工作结束后，合上电源开关，检查照明灯是否工作正常。

五、验收

所有工作结束后检查缺陷已消除，及时清理现场，将工器具全部收拢并清点，将材料及备品、备件回收清点，作业现场无遗留物，并做好本次工作的相关记录。

第三节 站用变压器指示灯更换

一、作业内容

站用变压器指示灯更换。

二、作业要求

（一）安全要求

（1）应严格执行 Q/GDW 1799.1—2013《国家电网公司电力安全工作规程 变电部分》的相关要求。

（2）应在良好的天气下进行，如遇雷、雨、雪、雾，不得进行该项工作。

（3）作业时应与设备带电部位保持相应的安全距离。

（4）作业时，要防止误碰误动设备。

（5）作业不得少于两人，工作负责人应由有经验的人员担任，开工前，工作负责人应向全体工作人员详细布置工作的各安全注意事项，应有专人监护，监护人在作业期间应始终履行监护职责，不得擅离岗位或兼职其他工作。

（6）照明满足要求，相对湿度不大于85%。

（二）危险点及其安全措施

站用变压器指示灯更换作业中危险点及其控制措施见表12-5。

表 12-5　　　　　　　　　站用变压器指示灯更换作业中危险点及其控制措施

序号	危险点	控制措施
1	触电伤害	（1）进行消缺工作时必须满足 Q/GDW 1799.1—2013《国家电网公司电力安全工作规程 变电部分》规定的安全距离。 （2）工作前确认安全措施到位，作业人员必须在工作范围内进行工作。 （3）工作中若需登高，应使用合格的绝缘梯。梯子必须两人放倒搬运，并与带电部位保持足够的安全距离
2	高空坠落	（1）绝缘梯应坚固完整，有防滑措施。梯子的支柱应能承受作业人员及其所携带工具、材料攀登时的总质量。 （2）绝缘梯必须架设在牢固基础上，单梯与地面呈60°夹角，人字梯应有限制开度的措施。 （3）在绝缘梯上工作时必须有专人扶持，禁止两人及以上人员在同一爬梯上工作，人在梯子上时，禁止移动梯子

序号	危险点	控制措施
3	遗留物	（1）工作结束前应仔细检查箱内是否有遗留物。 （2）加强现场器具物料管理，防止相关工器具遗留现场。 （3）工作结束前做好状态核对，确认与工作前状态一致

三、作业前工器具及材料准备

准备好标准化作业指导卡以及工作所需工器具、材料等（见表 12-6 和图 12-3），并带到工作现场，相应的工器具应满足工作需要，材料应齐全。

表 12-6　　　　　　　　　站用变压器指示灯更换作业所需工器具及材料

序号	名称	单位	数量	备注
1	万用表	只	1	
2	安全帽	顶	若干	
3	螺丝刀	套	1	
4	手套	副	若干	
5	标准化作业指导卡			
6	指示灯	个	若干	

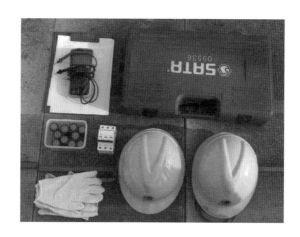

图 12-3　站用变压器指示灯更换作业所需材料及工器具

四、作业主要步骤及工艺要求

（1）确认工作环境良好，天气无雨，相对湿度不大于 85%。

（2）检查和确认指示灯的异常情况及原因。

（3）作业前做好防误动、误碰措施，见图 12-4。

（4）针对异常情况进行消缺处理。

（5）指示灯异常：用万用表测量指示灯两端工作电压是否正常，如正常，则确定为指示灯故障，应断开相应交流或直流电源空气开关、熔丝（如有）或指示灯电源端子线，更换相同规格的指示灯，见图12-5。

图 12-4　做好裸露导线防护措施　　　　　图 12-5　测量指示灯两端工作电压

五、验收

所有工作结束后检查缺陷已消除，及时清理现场，将工器具全部收拢并清点，将材料及备品、备件回收清点，作业现场无遗留物，并做好本次工作的相关记录。

第四节　站用电系统外观清扫、检查

一、作业内容

站用电系统外观清扫、检查。

二、作业要求

（一）安全要求

（1）应严格执行 Q/GDW 1799.1—2013《国家电网公司电力安全工作规程　变电部分》的相关要求。

（2）应在良好的天气下进行，如遇雷、雨、雪、雾，不得进行该项工作。

（3）作业时应与设备带电部位保持相应的安全距离。

（4）作业时，要防止误碰误动设备。

（5）作业不得少于两人，工作负责人应由有经验的人员担任，开工前，工作负责人应向全体工作人员详细布置工作的各安全注意事项，应有专人监护，监护人在作业期间应始终履行监护职责，不得擅离岗位或兼职其他工作。

（二）危险点及其控制措施

站用电系统外观清扫、检查作业中危险点及其控制措施如表12-7所示。

表 12-7 站用电系统外观清扫、检查作业中危险点及其控制措施

序号	危险点	控制措施
1	触电伤害	（1）工作前认真检查现场安全措施执行情况，确保满足工作要求。 （2）作业前仔细核对工作屏柜的位置及周边设备带电情况，防止误碰有电部位
2	误碰、误分合 其他装置电源	（1）工作过程中加强监护，严禁超范围工作。 （2）作业中的工器具金属部分使用绝缘胶布做好绝缘措施
3	站用电回路故障	站用电电源回路故障处理预案

三、作业前工器具及材料准备

准备好标准化作业指导卡以及工作所需工器具、材料等（见表 12-8），并带到工作现场，相应的工器具应满足工作需要，材料应齐全。

表 12-8 站用电系统外观清扫、检查所需工器具及材料

序号	名称	单位	数量	备注
1	绝缘靴	双	若干	
2	手套	副	若干	
3	毛巾	条	若干	
4	手套	副	若干	
5	绝缘毛刷	把	若干	

四、作业步骤与工艺要求

（1）检查屏柜门开合是否灵活、是否有卡涩现象。

（2）检查屏柜端子排及设备配线、端子号以及电缆号牌，确保端子号及电缆号牌标注清晰可辨。使用毛巾、绝缘毛刷对屏柜内设备进行清理，见图 12-6。

（3）检查各端子排是否存在松动、锈蚀。发现松动端子排及时进行紧固处理；发现端子排锈蚀现象，及时上报缺陷，见图 12-7。

（4）检查站用电系统运行情况正常。

图 12-6 外观检查清扫

图 12-7 端子排检查

五、验收

所有工作结束后检查缺陷已消除，及时清理现场，将工器具全部收拢并清点，将材料及备品、备件回收清点，确认作业现场无遗留物，并做好本次工作的相关记录。

第五节　站用电系统熔断器更换

一、作业内容

站用电系统熔断器更换。

二、作业要求

（一）安全要求

（1）应严格执行 Q/GDW 1799.1—2013《国家电网公司电力安全工作规程　变电部分》的相关要求。

（2）应在良好的天气下进行，如遇雷、雨、雪、雾，不得进行该项工作。

（3）作业时应与设备带电部位保持相应的安全距离。

（4）作业时，要防止误碰误动设备。

（5）作业不得少于两人，工作负责人应由有经验的人员担任，开工前，工作负责人应向全体工作人员详细布置工作的各安全注意事项，应有专人监护，监护人在作业期间应始终履行监护职责，不得擅离岗位或兼职其他工作。

（二）危险点及其控制措施

站用电系统熔断器更换作业中危险点及其控制措施如表 12-9 所示。

表 12-9　　　　　　　　站用电系统熔断器更换作业中危险点及其控制措施

序号	危险点	控制措施
1	触电伤害	（1）站用电系统熔断器更换需两人进行，一人监护，一人作业，正值及以上人员担任监护人，防止误碰有电部位。 （2）站用电系统熔断器更换时，作业人员应戴安全帽、戴护目眼镜、戴绝缘手套、穿绝缘靴
2	误换熔断器	（1）用万用表测量故障熔断器负载侧确无电压。 （2）更换故障熔断器前应先确认故障支路

三、作业前工器具及材料准备

准备好标准化作业指导卡以及工作所需工器具、材料等（见表 12-10），并带到工作现场，相应的工器具应满足工作需要，材料应齐全。

表 12-10   站用电系统熔断器更换作业所需工器具及材料

序号	名称	单位	数量	备注
1	梅花扳手	把	1	
2	活络扳手	把	1	
3	万用表	只	1	
4	熔断器	个	3	同型号
5	手套	副	若干	
6	毛巾	条	若干	

四、作业步骤与工艺要求

（1）根据站用电负载失电情况，确定故障支路。

（2）现场用万用表检查故障支路负载侧确无电压，确认故障支路熔断器确已熔断。

（3）断开故障支路空气开关。

（4）取下故障支路熔断器，选择同型号熔断器进行更换，检查安装已固定。

（5）合上已断开该支路空气开关，若再次熔断，上报缺陷，由检修人员对该支路进行检查。

五、验收

所有工作结束后检查缺陷已消除，及时清理现场，将工器具全部收拢并清点，将材料及备品、备件回收清点，确认作业现场无遗留物，并做好本次工作的相关记录。

第六节   站用电系统定期切换试验

一、作业内容

站用电系统定期切换试验。

二、作业要求

（一）安全要求

（1）应严格执行 Q/GDW 1799.1—2013《国家电网公司电力安全工作规程   变电部分》的相关要求。

（2）应在良好的天气下进行，如遇雷、雨、雪、雾，不得进行该项工作。

（3）作业时应与设备带电部位保持相应的安全距离。

（4）作业时，要防止误碰误动设备。

（5）作业不得少于两人，工作负责人应由有经验的人员担任，开工前，工作负责人应向全体工作人员详细布置工作的各安全注意事项，应有专人监护，监护人在作业期间应始终履行监护职责，不得擅离岗位或兼职其他工作。

（二）危险点及其控制措施

站用电系统定期切换试验作业中危险点及其控制措施如表 12-11 所示。

表 12-11　　　　　站用电系统定期切换试验作业中危险点及其控制措施

序号	危险点	控制措施
1	站用电系统失电	（1）测试前核对站用电系统供电方式，检查备用电源电压是否正常，核查站用电系统有无异常；操作中核对设备名称、编号，防止错拉合空气开关或隔离开关。 （2）进行测试过程中，操作人员不可离开现场，以便及时有效地处理可能发生的故障。测试过程中，若发生站用电系统故障，应立即停止测试，恢复正常供电方式
2	触电伤害	测量备用电源电压时，应两人进行，做好监护，防止误碰有电部位

三、作业前工器具及材料准备

准备好标准化作业指导卡以及工作所需工器具、材料等（见表 12-12），并带到工作现场，相应的工器具应满足工作需要，材料应齐全。

表 12-12　　　　　站用电系统定期切换试验作业所需工器具及材料

序号	名称	单位	数量	备注
1	万能表	只	1	

四、作业步骤与工艺要求

（1）确认站用变压器所接高压系统运行正常，无单相接地等异常情况。

（2）确认站用电系统运行正常，无交直流故障报警信息。

（3）告知监控值班员：××变电站将开始站用电系统定期切换试验工作，会产生告警信号，特此告知。

（4）检查备用站用变压器低压侧带电正常，断开主供站用变压器低压侧空气开关。

（5）合上备用站用变压器低压侧空气开关，主供电源切至备用站用变压器。

（6）检查站用电系统所供负荷正常。

（7）断开备用站用变压器低压侧空气开关。

（8）合上主供站用变压器低压侧空气开关。

（9）检查站用电系统所供负荷正常，现场无异常信号。

（10）告知监控值班员：××变电站站用电系统定期切换试验工作已结束，站用电系统恢复正常运行方式。

第七节　站用电系统外熔丝更换

一、作业内容

站用电系统外熔丝更换。

二、作业要求

（一）安全要求

（1）应严格执行 Q/GDW 1799.1—2013《国家电网公司电力安全工作规程　变电部分》的相关要求。

（2）应在良好的天气下进行，如遇雷、雨、雪、雾，不得进行该项工作。

（3）作业时应与设备带电部位保持相应的安全距离。

（4）作业时，要防止误碰误动设备。

（5）作业不得少于两人，工作负责人应由有经验的人员担任，开工前，工作负责人应向全体工作人员详细布置工作的各安全注意事项，应有专人监护，监护人在作业期间应始终履行监护职责，不得擅离岗位或兼职其他工作。

（二）危险点及其控制措施

站用电系统外熔丝更换作业中危险点及其控制措施见表 12-13。

表 12-13　　　　　　　站用电系统外熔丝更换作业中危险点及其控制措施

序号	危险点	控制措施
1	触电伤害	（1）进行更换工作时必须满足 Q/GDW 1799.1—2013《国家电网公司电力安全工作规程　变电部分》规定的安全距离。 （2）工作前确认安全措施到位，作业人员必须在工作范围内进行工作。 （3）工作中若需登高，应使用绝缘梯，绝缘梯应合格。梯子必须两人放倒搬运，并与带电部位保持足够的安全距离
2	误碰、误拉空气开关或接线导致误动	（1）作业前应查阅相关图纸和说明书。 （2）作业前应做好防误碰、误拉空气开关的措施。 （3）作业中应加强监护
3	遗留物	（1）工作结束前应仔细检查汇控柜柜内是否有遗留物。 （2）加强现场器具物料管理，防止相关工器具遗留现场。 （3）工作结束前做好状态核对，确认与工作前状态一致

三、作业前工器具及材料准备

准备好标准化作业指导卡以及工作所需工器具、材料等（见表 12-14），并带到工作现场，相应的工器具应满足工作需要，材料应齐全。

表 12-14　　　　　　　　站用电系统外熔丝更换所需工器具及材料

序号	名称	单位	数量	备注
1	梅花扳手	把	1	
2	活络扳手	把	1	
3	万用表	个	1	
4	护目眼镜	只	1	
5	绝缘手套	副	若干	
6	绝缘靴	双	若干	
7	熔丝专用夹	个	1	
8	熔丝	个	3	同型号
9	毛巾	条	若干	

四、作业主要步骤及工艺要求

（1）根据监控系统信息，现场检查站用电母线电压异常情况及直流系统、逆变器等交流电源切换情况。

（2）检查所用电母线电压异常的站用变压器及开关柜有无明显异响、异味、冒烟、着火、发热、放电等现象。

（3）检查站用电系统低压电压情况符合外熔丝熔断的电压特征。

（4）确定站用电系统外熔丝熔断，将该站用变电站改为断路器及站用变压器检修，做好安全措施。

（5）取下站用电系统外熔丝故障相熔丝，测量故障相外熔丝电阻与另两相电阻偏差较大。

（6）选择同型号外熔丝进行更换，放上同型号、同电阻的外熔丝，检查外熔丝卡口已可靠固定。

（7）恢复站用电系统的运行，带电后再次发生外熔丝熔断故障，则应对站用变压器进行检修处理。

五、验收

所有工作结束后检查缺陷已消除，及时清理现场，将工器具全部收拢并清点，将材料及备品、备件回收清点，确认作业现场无遗留物，并做好本次工作的相关记录。

第八节　站用电系统硅胶更换

一、作业内容

站用电系统硅胶更换。

二、作业要求

（一）安全要求

（1）应严格执行 Q/GDW 1799.1—2013《国家电网公司电力安全工作规程 变电部分》的相关要求。

（2）应在良好的天气下进行，如遇雷、雨、雪、雾，不得进行该项工作。

（3）作业时应与设备带电部位保持相应的安全距离。

（4）作业时，要防止误碰误动设备。

（5）作业不得少于两人，工作负责人应由有经验的人员担任，开工前，工作负责人应向全体工作人员详细布置工作的各安全注意事项，应有专人监护，监护人在作业期间应始终履行监护职责，不得擅离岗位或兼职其他工作。

（二）危险点及其控制措施

站用电系统硅胶更换作业中危险点及其控制措施如表 12-15 所示。

表 12-15　　　　　　　　站用电系统硅胶更换作业中危险点及其控制措施

序号	危险点	控制措施
1	触电伤害	（1）运行中的站用电系统更换变压器呼吸器硅胶时必须保持 Q/GDW 1799.1—2013《国家电网公司电力安全工作规程 变电部分》规定的安全距离，否则应停电进行。 （2）工作前确认安全措施到位，所有运维人员必须在明确的工作范围内进行工作。 （3）工作中若需登高，应使用合格的绝缘梯，梯子必须两人放倒搬运，并与带电部分保持足够的安全距离
2	高空坠落	（1）使用的梯子应坚固完整，有防滑措施。梯子的支柱应能承受作业人员及所携带的工具、材料攀登时的总质量。 （2）梯子必须架设在牢固基础上，单梯应与地面呈 60°夹角，人字梯应有限制开度的措施。 （3）梯上工作时必须有专人扶持，禁止两人及以上人员在同一爬梯上工作，人在梯子上时，禁止移动梯子

三、作业前工器具及材料准备

准备好标准化作业指导卡以及工作所需工器具、材料等（见表 12-16），并带到工作现场，相应的工器具应满足工作需要，材料应齐全。

表 12-16　　　　　　　　站用电系统硅胶更换所需工器具及材料

序号	名称	单位	数量	备注
1	梅花扳手	套	1	
2	活络扳手	把	1	
3	变色硅胶	瓶		

序号	名称	单位	数量	备注
4	酒精（无水乙醇）	瓶		
5	毛巾	条		
6	密封垫	个		
7	变压器油	kg		

四、作业步骤和作业要求

（1）拆油杯。将油杯从呼吸器上拆下，取下油杯时，应用毛巾将呼吸器下部的呼气孔裹住，擦拭干净，防止油渍滴落在地面上。

（2）清洗油杯。将油杯内的污油回收处理，用酒精将油杯清洗干净，补充新的变压器油。

（3）拆呼吸器。从储油柜联管上拆下呼吸器，用毛巾或棉布将联管口封住，防止储油柜内外温度、湿度相差较大产生气体对流使潮气进入。

（4）检查呼吸器。将呼吸器玻璃罩内硅胶倒出，检查玻璃罩是否破裂，清洗玻璃罩，检查密封垫密封情况，密封垫应密封良好。

（5）更换硅胶。硅胶采用合格的变色硅胶。将干燥的变色硅胶装入呼吸器内，并在顶盖下面留出 1/5～1/6 高度的空隙。

（6）呼吸器复装。使用合格的密封垫，条形密封垫压缩量为 1/3，O 形密封垫压缩量为 1/2，呼吸器应安装牢固，不因变压器（油浸式电抗器）的运行振动而抖动或摇晃。

（7）油杯复装。将油杯拧紧，应确认油杯中油位已没过呼吸孔，并处于最高和最低油位线之间，确保形成油封。

五、验收

所有工作结束后检查缺陷已消除，及时清理现场，将工器具全部收拢并清点，将材料及备品、备件回收清点，确认作业现场无遗留物，并做好本次工作的相关记录。

第十三章

接 地 网

第一节 接地网开挖抽检

一、作业内容

接地网开挖抽检。

二、作业要求

（一）安全要求

（1）应严格执行 Q/GDW 1799.1—2013《国家电网公司电力安全工作规程 变电部分》的相关要求。

（2）应在良好的天气下进行，如遇雷、雨、雪，不得进行该项工作。

（3）作业时应与设备带电部位保持相应的安全距离。

（4）作业时，要防止误碰误动设备；防止误挖损伤电缆。

（5）作业不得少于两人，工作负责人应由有经验的人员担任，开工前，工作负责人应向全体工作人员详细布置工作的各安全注意事项，应有专人监护，监护人在作业期间应始终履行监护职责，不得擅离岗位或兼职其他工作。

（二）危险点及其控制措施

接地网开挖抽检作业中危险点及其控制措施见表 13-1。

表 13-1　　　　　　　　接地网开挖抽检作业中危险点及其控制措施

序号	危险点	控制措施
1	触电伤害	（1）进行接地网开挖抽检工作时必须满足 Q/GDW 1799.1—2013《国家电网公司电力安全工作规程 变电部分》规定的安全距离。 （2）工作前确认安全措施到位，作业人员必须在工作范围内进行。 （3）作业人员进入作业现场必须戴安全帽，作业时须穿绝缘鞋。 （4）作业人员工作中加强安全监护
2	雷击伤害	雷雨天禁止工作
3	损伤地下电缆	作业时，要明确地下电缆走向，防止误挖损伤电缆

三、作业前工器具及材料准备

准备好标准化作业指导书以及工作所需工器具、材料等（见表 13-2），并带到工作现场，相应的工器具应满足工作需要，材料应齐全。

表 13-2 　　　　　　　　　　接地网开挖抽检所需工器具及材料

序号	名称	单位	数量	备注
1	开挖工具	把	1	
2	绝缘靴	双	若干	
3	安全帽	顶	若干	
4	标准化作业指导卡			

四、作业主要步骤及工艺要求

（1）若接地网接地阻抗或接触电压和跨步电压测量不符合设计要求，怀疑接地网被严重腐蚀时，应进行开挖检查，见图 13-1。

（2）检查接地体、接地引下线的腐蚀及连接情况，留有完整的影像资料。如有锈蚀，应进行多点开挖检查，整理照片资料，汇总后上报；如发现锈蚀断裂点，见图 13-2，应进行焊接，焊接长度应大于接地扁铁宽度的 2 倍。

图 13-1　接地网开挖

图 13-2　接地网断裂点

（3）检查无问题后应将开挖部分重新填好。

五、验收

所有工作结束后检查缺陷已消除，及时清理现场，将工器具全部收拢并清点，将材料及备品、备件回收清点，确认作业现场无遗留物，并做好本次工作的相关记录。

第二节　接地网引下线检查测试

一、作业内容

接地网引下线检查测试。

二、作业要求

（一）环境要求

（1）不应在雷、雨、雪中或雨、雪后立即进行。

（2）现场区域满足试验安全距离要求。

（二）人员要求

试验人员需具备如下基本知识与能力：

（1）熟悉接地引下线导通测试技术的基本原理、分析方法。

（2）了解接地引下线导通测试仪的工作原理、技术参数和性能。

（3）掌握接地引下线导通测试仪的操作方法。

（4）能正确完成现场各种试验项目的接线、操作及测量。

（5）具有一定的现场工作经验，熟悉并能严格遵守电力生产和工作现场的相关安全管理规定。

（6）熟悉各种影响试验结论的因素及消除方法。

（7）经过上岗培训考试合格。

（三）安全要求

（1）应严格执行 Q/GDW 1799.1—2013《国家电网公司电力安全工作规程　变电部分》的相关要求。

（2）高压试验工作不得少于两人。试验负责人应由有经验的人员担任，开始试验前，试验负责人应向全体试验人员详细布置试验中的安全注意事项，交代邻近间隔的带电部位，以及其他安全注意事项。

（3）应确保操作人员及试验仪器与电力设备的高压部分保持足够的安全距离。

（4）应在良好的天气下进行，如遇雷、雨、雪、雾，不得进行该项工作。

（5）试验前必须认真检查试验接线，应确保正确无误。

（6）在进行试验时，要防止误碰误动设备。

（7）试验现场出现明显异常情况时，应立即停止试验工作，查明异常原因。

（8）高压试验作业人员在全部试验过程中，应精力集中，随时警戒异常现象发生。

（9）试验结束时，试验人员应拆除试验接线，并进行现场清理。

（四） 仪器要求

（1）测试宜选用专用仪器，仪器的分辨率不大于 $1m\Omega$。

（2）仪器的准确度不低于 1.0 级。

（3）测试电流不小于 5A。

（五） 危险点及控制措施

接地网引下线检查测试作业中危险点及其控制措施见表 13-3。

表 13-3 接地网引下线检查测试作业中危险点及其控制措施

序号	危险点	控制措施
1	触电伤害	（1）进行接地网引下线检查测试工作时必须满足 Q/GDW 1799.1—2013《国家电网公司电力安全工作规程 变电部分》规定的安全距离。 （2）工作前确认安全措施到位，作业人员必须在工作范围内进行。 （3）作业人员进入作业现场必须戴安全帽，作业时须穿绝缘鞋。 （4）试验仪器外壳必须可靠接地。 （5）作业时正确使用试验导线，严禁大幅度拉扯、摆动试验导线。 （6）试验人员之间保持高声呼唱，工作中加强监护
2	雷击伤害	雷雨天禁止工作

三、作业前工器具及材料准备

准备好标准化作业指导书以及工作所需工器具、材料等（见图 13-3 和表 13-4），并带到工作现场，相应的工器具应满足工作需要，材料应齐全。

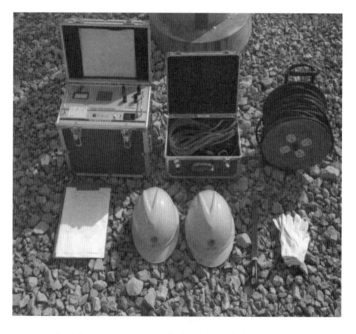

图 13-3 接地网引下线检查测试所需工器具及材料

表 13-4	接地网引下线检查测试所需工器具及材料			
序号	名称	单位	数量	备注
1	接地电阻测试仪	台	1	
2	电源盘	盘	1	
3	安全帽	顶	若干	
4	手套	副	若干	
5	标准化作业指导卡			
6	锉刀	个	1	
7	油漆	桶	1	

四、作业主要步骤及工艺要求

（1）在主接地网内选择接地电阻数值合格的接地网引下线作为基准点。

（2）测量相邻电力设备接地网引下线与基准点之间的电阻值：

1）测量前对测量设备校零。

2）在被测接地网引下线与试验接线的连接处，用锉刀锉掉防锈油漆，见图 13-4，露出有光泽的金属，确保可靠连接。

（3）用专用测试导线分别接基准点和被测点（相邻设备接地网引下线），连接应可靠，见图 13-5 及图 13-6。

图 13-4　锉刀锉掉防锈油漆

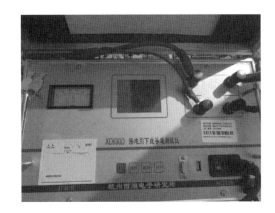

图 13-5　接地电阻测试仪接线

（4）接通接地导通测试仪电源，测量接地网引下线导通参数，见图 13-7。

五、检测数据分析与处理

检测工作结束后，应在 3 个工作日内将检测报告整理完毕，记录格式见附录 W。对于存在缺陷设备应提供检测异常报告。

图 13-6　被测点应连接可靠　　　　　　　图 13-7　接地网引下线检查测试

第十四章

微 机 防 误 系 统

第一节　微机防误系统主机除尘，电源、通信适配器等附件维护

一、作业内容

计算机主机机箱内表面积尘的清洁、插槽、插头、插座、CPU 风扇清洁、系统主机电源的维护和通信适配器的维护等。

二、作业要求

（一）安全要求

（1）应严格执行 Q/GDW 1799.1—2013《国家电网公司电力安全工作规程　变电部分》的相关要求。

（2）作业时，要防止误碰误动设备。

（3）作业不得少于两人，工作负责人应由有经验的人员担任，开工前，工作负责人应向全体工作人员详细布置工作的各安全注意事项，应有专人监护，监护人在作业期间应始终履行监护职责，不得擅离岗位或兼职其他工作。

（二）危险点及其控制措施

微机防误系统主机除尘，电源、通信适配器等附件维护作业中危险点及其控制措施见表 14-1。

表 14-1　微机防误系统主机除尘，电源、通信适配器等附件维护作业中危险点及其控制措施

序号	危险点	控制措施
1	触电伤害	切断微机防误系统各部件电源，拔出电源插头
2	元件损坏	（1）作业人员应释放身上的静电。 （2）拿主板和插卡时，应尽量拿卡的边缘，不要用手接触板卡的集成电路，佩戴接地指环。 （3）各部件要轻拿轻放，防止损坏
3	接线错误	（1）拆卸时注意各插接线的方位，如硬盘线、光驱线、电源线及通信线接口等。 （2）用螺钉固定各部件时，应首先对准部件的位置，然后再上紧螺钉

三、作业前工器具及材料准备

准备好标准化作业指导书以及工作所需工器具、材料等，并带到工作现场，相应的工器具应满足工作需要，材料应齐全，见表14-2。

表14-2　微机防误系统主机除尘，电源、通信适配器等附件维护所需工器具及材料

序号	名称	单位	数量	备注
1	鼓风机	台	1	
2	安全帽	顶	若干	
3	手套	副	若干	
4	螺丝刀	套	1	
5	万用表	只	1	
6	标准化作业指导卡			

四、作业主要步骤及工艺要求

（一）计算机主机的拆卸

（1）拔下外设连线。关闭电源开关，拔下电源线和鼠标、显示器等外设连线。

（2）打开机箱盖。见图14-1，机箱盖的固定螺钉大多在机箱后侧边缘上，用十字螺钉旋具拧下几颗螺钉便可取下机箱盖。

（二）清洁机箱内表面的积尘

对于机箱内表面上的大面积积尘，可用拧干的湿布擦拭。湿布应尽量干，擦拭完毕应该用电吹风吹干水渍。各种插头、插座、扩充插槽、内存插槽及板卡一般不要用水擦拭。

（三）清洁插槽、插头、插座

需要清洁的插槽包括各种总线扩展插槽、内存条插槽、各种驱动器接口插头插座等。各种插槽内的灰尘一般先用毛刷清扫，然后再用电吹风吹尽灰尘，见图14-2。

图14-1　打开机箱盖　　　　　　　图14-2　用毛刷清扫灰尘

（四） 清洁 CPU 风扇

如果 CPU 自带风扇，风扇可以不必取下，用油漆刷扫除即可。

五、验收

所有工作结束后检查缺陷已消除，及时清理现场，将工器具全部收拢并清点，将材料及备品、备件回收清点，确认作业现场无遗留物，并做好本次工作的相关记录。

第二节 微机防误系统微机防误装置逻辑校验

一、作业内容

微机防误装置的逻辑校验。

二、作业要求

（一） 安全要求

（1）应严格执行 Q/GDW 1799.1—2013《国家电网公司电力安全工作规程 变电部分》的相关要求。

（2）作业时，要防止误碰误动设备。

（3）作业不得少于两人，工作负责人应由有经验的人员担任，开工前，工作负责人应向全体工作人员详细布置工作的各安全注意事项，应有专人监护，监护人在作业期间应始终履行监护职责，不得擅离岗位或兼职其他工作。

（二） 危险点及其控制措施

微机防误系统微机防误装置逻辑校验作业中危险点及其控制措施如表 14-3 所示。

表 14-3 微机防误系统微机防误装置逻辑校验作业中危险点及其控制措施

序号	危险点	控制措施
1	数据出错	为防止在校验逻辑过程中原数据被错误改动，在进行校验逻辑前，必需备份当前数据并注明日期、变电站站名，以便以后的数据对比及恢复
2	版本覆盖错误	备份完数据后，先确认该数据是在哪个版本的微机防误软件下运行，以防在校验逻辑过程中需要移动数据时搞错软件版本，造成防误软件不能正常运行
3	备份数据混淆	工作后应备份微机防误装置软件数据并注明日期、变电站站名，以免软件数据版本混淆

三、作业前工器具及材料准备

准备好标准化作业指导书以及工作所需工器具、材料等（见表 14-4），并带到工作现场，相应的工器具应满足工作需要，材料应齐全。

表 14-4 微机防误系统微机防误装置逻辑校验所需工器具及材料

序号	名称	单位	数量	备注
1	标准化作业指导卡			
2	内网 U 盘	个	1	

四、作业主要步骤及工艺要求

（1）备份微机防误装置软件数据。

（2）将备份的新微机防误装置软件数据拷贝到 U 盘，并上传到该变电站五防数据库。

（3）导出微机防误装置逻辑公式的纸质版本，由技术员进行校核，正确无误后签字存档；若逻辑有误，则根据经审批的五防逻辑表进行修改。

五、验收

所有工作结束后及时清理现场，将工器具全部收拢并清点，将材料及备品、备件回收清点，确认作业现场无遗留物，并做好本次工作的相关记录。

第三节 微机防误系统电脑钥匙功能检测

一、作业内容

读取调试专用功能测试、维护码功能测试、无线频道功能测试、智能解锁功能测试等。

二、作业要求

（一）安全要求

（1）应严格执行 Q/GDW 1799.1—2013《国家电网公司电力安全工作规程　变电部分》的相关要求。

（2）作业时应与设备带电部位保持相应的安全距离。

（3）作业时，要防止误碰误动设备。

（4）作业不得少于两人，工作负责人应由有经验的人员担任，开工前，工作负责人应向全体工作人员详细布置工作的各安全注意事项，应有专人监护，监护人在作业期间应始终履行监护职责，不得擅离岗位或兼职其他工作。

（二）危险点及其控制措施

微机防误系统电脑钥匙功能检测作业中危险点及其控制措施见表 14-5。

表 14-5 　　　　　　微机防误系统电脑钥匙功能检测作业中危险点及其控制措施

序号	危险点	控制措施
1	跌落损坏	正确拿取钥匙，防止滑手跌落
2	电路板损害	电脑钥匙拆开后，将金属工具远离电路板，保持一定距离

三、作业前工器具及材料准备

准备好标准化作业指导书以及工作所需工器具、材料等（见表 14-6），并带到工作现场，相应的工器具应满足工作需要，材料应齐全。

表 14-6 　　　　　　微机防误系统电脑钥匙功能检测所需工器具及材料

序号	名称	单位	数量	备注
1	标准化作业指导卡			
2	工具套装	套	1	

四、作业主要步骤及工艺要求

（1）使用电脑钥匙前应先阅读说明书，掌握电脑钥匙的使用方法与注意事项。

（2）在工作前确认电脑钥匙运行状态，检查钥匙中数据与防误主程序中锁码数据是否一致。

（3）检查微机防误系统的运行及所需维护防误电脑钥匙的使用状态是否正常。

（4）防误电脑钥匙开机、关机一次，检查是否正常。检查电脑钥匙显示屏是否正常，电池显示电量是否正常，见图 14-3。

图 14-3　检查电脑钥匙显示屏是否正常

（5）通过防误机预开票并传票，检查防误电脑钥匙接收是否正常，显示操作内容是否正确。

（6）检查防误电脑钥匙开锁键是否灵活，应无卡涩现象。

（7）检查防误电脑钥匙接收的操作内容中止回传功能是否正常。

（8）现场使用防误电脑钥匙，检查锁码。

（9）检查电脑钥匙传票是否正确，显示设备名称是否相符。

五、验收

所有工作结束后及时清理现场，将工器具全部收拢并清点，将材料及备品、备件回收清点，确认作业现场无遗留物，并做好本次工作的相关记录及缺陷上报。

第四节　微机防误系统锁具维护及编码正确性检查

一、作业内容

依据微机防误装置锁具清单对锁具逐个进行检查、维护，检查其有无积水、积尘、生锈等情况，检查防雨罩是否盖好、五防锁名称是否与实际设备一致等。

二、作业要求

（一）安全要求

（1）应严格执行 Q/GDW 1799.1—2013《国家电网公司电力安全工作规程　变电部分》的相关要求；

（2）应在良好的天气下进行，如遇雷、雨、雪，不得进行该项工作；

（3）作业时应与设备带电部位保持相应的安全距离；

（4）作业时，要防止误碰误动设备；

（5）作业不得少于两人，工作负责人应由有经验的人员担任，开工前，工作负责人应向全体工作人员详细布置工作的各安全注意事项，应有专人监护，监护人在作业期间应始终履行监护职责，不得擅离岗位或兼职其他工作。

（二）危险点及其控制措施

微机防误系统锁具维护及编码正确性检查作业中危险点及其控制措施见表 14-7。

表 14-7　　微机防误系统锁具维护及编码正确性检查作业中危险点及其控制措施

序号	危险点	控制措施
1	误开锁具	（1）严格按操作卡步骤进行操作。 （2）工作必须两人进行
2	触电危险	（1）工作前确认安全措施到位，运维人员必须在明确的工作范围内进行工作。 （2）工作中保持与带电设备的安全距离

三、作业前工器具及材料准备

准备好标准化作业指导书以及工作所需工器具、材料等（见表 14-8），并带到工作现场，相应的工器具应满足工作需要，材料应齐全。

表 14-8　　微机防误系统锁具维护及编码正确性检查所需工器具及材料

序号	名称	单位	数量	备注
1	标准化作业指导卡			

序号	名称	单位	数量	备注
2	安全帽	顶	若干	
3	机油壶	瓶	1	
4	防雨罩	个	若干	

四、作业主要步骤及工艺要求

（1）确认工作环境良好，如锁具挂在户外还应无雨。

（2）按微机防误装置锁具清单对锁具逐个进行检查、维护。

（3）检查锁具有无积水、积尘、生锈等情况，如有应进行擦拭、除尘维护。

（4）用油壶对机械锁的锁孔加注少量机油，见图14-4，对溢出的机油清除干净。

（5）检查锁具防雨罩是否盖好，对遗失防雨罩的锁具用备件进行加装。

图14-4　对机械锁的锁孔加注机油

五、验收

所有工作结束后检查缺陷已消除，及时清理现场，将工器具全部收拢并清点，将材料及备品、备件回收清点，确认作业现场无遗留物，并做好本次工作的相关记录。

第五节　微机防误系统接地螺栓及接地标志维护

一、作业内容

依据微机防误系统接地螺栓及接地标志的清单逐个进行检查及维护，检查微机防误系统接地螺栓（接地桩）有无机械损伤、焊接线有无锈蚀、接地标志有无脱落和变色等。

二、作业要求

（一）安全要求

（1）应严格执行 Q/GDW 1799.1—2013《国家电网公司电力安全工作规程　变电部分》的相关要求；

（2）应在良好的天气下进行，如遇雷、雨、雪，不得进行该项工作；

（3）作业时应与设备带电部位保持相应的安全距离；

（4）作业时，要防止误碰误动设备；

（5）作业不得少于两人，工作负责人应由有经验的人员担任，开工前，工作负责人应向全体工作人员详细布置工作的各安全注意事项，应有专人监护，监护人在作业期间应始终履行监护职责，不得擅离岗位或兼职其他工作。

（二）危险点及其控制措施

微机防误系统接地螺栓及接地标志维护作业中危险点及其控制措施如表 14-9 所示。

表 14-9　　　　　微机防误系统接地螺栓及接地标志维护作业中危险点及其控制措施

序号	危险点	控制措施
1	误碰、误动带电设备	（1）进入作业现场，严禁触碰开关柜上闭锁、按钮、把手等设备。 （2）工作必须两人进行，加强监护
2	触电危险	（1）工作前确认安全措施到位，运维人员必须在明确的工作范围内进行工作。 （2）工作中保持与带电设备的安全距离

三、作业前工器具及材料准备

准备好标准化作业指导书以及工作所需工器具、材料等（见表 14-10），并带到工作现场，相应的工器具应满足工作需要，材料应齐全。

表 14-10　　　　　微机防误系统接地螺栓及接地标志维护所需工器具及材料

序号	名称	单位	数量	备注
1	标准化作业指导卡			
2	安全帽	顶	若干	
3	机油壶	瓶	1	
4	毛刷	把	1	

图 14-5　检查接地螺栓及接地标志

四、作业主要步骤及工艺要求

（1）确认工作环境良好，如接地螺栓及接地标志在户外还应无雨。

（2）按微机防误系统接地螺栓及接地标志的清单逐个进行检查、维护，见图 14-5。

1）检查微机防误系统接地螺栓（接地桩）有无机械损伤，如撞击引起的螺杆弯曲、螺纹损坏等，如有则应对缺陷进行评估定性并记录，然后进入相应处理流程。

2）检查微机防误系统接地螺栓（接地桩）上挂锁是否完好并锁住。

3）检查微机防误系统接地螺栓（接地桩）焊接有无锈蚀。

五、验收

所有工作结束后及时清理现场，将工器具全部收拢并清点，将材料及备品、备件回收清点，确认作业现场无遗留物，并做好本次工作的相关记录及缺陷上报。

第六节　微机防误系统一般缺陷处理

一、作业内容

电脑钥匙电池故障缺陷处理、五防挂锁操作卡涩缺陷处理等。

二、作业要求

（一）安全要求

（1）应严格执行 Q/GDW 1799.1—2013《国家电网公司电力安全工作规程　变电部分》的相关要求；

（2）应在良好的天气下进行，如遇雷、雨、雪，不得进行该项工作；

（3）作业时应与设备带电部位保持相应的安全距离；

（4）作业时，要防止误碰误动设备；

（5）作业不得少于两人，工作负责人应由有经验的人员担任，开工前，工作负责人应向全体工作人员详细布置工作的各安全注意事项，应有专人监护，监护人在作业期间应始终履行监护职责，不得擅离岗位或兼职其他工作。

（二）危险点及其控制措施

微机防误系统一般缺陷处理作业中危险点及控制措施见表 14-11。

表 14-11　　　　微机防误系统一般缺陷处理作业中危险点及其控制措施

序号	危险点	控制措施
1	误开锁具	（1）严格按操作卡步骤进行操作。 （2）工作必须两人进行
2	触电危险	（1）工作前确认安全措施到位，运维人员必须在明确的工作范围内进行工作。 （2）工作中保持与带电设备的安全距离

三、作业前工器具及材料准备

准备好标准化作业指导书以及工作所需工器具、材料等（见表 14-12），并带到工作现场，相应的工器具应满足工作需要，材料应齐全。

表 14-12 微机防误系统一般缺陷处理所需工器具及材料

序号	名称	单位	数量	备注
1	标准化作业指导卡			
2	安全帽	顶	若干	
3	机油壶	瓶	1	
4	电池	个	若干	
5	螺丝刀	套	个	

四、作业主要步骤及工艺要求

（1）确认工作环境良好，如锁具挂在户外还应无雨。

（2）微机防误系统更换钥匙电池缺陷处理。

1）检查钥匙电池确已电压不足并充不进电（充满电后使用时间不满 0.5 小时），或钥匙电池使用寿命已到。

2）打开钥匙电池盖板，取下旧电池，换上同型号新电池。

3）对新电池进行初次充电，保证新电池初次充电达到厂方要求时间。

4）检查钥匙能正常使用。

（3）微机防误系统挂锁操作卡涩缺陷处理。

1）按解锁要求，提出解锁申请，并做好相应的安全措施，取出解锁钥匙。

2）检查确认需处理的有缺陷的机械挂锁。

3）用油壶对机械锁的锁孔加注少量机油，对溢出的机油清除干净。

4）用解锁钥匙开锁，开锁时按压开锁按钮后用手抓住锁体轻拉。

5）转动锁扣，并反复多次上锁与解锁操作，直至机油完全渗入锁体机械结构。

6）将挂锁锁回设备，并确认解锁设备已恢复正常。

五、验收

所有工作结束后检查缺陷已消除，及时清理现场，确认作业现场无遗留物，并做好本次工作的相关记录。

第十五章

消防、安防、视频监控系统

第一节　消防、安防、视频监控系统主机除尘及电源等附件维护

一、作业内容

消防、安防、视频监控系统主机除尘及电源等附件维护。

二、作业要求

（一）安全要求

（1）应严格执行 Q/GDW 1799.1—2013《国家电网公司电力安全工作规程　变电部分》的相关要求；

（2）应在良好的天气下进行，如遇雷、雨、雪，不得进行该项工作；

（3）作业时应与设备带电部位保持相应的安全距离；

（4）作业时，要防止误碰误动设备；

（5）作业不得少于两人，工作负责人应由有经验的人员担任，开工前，工作负责人应向全体工作人员详细布置工作的各安全注意事项，应有专人监护，监护人在作业期间应始终履行监护职责，不得擅离岗位或兼职其他工作。

（二）危险点及其控制措施

消防、安防、视频监控系统主机除尘、电源等附件维护作业中危险点及其控制措施如表 15-1所示。

表 15-1　消防、安防、视频监控系统主机除尘、电源等附件维护作业中危险点及其控制措施

序号	危险点	控制措施
1	触电危险	（1）工作前确认安全措施到位，运维人员必须在明确的工作范围内进行工作。 （2）工作中保持与带电设备的安全距离

三、作业前工器具及材料准备

准备好标准化作业指导书以及工作所需工器具、材料等（见表 15-2），并带到工作现

场，相应的工器具应满足工作需要，材料应齐全。

表 15-2   消防、安防、视频监控系统主机除尘及电源等附件维护所需工器具及材料

序号	名称	单位	数量	备注
1	安全帽	顶	若干	
2	标准化作业指导卡			
3	万用表	只	1	
4	毛巾	条	1	

四、作业主要步骤及工艺要求

（1）检查各系统主机自检功能是否良好。

（2）检查消音、复位功能是否良好。

（3）检查故障报警功能是否良好。

（4）检查主备电源自动切换功能是否良好。

（5）检查报警记忆功能是否良好。

（6）用毛巾对各系统主机外壳进行清扫，确保无积灰。

五、验收

所有工作结束后及时清理现场，将工器具全部收拢并清点，将材料及备品、备件回收清点，确认作业现场无遗留物，并做好本次工作的相关记录及缺陷上报。

第二节   消防、安防、视频监控系统报警探头、摄像头启动、操作功能试验、远程功能核对

一、作业内容

消防、安防、视频监控系统报警探头、摄像头启动、操作功能试验、远程功能核对等。

二、作业要求

（一）安全要求

（1）应严格执行 Q/GDW 1799.1—2013《国家电网公司电力安全工作规程   变电部分》的相关要求；

（2）应在良好的天气下进行，如遇雷、雨、雪，不得进行该项工作；

（3）作业时应与设备带电部位保持相应的安全距离；

（4）作业时，要防止误碰误动设备；

（5）作业不得少于两人，工作负责人应由有经验的人员担任，开工前，工作负责人应向全体工作人员详细布置工作的各安全注意事项，应有专人监护，监护人在作业期间应始终履行监护职责，不得擅离岗位或兼职其他工作。

（二）危险点及其控制措施

消防、安防、视频监控系统报警探头、摄像头维护作业中危险点及其控制措施如表 15-3 所示。

表 15-3　消防、安防、视频监控系统报警探头、摄像头维护作业中危险点及其控制措施

序号	危险点	控制措施
1	触电伤害	（1）工作前确认安全措施到位，作业人员必须在工作范围内进行工作。 （2）工作中若需登高，应使用合格的绝缘梯。梯子必须两人放倒搬运，并与带电部位保持足够的安全距离
2	高空坠落	（1）绝缘梯应坚固完整，有防滑措施。 （2）绝缘梯必须架设在牢固基础上，单梯应与地面呈 60°夹角，人字梯应有限制开度的措施。 （3）在绝缘梯上工作时必须有专人扶持，禁止两人及以上人员在同一爬梯上工作，人在梯子上时，禁止移动梯子

三、作业前工器具及材料准备

准备好标准化作业指导书以及工作所需工器具、材料等（见表 15-4），并带到工作现场，相应的工器具应满足工作需要，材料应齐全。

表 15-4　消防、安防、视频监控系统报警探头、摄像头启动、操作功能试验、远程功能核对
所需器具及材料

序号	名称	单位	数量	备注
1	安全帽	顶	若干	
2	标准化作业指导卡			
3	螺丝刀	套	1	

四、作业主要步骤及工艺要求

（1）检查报警探头、摄像头运行是否正常。

（2）检查摄像头操作转向是否正常，见图 15-1。

（3）现场核对远程信号是否正常。

图 15-1 检查摄像头操作转向是否正常

五、验收

所有工作结束后及时清理现场，将工器具全部收拢并清点，将材料及备品、备件回收清点，确认作业现场无遗留物，并做好本次工作的相关记录及缺陷上报。

第十六章

在 线 监 测 系 统

第一节　在线监测主机和终端设备外观清扫、检查

一、作业内容

在线监测主机和终端设备外观清扫、检查。

二、作业要求

（一）安全要求

（1）应严格执行 Q/GDW 1799.1—2013《国家电网公司电力安全工作规程　变电部分》的相关要求；

（2）应在良好的天气下进行，如遇雷、雨、雪，不得进行该项工作；

（3）作业时应与设备带电部位保持相应的安全距离；

（4）作业时，要防止误碰误动设备；

（5）作业不得少于两人，工作负责人应由有经验的人员担任，开工前，工作负责人应向全体工作人员详细布置工作的各安全注意事项，应有专人监护，监护人在作业期间应始终履行监护职责，不得擅离岗位或兼职其他工作。

（二）危险点及其控制措施

在线监测主机和终端设备外观清扫、检查作业中危险点及其控制措施如表 16-1 所示。

表 16-1　　在线监测主机和终端设备外观清扫、检查作业中危险点及其控制措施

序号	危险点	控制措施
1	触电危险	（1）工作前确认安全措施到位，所有运维人员必须在明确的工作范围内进行工作。 （2）作业前仔细核对装置屏位图及现场屏位，防止误碰其他带电间隔。 （3）做好工作人员监护，防止触电
2	设备损坏	（1）工作前应仔细阅读说明书，防止损坏设备。 （2）规范使用工器具，防止损坏设备

三、作业前工器具及材料准备

准备好标准化作业指导书以及工作所需工器具、材料等（见表 16-2），并带到工作现场，相应的工器具应满足工作需要，材料应齐全。

表 16-2　　　　在线监测主机和终端设备外观清扫、检查所需工器具及材料

序号	名称	单位	数量	备注
1	万用表	只	1	
2	毛刷	只	若干	
3	毛巾	条	若干	
4	安全帽	顶	若干	
5	标准化作业指导卡			

四、作业主要步骤及工艺要求

（一）在线监测主机外观清扫、检查

检查在线监测主机设备运行工况及数据刷新情况，若无异常可进行外观清扫工作，用工器具、材料轻刷（擦）设备。

（二）在线监测终端设备外观清扫、检查

（1）检查在线监测终端设备运行工况、数据刷新情况及各指示灯是否正常，若无异常可进行外观清扫工作，用工器具、材料轻刷（擦）设备。

图 16-1　气路检查

（2）油路检查：检查在线监测终端设备变压器取样接口、法兰连接处及油色谱监测装置采集器油管连接处是否有油渗漏，若有油渗漏，报缺陷。

（3）气路检查：打开在线监测终端设备油色谱监测装置柜门，查看减压阀的两个气压表压力是否正常，若气压表压力过低，则需对气压瓶进行更换，如图 16-1 所示。

五、验收

所有工作结束后及时清理现场，将工器具全部收拢并清点，将材料及备品、备件回收清点，确认作业现场无遗留物，并做好本次工作的相关记录及缺陷上报。

第二节　在线监测通信检查及后台机与在线监测平台数据核对

一、作业内容

在线监测通信检查及后台机与在线监测平台数据核对。

二、作业要求

（一）安全要求

（1）应严格执行 Q/GDW 1977.1—2013《国家电网公司电力安全工作规程　变电部分》的相关要求。

（2）作业时应与设备带电部位保持相应的安全距离。

（3）作业时，要防止误碰误动设备。

（4）作业不得少于两人，工作负责人应由有经验的人员担任，开工前，工作负责人应向全体工作人员详细布置工作的各安全注意事项，应有专人监护，监护人在作业期间应始终履行监护职责，不得擅离岗位或兼职其他工作。

（二）危险点及其控制措施

在线监测通信检查及后台机与在线监测平台数据核对作业中危险点及其控制措施如表 16-3 所示。

表 16-3　在线监测通信检查及后台机与在线监测平台数据核对作业中危险点及其控制措施

序号	危险点	控制措施
1	触电危险	（1）工作前确认安全措施到位，所有运维人员必须在明确的工作范围内进行工作。 （2）作业前仔细核对装置屏位图及现场屏位，防止误碰其他带电间隔。 （3）做好工作人员监护，防止触电。 （4）规范使用工器具，防止损坏设备
2	设备损坏	（1）工作前应仔细阅读说明书，防止损坏设备。 （2）规范使用工器具，防止损坏设备

三、作业前工器具及材料准备

准备好标准化作业指导书以及工作所需工器具、材料等（见表 16-4），并带到工作现场，相应的工器具应满足工作需要，材料应齐全。

表 16-4　　在线监测通信检查及后台机与在线监测平台数据核对所需工器具及材料

序号	名称	单位	数量	备注
1	万用表	只	1	
2	网络测试仪	套	1	

序号	名称	单位	数量	备注
3	标准化作业指导卡			
4	安全帽	顶	若干	

四、作业主要步骤及工艺要求

（1）在平台登录界面输入用户名、密码，进入系统。

（2）检查在线监测通信检查及后台机与在线监测平台数据是否一致，如有异常及时上报。

（3）检查分析后台数据是否正常，如有异常及时上报。

五、验收

所有工作结束后及时清理现场，将工器具全部收拢并清点，将材料及备品、备件回收清点，确认作业现场无遗留物，并做好本次工作的相关记录及缺陷上报。

第三节 油色谱在线监测装置载气更换

一、作业内容

油色谱在线监测装置载气更换项目。

二、作业要求

（一）安全要求

（1）应严格执行 Q/GDW 1799.1—2013《国家电网公司电力安全工作规程 变电部分》的相关要求；

（2）应在良好的天气下进行，如遇雷、雨、雪，不得进行该项工作；

（3）作业时应与设备带电部位保持相应的安全距离；

（4）作业时，要防止误碰误动设备；

（5）作业不得少于两人，工作负责人应由有经验的人员担任，开工前，工作负责人应向全体工作人员详细布置工作的各安全注意事项，应有专人监护，监护人在作业期间应始终履行监护职责，不得擅离岗位或兼职其他工作。

（二）危险点及其控制措施

油色谱在线监测装置载气更换作业中危险点及其控制措施见表16-5。

序号	危险点	控制措施
表 16-5		油色谱在线监测装置载气更换作业中危险点及其控制措施
1	触电危险	(1) 工作前确认安全措施到位，所有运维人员必须在明确的工作范围内进行工作。 (2) 作业前仔细核对装置屏位图及现场屏位，防止误碰其他带电间隔。 (3) 做好工作人员监护，防止触电。 (4) 规范使用工器具，防止损坏设备
2	设备损坏	(1) 工作前应仔细阅读说明书，防止损坏设备。 (2) 规范使用工器具，防止损坏设备

三、作业前工器具及材料准备

准备好标准化作业指导书以及工作所需工器具、材料等（见表 16-6），并带到工作现场，相应的工器具应满足工作需要，材料应齐全。

表 16-6 油色谱在线监测装置载气更换所需工器具及材料

序号	名称	单位	数量	备注
1	万用表	只	1	
2	螺丝刀	套	1	
3	标准化作业指导卡			
4	安全帽	顶	若干	
5	肥皂水	瓶	1	
6	扳手	套	1	

四、作业主要步骤及工艺要求

（1）打开前门、关闭仪器电源空气开关。

（2）打开仪器后门，顺时针旋紧载气钢瓶开关阀门至完全关闭的位置。

（3）使用扳手将载气减压阀出口处的不锈钢管取下来，过程中可能有少量的气体从接头处释放出来。

（4）从主机中慢慢取出载气钢瓶，注意减压阀上传感器的连线不能用力拉伸。用扳手将减压阀从钢瓶上卸下。

（5）小心扶住载气连接管路，以免造成任何损伤。

（6）按照相反的步骤，换入新的载气钢瓶。钢瓶总阀应全开，全开后，回旋半圈，防止总阀在极限状态漏气，减压阀出口压力应调节至监测装置气压要求。

五、验收

所有工作结束后检查缺陷已消除，及时清理现场，将工器具全部收拢并清点，将材料及备品、备件回收清点，确认作业现场无遗留物，并做好本次工作的相关记录。

第四节　在线监测一般缺陷处理

一、作业内容

在线监测一般缺陷处理。

二、作业要求

（一）安全要求

（1）应严格执行 Q/GDW 1799.1—2013《国家电网公司电力安全工作规程　变电部分》的相关要求；

（2）应在良好的天气下进行，如遇雷、雨、雪，不得进行该项工作；

（3）作业时应与设备带电部位保持相应的安全距离；

（4）作业时，要防止误碰误动设备；

（5）作业不得少于两人，工作负责人应由有经验的人员担任，开工前，工作负责人应向全体工作人员详细布置工作的各安全注意事项，应有专人监护，监护人在作业期间应始终履行监护职责，不得擅离岗位或兼职其他工作。

（二）危险点及其控制措施

在线监测一般缺陷处理作业中危险点及其控制措施见表 16-7。

表 16-7　　　　　　　在线监测一般缺陷处理作业中危险点及其控制措施

序号	危险点	控制措施
1	触电危险	（1）工作前确认安全措施到位，所有运维人员必须在明确的工作范围内进行工作。 （2）作业前仔细核对装置屏位图及现场屏位，防止误碰其他带电间隔。 （3）做好工作人员监护，防止触电。 （4）规范使用工器具，防止损坏设备
2	设备损坏	（1）工作前应仔细阅读说明书，防止损坏设备。 （2）规范使用工器具，防止损坏设备

三、作业前工器具及材料准备

准备好标准化作业指导书以及工作所需工器具、材料等（见表 16-8），并带到工作现场，相应的工器具应满足工作需要，材料应齐全。

表 16-8　　　　　　　在线监测一般缺陷处理所需工器具及材料

序号	名称	单位	数量	备注
1	万用表	只	1	
2	标准化作业指导卡			

序号	名称	单位	数量	备注
3	安全帽	顶	若干	
4	肥皂水	瓶	1	

四、作业步骤与工艺要求

（一） 在线监测主机的一般缺陷处理

检查在线监测主机设备运行工况及各指示灯是否正常，若异常可进行重启消缺处理工作。

（二） 在线监测终端设备的一般缺陷处理

（1）检查在线监测终端设备运行工况、数据刷新情况及各指示灯是否正常，若异常可进行重启消缺处理工作。

（2）油路检查：检查在线监测终端设备变压器取样接口或法兰连接处及油色谱监测装置采集器柜子里油管连接处是否有油渗漏，若有油渗漏，及时上报缺陷。

（3）气路检查：打开在线监测终端设备油色谱监测装置柜门，查看减压阀的两个气压表压力是否正常，若低于该范围则说明气路有泄漏现象，则需用肥皂水滴与各接口处判断泄漏点（如有泄漏，接口处会有气泡），检查出泄漏点后，及时上报缺陷。

五、验收

所有工作结束后及时清理现场，将工器具全部收拢并清点，将材料及备品、备件回收清点，确认作业现场无遗留物，并做好本次工作的相关记录及缺陷上报。

辅助设施

第一节　变电站防火、防小动物封堵检查维护

一、作业内容

变电站防火、防小动物封堵检查维护。

二、作业要求

（一）安全要求

（1）应严格执行 Q/GDW 1799.1—2013《国家电网公司电力安全工作规程　变电部分》的相关要求。

（2）应在良好的天气下进行，如遇雷、雨、雪、雾，不得进行该项工作。

（3）作业时应与设备带电部位保持相应的安全距离。

（4）作业时，要防止误碰误动设备。

（5）作业不得少于两人，工作负责人应由有经验的人员担任，开工前，工作负责人应向全体工作人员详细布置工作的各安全注意事项，应有专人监护，监护人在作业期间应始终履行监护职责，不得擅离岗位或兼职其他工作。

（二）危险点及其控制措施

变电站防火、防小动物封堵检查维护作业中危险点及其控制措施如表 17-1 所示。

表 17-1　　　变电站防火、防小动物封堵检查维护作业中危险点及其控制措施

序号	危险点	控制措施
1	触电伤害	（1）进行必须满足 Q/GDW 1799.1—2013《国家电网公司电力安全工作规程 变电部分》规定的安全距离。 （2）工作前确认安全措施到位，作业人员必须在工作范围内进行工作。工作地点与箱内端子排、空气开关等带电设备邻近，工作时应防止误碰带电部位造成人员触电，作业人员应戴防护手套，工器具应经绝缘包扎，加强工作监护。 （3）工作中若需登高，应使用合格的绝缘梯。梯子必须两人放倒搬运，并与带电部位保持足够的安全距离

序号	危险点	控制措施
2	高空坠落、踩空摔伤	（1）绝缘梯应坚固完整，有防滑措施。梯子的支柱应能承受作业人员及其所携带工具、材料攀登时的总质量。 （2）绝缘梯必须架设在牢固基础上，单梯应与地面呈60°夹角，人字梯应有限制开度的措施。 （3）在绝缘梯上工作时必须有专人扶持，禁止两人及以上人员在同一爬梯上工作，人在梯子上时，禁止移动梯子。 （4）对电缆沟进行检查维护时注意防止踩空摔伤
3	误碰、误拉空气开关或接线导致误动	（1）作业前应查阅相关图纸和说明书。 （2）作业前应做好防误碰、误拉空气开关的措施。箱体空间较狭窄，工作时应防止身体转动时误碰箱内空气开关、继电器及端子排等设备造成误动；工作后应及时关闭并锁好箱门，防止小动物或雨水进入，造成设备误动。 （3）作业中应加强监护
4	金属利器割伤	（1）使用金属薄片施工时对电缆做好保护。 （2）工作人员必须穿戴防护手套工作
5	防止封堵不认真、不到位	封堵不到位遗留缝隙等，存在小动物事故等隐患。封堵后必须认真检查是否完全封堵不留缝隙
6	遗留物	（1）工作结束前应仔细检查箱内是否有遗留物。 （2）加强现场器具物料管理，防止相关工器具遗留现场。 （3）工作结束前做好状态核对，确认与工作前状态一致

三、作业前工器具及材料准备

准备好标准化作业指导卡以及工作所需工器具、材料等（见图17-1和表17-2），并带到工作现场，相应的工器具应满足工作需要，材料应齐全。

图17-1　变电站防火、防小动物封堵检查维护所需工器具及材料

表 17-2　　　　　　变电站防火、防小动物封堵检查维护所需工器具及材料

序号	名称	单位	数量	备注
1	安全帽	顶	若干	
2	防火隔板	块	若干	根据现场需要
3	有机堵料	包	若干	根据封堵孔洞大小确定
4	标准工具箱	套	1	
5	粘鼠板	张	若干	
6	毛巾	条	若干	
7	手套	副	若干	
8	照明手电筒	台	1	

四、作业主要步骤及工艺要求

确认工作环境良好，天气无雨，相对湿度不大于 85％，检查变电站防火、防小动物封堵检查情况，针对不同情况进行维护。

（一）防火隔板施工

（1）安装前应检查隔板外观质量情况，防火隔板应平整光洁、厚薄均匀。

（2）根据现场实际安装防火隔板。

（3）防火隔板安装必须牢固可靠、保持平整，缝隙处必须用有机堵料封堵严密。

（二）有机防火堵料施工

（1）施工时将有机防火堵料密实嵌于需封堵的孔隙中。

（2）所有穿层周围必须包裹一层有机堵料，均匀密实且厚度不得小于 20mm。

（3）有机防火堵料与其他防火材料配合封堵时，有机防火堵料应高于隔板 20mm，呈规则形状。

（4）电缆预留孔和电缆保护管两端口应用有机防火堵料封堵严密。

（5）封堵后，有机堵料应不氧化、不冒油、软硬适度。

五、验收

所有工作结束后全面检查，及时清理现场，将工器具全部收拢并清点，将材料及备品、备件回收清点，确认作业现场无遗留物，并做好本次工作的相关记录。

第二节　配电箱、检修电源箱检查、维护

一、作业内容

配电箱、检修电源箱检查、维护。

二、作业要求

（一）安全要求

（1）应严格执行 Q/GDW 1799.1—2013《国家电网公司电力安全工作规程　变电部分》的相关要求。

（2）应在良好的天气下进行，如遇雷、雨、雪、雾，不得进行该项工作。

（3）作业时应与设备带电部位保持相应的安全距离。

（4）作业时，要防止误碰误动设备。

（5）作业不得少于两人，工作负责人应由有经验的人员担任，开工前，工作负责人应向全体工作人员详细布置工作的各安全注意事项，应有专人监护，监护人在作业期间应始终履行监护职责，不得擅离岗位或兼职其他工作。

（二）危险点及其控制措施

配电箱、检修电源箱检查、维护作业中危险点及其控制措施见表17-3。

表 17-3　　　　　配电箱、检修电源箱检查、维护作业中危险点及其控制措施

序号	危险点	控制措施
1	触电伤害	（1）进行工作时必须满足 Q/GDW 1799.1—2013《国家电网公司电力安全工作规程　变电部分》规定的安全距离。 （2）工作前确认安全措施到位，作业人员必须在工作范围内进行工作。 （3）工作中若需登高，应使用合格的绝缘梯。梯子必须两人放倒搬运，并与带电部位保持足够的安全距离
2	误碰、误拉空气开关或接线导致误动	（1）作业前应查阅相关图纸和说明书。 （2）作业中应加强监护，防止误碰、误拉空气开关或接线导致误动
3	机械伤害	箱体边缘等尖锐器件容易造成工作人员割伤，作业人员应戴防护手套，杜绝野蛮施工，防止机械伤害
4	遗留物	（1）工作结束前应仔细检查箱内是否有遗留物。 （2）加强现场器具物料管理，防止相关工器具遗留现场。 （3）工作结束前做好状态核对，确认与工作前状态一致

三、作业前工器具及材料准备

准备好标准化作业指导卡以及工作所需工器具、材料等（见图17-2和表17-4），并带到工作现场，相应的工器具应满足工作需要，材料应齐全。检查作业使用的工器具、备品备件合格。工器具的绝缘裸露部位应包裹好绝缘带。

图 17-2　配电箱、检修电源箱检查、维护所需工器具及材料

表 17-4　　　　配电箱、检修电源箱检查、维护所需工器具及材料

序号	名称	单位	数量	备注
1	标准工具箱	套	1	
2	万用表	只	1	
3	密封粘胶	桶	1	
4	刷子	把	若干	
5	有机堵料	包	若干	根据现场需要
6	密封条	m	若干	根据现场需要同规格、同型号
7	接地软引线	m	若干	根据现场需要同规格、同型号
8	门轴、门把手等锁具	个	若干	根据现场需要同规格、同型号
9	安全帽	顶	若干	
10	手套	副	若干	

四、作业主要步骤及工艺要求

图 17-3　检修电源箱内部

确认工作环境良好，天气无雨，相对湿度不大于 85%，检查配电箱、检修电源箱的情况，并进行维护。电源箱内部如图 17-3 所示。

（1）配电箱、检修电源箱检查前，应观察所接负荷情况。

（2）检查配电箱、检修电源箱外观清洁，基础牢固无松动，箱体无破裂变形、锈蚀、油漆脱落现象。

（3）检查箱体内无雨水、沙尘侵入现象，防水密封胶条完好。针对异常进行维护，进行渗漏水清理，修补更换密封条等。

（4）箱门应上锁，锁具完好、开启灵活，若锁具失效应立即更换，箱门开闭异常时查明原因进行维护。

（5）检查并加固各接线端子。确认箱内接线牢固，无破损，相色正确。

（6）配电箱接地线应接地良好，如有松动应紧固。

（7）漏电保护开关动作应灵敏可靠。

（8）配电箱内接线应整齐美观，零散线头应及时整理。箱内开关无损坏、接线柱完好。

（9）配电箱、检修电源箱应定期维护，对不合格项目及时处理，并做好相关记录。

五、验收

所有工作结束后全面检查，维护工作已完成，及时清理现场，将工器具全部收拢并清点，将材料及备品、备件回收清点，确认作业现场无遗留物，并做好本次工作的相关记录。

第三节　防汛设施检查维护

一、作业内容

防汛设施检查维护。

二、作业要求

（一）安全要求

（1）应严格执行 Q/GDW 1799.1—2013《国家电网公司电力安全工作规程　变电部分》的相关要求。

（2）作业时应与设备带电部位保持相应的安全距离。

（3）作业时，要防止误碰误动设备。

（4）作业不得少于两人，工作负责人应由有经验的人员担任，开工前，工作负责人应向全体工作人员详细布置工作的各安全注意事项，应有专人监护，监护人在作业期间应始终履行监护职责，不得擅离岗位或兼职其他工作。

（二）危险点及其控制措施

防汛设施检查维护作业中危险点及其控制措施见表17-5。

表 17-5　　　　　　　　防汛设施检查维护作业中危险点及其控制措施

序号	危险点	控制措施
1	触电伤害	（1）不得移开或越过遮栏，严格执行 Q/GDW 1799.1—2013《国家电网公司电力安全工作规程　变电部分》规定。 （2）与运行设备保持足够的安全距离
2	踩空摔伤	检查电缆沟、排水沟和集水井时应注意周围环境，防止踩空摔伤

三、作业前工器具及材料准备

准备好标准化作业指导卡以及工作所需工器具、材料等，见图 17-4 及表 17-6，并带到工作现场，相应的工器具应满足工作需要，材料应齐全。

图 17-4　防汛设施检查维护工器具及材料

表 17-6　　　　　　　防汛设施检查维护所需工器具及材料

序号	名称	单位	数量	备注
1	手电筒	只	1	
2	标准工具箱	套	1	
3	毛巾	条	若干	
4	消防铁锹	把	若干	
5	消防水桶	只	若干	
6	手套	副	若干	
7	安全帽	顶	若干	

图 17-5　集水井

四、作业主要步骤及工艺要求

确认工作环境良好，对站内电缆沟、排水沟、围墙外排水沟、污水泵、潜水泵、排水泵进行检查维护。

（1）检查防汛物资台账准确，与实际相符。

（2）移动式抽水泵、防洪沙袋、各类备品备件等防汛器材完好充足。

（3）电缆沟封堵完好，盖板齐全完好，电缆沟内清洁无堵塞、杂物、淤泥和积水，排水通畅。

（4）集水井及其井盖齐全完好，井内清洁无杂物，水位符合要求，见图 17-5。

（5）检查变电站内场地、道路排水是否正常，是否存在严重积水情况。

（6）户外端子箱、机构箱无损坏，箱门紧闭。

（7）房屋无渗漏，门窗无损坏，排水管良好通畅。

（8）变电站内围墙、挡墙完好，无裂缝坍塌。

（9）变电站围墙四周防洪沟无杂物、淤泥及堵塞现象，自然排水系统排水通畅。

（10）通信与交通工具完好畅通。

（11）水泵（污水泵、潜水泵、排水泵统称为水泵）检查试验，运行正常。

（12）所有工作结束后，及时清理现场，并做好本次工作的相关记录。

第四节　设备铭牌等标识维护更换与围栏、警示牌等安全设施检查维护

一、作业内容

设备铭牌等标识维护更换与围栏、警示牌等安全设施检查维护。

二、作业要求

（一）安全要求

（1）应严格执行 Q/GDW 1799.1—2013《国家电网公司电力安全工作规程　变电部分》的相关要求。

（2）应在良好的天气下进行，如遇雷、雨、雪、雾，不得进行该项工作。

（3）作业时应与设备带电部位保持相应的安全距离。

（4）作业时，要防止误碰误动设备。

（5）作业不得少于两人，工作负责人应由有经验的人员担任，开工前，工作负责人应向全体工作人员详细布置工作的各安全注意事项，应有专人监护，监护人在作业期间应始终履行监护职责，不得擅离岗位或兼职其他工作。

（二）危险点及其控制措施

设备铭牌等标识维护更换与围栏、警示牌等安全设施检查维护作业中危险点及其控制措施见表 17-7。

表 17-7　设备铭牌等标识维护更换与围栏、警示牌等安全设施检查维护作业中危险点及其控制措施

序号	危险点	控制措施
1	触电伤害	（1）进行设备铭牌等标识维护更换与围栏、警示牌等安全设施检查维护作业时必须满足 Q/GDW 1799.1—2013《国家电网公司电力安全工作规程　变电部分》规定的安全距离。 （2）两人进行工作时，应加强监护

序号	危险点	控制措施
2	高空坠落	(1) 绝缘梯应坚固完整，有防滑措施。梯子的支柱应能承受作业人员及其所携带工具、材料攀登时的总质量。 (2) 绝缘梯必须架设在牢固基础上，单梯应与地面呈60°夹角，人字梯应有限制开度的措施。 (3) 在绝缘梯上工作时必须有专人扶持，禁止两人及以上人员在同一爬梯上工作，人在梯子上时，禁止移动梯子
3	金属利器割伤	工作人员必须穿戴劳动防护用具工作

三、作业前工器具及材料准备

准备好标准化作业指导卡以及工作所需工器具、材料等，见图17-6及表17-8，并带到工作现场，相应的工器具应满足工作需要，材料应齐全。

图 17-6　设备铭牌等标识维护更换与围栏、警示牌等安全设施检查维护所需工器具及材料

表 17-8　设备铭牌等标识维护更换与围栏、警示牌等安全设施检查维护所需工器具及材料

序号	名称	单位	数量	备注
1	标准工具箱	套	1	
2	绝缘梯	架	1	根据现场需要
3	粘胶	桶	1	
4	毛巾	条	若干	
5	手套	副	若干	
6	安全帽	顶	若干	

四、作业主要步骤及工艺要求

确认工作环境良好，天气无雨，进行设备铭牌等标识维护更换与围栏、警示牌等安全

设施检查维护。

（一）设备标示牌维护、更换

（1）检查开关、刀闸、接地刀闸、电压互感器、电流互感器、避雷器、电源检修箱、主变压器风冷箱、保护室、开关柜、断路器端子箱等一次设备标示牌正确清晰，发现有破损、模糊不清晰的核对统计。

（2）检查保护屏、测控屏、故障录波屏、故障信息子站等二次设备标示正确清晰。发现有破损、模糊不清晰的核对统计。

（3）更换标示牌。张贴前应将张贴处清洁良好。张贴时，应核对清楚编号、名称。标识张贴应清晰、醒目，张贴牢固，如图17-7、图17-8所示。

图17-7 张贴一次设备设备标示牌

（4）清理现场，无遗留物，填写维护记录。

（二）围栏、警示牌等安全设施检查维护

（1）检查电容器组、主变压器中性点接地四周围栏外观完好、无破损。围栏装设的"止步，高压危险"警示牌符合规定，正确清晰。

（2）检查设备架构、主变压器爬梯装设"禁止攀登，高压危险"警示牌符合规定，正确清晰，见图17-9。

图17-8 张贴屏柜标示牌

图17-9 设备构架警示牌

（3）检查设备区安全警示牌无破损、倾斜、倒塌、折断等情况，字迹正确清楚，并统计上报，进行维修或更换。设备区安全警示牌如图17-10及图17-11所示。

图 17-10　设备区安全警示牌　　　　　　　　图 17-11　设备区安全警示牌

（4）检查设备区围栏设施，有损坏的及时上报，进行维修或更换。脱落的警示标示牌应重新固定，且牢固可靠。

（5）清理现场，无遗留物，填写维护记录。

第五节　设备室通风系统维护与风机故障检查、更换处理

一、作业内容

设备室通风系统维护与风机故障检查、更换处理。

二、作业要求

（一）安全要求

（1）应严格执行 Q/GDW 1799.1—2013《国家电网公司电力安全工作规程　变电部分》的相关要求。

（2）应在良好的天气下进行，如遇雷、雨、雪、雾，不得进行该项工作。

（3）作业时应与设备带电部位保持相应的安全距离。

（4）作业时，要防止误碰误动设备。

（5）作业不得少于两人，工作负责人应由有经验的人员担任，开工前，工作负责人应向全体工作人员详细布置工作的各安全注意事项，应有专人监护，监护人在作业期间应始终履行监护职责，不得擅离岗位或兼职其他工作。

（二）危险点及其控制措施

设备室通风系统维护与风机故障检查、更换处理作业中危险点及其控制措施见表 17-9。

表 17-9　　设备室通风系统维护与风机故障检查、更换处理作业中危险点及其控制措施

序号	危险点	控制措施
1	触电伤害	（1）进行工作时必须满足 Q/GDW 1799.1—2013《国家电网公司电力安全工作规程　变电部分》规定的安全距离。 （2）工作前确认安全措施到位，作业人员必须在工作范围内进行工作。 （3）工作中若需登高，应使用合格的绝缘梯。梯子必须两人放倒搬运，并与带电部位保持足够的安全距离
2	高空坠落	（1）绝缘梯应坚固完整，有防滑措施。梯子的支柱应能承受作业人员及其所携带工具、材料攀登时的总质量。 （2）绝缘梯必须架设在牢固基础上，单梯应与地面呈 60°夹角，人字梯应有限制开度的措施。 （3）在绝缘梯上工作时必须有专人扶持，禁止两人及以上人员在同一爬梯上工作，人在梯子上时，禁止移动梯子

三、作业前工器具及材料准备

准备好标准化作业指导卡以及工作所需工器具、材料等，如图 17-12 及表 17-10 所示，并带到工作现场，相应的工器具应满足工作需要，材料应齐全。

图 17-12　设备室通风系统维护与风机故障检查、更换处理所需工器具

表 17-10　　　　设备室通风系统维护与风机故障检查、更换处理所需工器具

序号	名称	单位	数量	备注
1	标准工具箱	套	1	
2	万用表	只	1	
3	绝缘梯	架	1	根据现场具体情况
4	毛刷	只	1	
5	手套	副	若干	
6	安全帽	顶	若干	

四、作业主要步骤及工艺要求

确认工作环境良好，进行设备室通风系统维护与风机故障检查、更换处理。

（1）检查风机空气开关标识明确，与控制的风机对应，见图 17-13。

（2）排风扇外观无破损、异常，有无积灰并进行清洁。

（3）检查风机运行正常。按下通风装置电源开关"ON"按钮，检查通风装置排风扇旋转正常、无杂音；按下通风装置电源开关"OFF"按钮，检查通风装置排风扇停止运转。试验检查如图 17-14 所示。室内风机如图 17-15 所示。

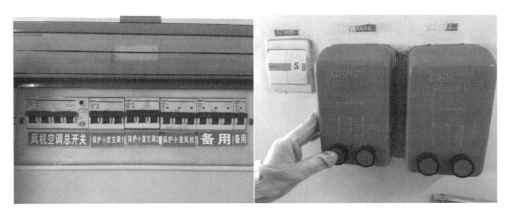

图 17-13　风机空气开关　　　　　　　图 17-14　试验通风装置

图 17-15　室内风机

（4）拆除问题风机。发现风机有问题时，核实并断开风机电源；断开电源后，确认无电压后拆线并做好标记，将风机拆除。

（5）安装新风机，确认风机回路运行正常。更换后的风机应安装固定牢靠，封装处无较大缝隙。更换风机回路，按照标记恢复接线，投入风机回路空气开关。开启风机，检查风机应正常使用，无异常声响。

五、验收

所有工作结束后检查缺陷已消除，维护工作已完成，及时清理现场，将工器具全部收拢并清点，将材料及备品、备件回收清点，确认作业现场无遗留物，并做好本次工作的相关记录。

第六节 室内 SF_6 氧量报警仪维护、消缺

一、作业内容

室内 SF_6 氧量报警仪维护、消缺。

二、作业要求

（一）安全要求

（1）应严格执行 Q/GDW 1799.1—2013《国家电网公司电力安全工作规程 变电部分》的相关要求。

（2）应在良好的天气下进行，如遇雷、雨、雪，不得进行该项工作。

（3）作业时应与设备带电部位保持相应的安全距离。

（4）作业时，要防止误碰误动设备。

（5）作业不得少于两人，工作负责人应由有经验的人员担任，开工前，工作负责人应向全体工作人员详细布置工作的各安全注意事项，应有专人监护，监护人在作业期间应始终履行监护职责，不得擅离岗位或兼职其他工作。

（二）危险点及其控制措施

室内 SF_6 氧量报警仪维护、消缺作业中危险点及其控制措施如表 17-11 所示。

表 17-11　　　　　室内 SF_6 氧量报警仪维护、消缺作业中危险点及其控制措施

序号	危险点	控制措施
1	触电伤害	（1）进行工作时必须满足 Q/GDW 1799.1—2013《国家电网公司电力安全工作规程 变电部分》规定的安全距离。 （2）工作前确认安全措施到位，作业人员必须在工作范围内进行工作。 （3）工作中若需登高，应使用合格的绝缘梯。梯子必须两人放倒搬运，并与带电部位保持足够的安全距离
2	高空坠落	（1）绝缘梯应坚固完整，有防滑措施。梯子的支柱应能承受作业人员及其所携带工具、材料攀登时的总质量。 （2）绝缘梯必须架设在牢固基础上，单梯与地面呈 60°夹角，人字梯应有限制开度的措施。 （3）在绝缘梯上工作时必须有专人扶持，禁止两人及以上人员在同一爬梯上工作，人在梯子上时，禁止移动梯子
3	防有害气体中毒	未对 SF_6 设备通风 15min 前，禁止进入室内，避免造成作业人员气体中毒

三、作业前工器具及材料准备

准备好标准化作业指导卡以及工作所需工器具、材料等（见图 17-16 和表 17-12），并

带到工作现场，相应的工器具应满足工作需要，材料应齐全。

图 17-16　室内 SF_6 氧量报警仪维护、消缺所需工器具及材料

表 17-12　　　　　　　室内 SF_6 氧量报警仪维护、消缺所需工器具及材料

序号	名称	单位	数量	备注
1	标准工具箱	套	1	
2	万用表	只	1	
3	绝缘梯	架	1	根据现场具体情况
4	毛刷	只	1	
5	毛巾	条	若干	
6	手套	副	若干	
7	安全帽	顶	若干	

四、作业主要步骤及工艺要求

确认工作环境良好，进行室内 SF_6 氧量报警仪维护、消缺作业。

（1）检查 SF_6 氧量报警仪运行情况是否正常。

（2）如存在故障告警，现场检查对应部件是否正常。

（3）如部件异常，断开装置电源，更换部件。

（4）检查更换的部件安装可靠、工作正常。

五、验收

所有工作结束后检查缺陷已消除，维护工作已完成，及时清理现场，将工器具全部收拢并清点，将材料及备品、备件回收清点，确认作业现场无遗留物，并做好本次工作的相关记录。

第七节　一次设备地电位防腐处理

一、作业内容

一次设备地电位防腐处理。

二、作业要求

（一）安全要求

（1）应严格执行 Q/GDW 1799.1—2013《国家电网公司电力安全工作规程　变电部分》的相关要求。

（2）应在良好的天气下进行，如遇雷、雨、雪、雾，不得进行该项工作。

（3）作业时应与设备带电部位保持相应的安全距离。

（4）作业时，要防止误碰误动设备。

（5）作业不得少于两人，工作负责人应由有经验的人员担任，开工前，工作负责人应向全体工作人员详细布置工作的各安全注意事项，应有专人监护，监护人在作业期间应始终履行监护职责，不得擅离岗位或兼职其他工作。

（二）危险点及其控制措施

一次设备地电位防腐处理作业中危险点及其控制措施见表 17-13。

表 17-13　　　　　　　一次设备地电位防腐处理作业中危险点及其控制措施

序号	危险点	控制措施
1	触电伤害	（1）进行一次设备地电位防腐处理工作时必须满足 Q/GDW 1799.1—2013《国家电网公司电力安全工作规程　变电部分》规定的安全距离。 （2）工作前确认安全措施到位，作业人员必须在工作范围内进行工作。 （3）工作中若需登高，应使用合格的绝缘梯。梯子必须两人放倒搬运，并与带电部位保持足够的安全距离
2	高空坠落	（1）梯子应坚固完整，有防滑措施。 （2）梯子必须架设在牢固的基础上，单梯应与地面呈 60°夹角，人字梯应有限制开度的措施。 （3）梯上作业时必须有专人扶持，禁止两人及以上人员在同一爬梯上工作。人在梯上时，禁止移动梯子

三、作业前工器具及材料准备

准备好工作所需工器具、材料等（见图 17-17 和表 17-14），并带到工作现场。相应的工器具应满足工作需要，材料应齐全。

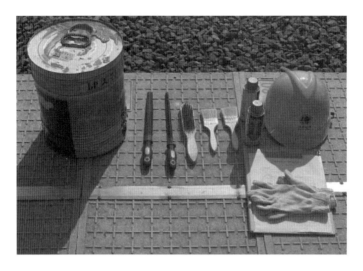

图 17-17 一次设备地电位防腐处理所需工器具及材料

表 17-14　　　　　　　一次设备地电位防腐处理所需工器具及材料

序号	名称	单位	数量	备注
1	锉刀或砂轮	套	若干	
2	钢刷或钢丝球	把	若干	
3	安全帽	顶	若干	
4	油漆或喷漆	桶	若干	
5	手套	副	若干	

四、作业主要步骤与工艺要求

（一）检查维护

（1）检查开关、电压互感器、电流互感器、避雷器、端子箱、机构箱等一次设备与接地引下排连接处无锈蚀、断股、老化破损；接地引下排连接可靠，无锈蚀、断裂、松脱。

（2）对设备或设备外壳接地引下排问题进行处理、更换，拆除原接地引下排应做好可靠临时接地处理。对有锈蚀处进行防腐处理。

（二）防腐处理

步骤：作业准备——基层处理——涂刷底漆——涂刷面漆——验收——场地清理。

（1）基层处理。基层处理应采用手工机具并辅以钢丝刷、砂轮等打磨金属表面，除去地电位锈蚀部分。经处理后，金属表面应显露出金属光泽，无油脂和污垢，无氧化物。基层处理后应尽快涂刷涂料，时间不得超过 12h。一次设备地电位见图 17-18。

（2）使用涂料时，应配合进行搅拌，防止结皮。如有结皮或杂物，需清除后方可使用。

涂料桶打开后，必须密封保存。

（3）涂刷时应横竖交叉涂刷，先上后下，力求均匀，不得有漏刷、流挂、皱皮等现象。

（4）涂层层间的涂覆时间间隔应按涂料制造厂的规定执行，前一道涂料干燥（不粘手）后，再涂刷下一道涂料，不允许超过规定的时间间隔和标准。如超过最长时间，则应将前一道涂层用粗砂纸打毛后再进行涂刷，以保证层间的结合力。

（5）每道工序完毕前应进行检查验收，合格后方可进入下一道工序。

五、验收

图 17-18　一次设备地电位

所有工作结束后检查缺陷已消除，维护工作已完成，及时清理现场，将工器具全部收拢并清点，将材料及备品、备件回收清点，确认作业现场无遗留物，并做好本次工作的相关记录。

第八节　变电站室内外照明系统维护

一、作业内容

变电站室内外照明系统维护。

二、作业要求

（一）安全要求

（1）应严格执行 Q/GDW 1799.1—2013《国家电网公司电力安全工作规程　变电部分》的相关要求。

（2）应在良好的天气下进行，如遇雷、雨、雪、雾，不得进行该项工作。

（3）作业时应与设备带电部位保持相应的安全距离。

（4）作业时，要防止误碰误动设备。

（5）作业不得少于两人，工作负责人应由有经验的人员担任，开工前，工作负责人应向全体工作人员详细布置工作的各安全注意事项，应有专人监护，监护人在作业期间应始终履行监护职责，不得擅离岗位或兼职其他工作。

（二）危险点及其控制措施

变电站室内外照明系统维护作业中危险点及其控制措施见表 17-15。

表 17-15   变电站室内外照明系统维护作业中危险点及其控制措施

序号	危险点	控制措施
1	触电伤害	（1）进行工作时必须满足 Q/GDW 1799.1—2013《国家电网公司电力安全工作规程　变电部分》规定的安全距离，必须穿绝缘鞋。 （2）工作前确认安全措施到位，作业人员必须在工作范围内进行工作。 （3）工作中若需登高，应使用合格的绝缘梯。梯子必须两人放倒搬运，并与带电部位保持足够的安全距离。 （4）防低压触电。防止使用未经绝缘处理的工器具进行作业误碰带电部位造成触电
2	交直流互串	防止交直流互串。进行拆接线应对照图纸分清事故照明与常用照明回路
3	高空坠落	（1）绝缘梯应坚固完整，有防滑措施。 （2）绝缘梯必须架设在牢固基础上，单梯应与地面呈60°夹角，人字梯应有限制开度的措施。 （3）在绝缘梯上工作时必须有专人扶持，禁止两人及以上人员在同一爬梯上工作，人在梯子上时，禁止移动梯子

三、作业前工器具及材料准备

准备好工作所需工器具、材料、图纸等（见表 17-16 和图 17-19），并带到工作现场。相应的工器具应满足工作需要，材料应齐全。

图 17-19 变电站室内外照明系统维护所需工器具

表 17-16   变电站室内外照明系统维护所需工器具

序号	名称	单位	数量	备注
1	标准工具箱	套	1	
2	万用表	只	1	
3	灯具	个	若干	
4	手套	副	若干	
5	安全帽	顶	若干	

四、作业主要步骤及工艺要求

确认工作环境良好，天气无雨，进行变电站室内外照明系统作业。

（1）打开照明系统电源空气开关，逐一检查照明灯具正常点亮，见图 17-20。

（2）检查照明开关漏电试验正常。

（3）断开故障照明电源空气开关，取下有问题的照明灯具。

（4）换上正常的照明灯具，见图 17-21。

（5）检查确认新照明灯具安装正常，合上电源空气开关，检查照明灯具工作正常。

图 17-20　照明电源

图 17-21　维护灯具

五、验收

所有工作结束后检查缺陷已消除，维护工作已完成，及时清理现场，将工器具全部收拢并清点，将材料及备品、备件回收清点，确认作业现场无遗留物，并做好本次工作的相关记录。

第九节　消防沙池补充与灭火器检查清擦

一、作业内容

消防沙池补充与灭火器检查清擦。

二、作业要求

（一）安全要求

（1）应严格执行 Q/GDW 1799.1—2013《国家电网公司电力安全工作规程　变电部分》

的相关要求。

（2）应在良好的天气下进行，如遇雷、雨、雪、雾，不得进行该项工作。

（3）作业时应与设备带电部位保持相应的安全距离。

（4）作业时，要防止误碰误动设备。

（5）作业不得少于两人，工作负责人应由有经验的人员担任，开工前，工作负责人应向全体工作人员详细布置工作的各安全注意事项，应有专人监护，监护人在作业期间应始终履行监护职责，不得擅离岗位或兼职其他工作。

（二）危险点及其控制措施

消防沙池补充与灭火器检查清擦作业中危险点及其控制措施见表 17-17。

表 17-17　　　　　　消防沙池补充与灭火器检查清擦作业中危险点及其控制措施

序号	危险点	控制措施
1	触电伤害	（1）工作前确认安全措施到位，作业人员必须在工作范围内进行工作。 （2）工作中若需登高，应使用绝缘梯，绝缘梯应合格。梯子必须两人放倒搬运，并与带电部位保持足够的安全距离
2	高空坠落	（1）绝缘梯应坚固完整，有防滑措施。 （2）绝缘梯必须架设在牢固基础上，单梯应与地面呈 60°夹角，人字梯应有限制开度的措施。 （3）在绝缘梯上工作时必须有专人扶持，禁止两人及以上人员在同一爬梯上工作，人在梯子上时，禁止移动梯子

三、作业前工器具及材料准备

准备好工作所需工器具、材料等（见图 17-22 和表 17-18），并带到工作现场。相应的工器具应满足工作需要，材料应齐全。

图 17-22　消防沙池补充与灭火器检查清擦所需工器具

表 17-18　　　　　　　消防沙池补充与灭火器检查清擦所需工器具

序号	名称	规格	单位	数量	备注
1	铁锹		把	1	
2	毛巾	全面	条	若干	
3	水桶	通用	只	1	
4	手套		副	若干	
5	安全帽		顶	若干	

四、作业主要步骤及工艺要求

确认工作环境良好，天气无雨，进行消防沙池补充与灭火器作业。

（一）消防器材检查维护

（1）按照变电站消防器材定置图核查实际配置的消防器材位置、数量是否一致。

（2）检查消防器材周围不得堆放杂物。

（3）检查消防器材的铅封应完整；压力表指针在绿色区域；喷嘴及喷射软管应完整，无堵塞，无龟裂；灭火器零部件完整、无松动、变形、锈蚀和损坏。

（4）检查消防器材使用日期是否超期，对不合格灭火器进行更换。

（5）及时请擦灭火器灰尘，打扫消防间卫生。

（二）消防沙池、消防沙箱修补

（1）检查消防沙池、消防沙箱外观完好、无破损，如有破损现象及时进行修补，确保完好。

（2）检查消防沙池、消防沙箱内沙子数量，沙子数量不满足要求时及时进行补充。

五、验收

所有工作结束后，及时清理现场，将工器具全部收拢并清点，将材料及备品、备件回收清点，确认作业现场无遗留物，并做好本次工作的相关记录。

第十节　变电站水喷淋系统、消防水系统、充氮灭火系统检查维护

一、作业内容

变电站水喷淋系统、消防水系统、泡沫灭火系统检查维护。

二、作业要求

（一）安全要求

（1）应严格执行 Q/GDW 1799.1—2013《国家电网公司电力安全工作规程　变电部分》

的相关要求。

（2）应在良好的天气下进行，如遇雷、雨、雪、雾，不得进行该项工作。

（3）作业时应与设备带电部位保持相应的安全距离。

（4）作业时，要防止误碰误动设备。

（5）作业不得少于两人，工作负责人应由有经验的人员担任，开工前，工作负责人应向全体工作人员详细布置工作的各安全注意事项，应有专人监护，监护人在作业期间应始终履行监护职责，不得擅离岗位或兼职其他工作。

（二）危险点及其控制措施

变电站水喷淋系统、消防水系统、充氮灭火系统检查维护作业中危险点及其控制措施如表 17-19 所示。

表 17-19　变电站水喷淋系统、消防水系统、充氮灭火系统检查维护作业中危险点及其控制措施

序号	危险点	控制措施
1	触电伤害	（1）工作前确认安全措施到位，作业人员必须在工作范围内进行工作。 （2）工作中若需登高，应使用合格的绝缘梯。梯子必须两人放倒搬运，并与带电部位保持足够的安全距离
2	高空坠落	（1）绝缘梯应坚固完整，有防滑措施。 （2）绝缘梯必须架设在牢固基础上，单梯应与地面呈 60°夹角，人字梯应有限制开度的措施。 （3）在绝缘梯上工作时必须有专人扶持，禁止两人及以上人员在同一爬梯上工作，人在梯子上时，禁止移动梯子
3	装置误动	防止检查维护过程中误动设备，造成装置运行状态改变或装置误动

三、作业前工器具及材料准备

准备好工作所需工器具、材料等（见图 17-23 和表 17-20），并带到工作现场。相应的工器具应满足工作需要，材料应齐全。

图 17-23　变电站水喷淋系统、消防水系统、充氮灭火系统检查维护所需工器具

表 17-20　　变电站水喷淋系统、消防水系统、充氮灭火系统检查维护所需工器具

序号	名称	单位	数量	备注
1	标准工具箱	套	1	
2	水带	卷	1	
3	水枪	把	1	
4	毛巾	条	若干	
5	手套	副	若干	
6	安全帽	顶	若干	

四、作业主要步骤及工艺要求

确认工作环境良好，天气无雨，进行消防水喷淋系统、消防水系统、充氮灭火系统检查维护。

（一）变电站水喷淋系统

（1）检查稳（增）压泵及气压水罐压力符合要求。

（2）检查消防水泵启泵、停泵和主、备泵切换功能正常。

（3）检查消防水池外观良好，蓄水量充足。

（4）检查消防用电设备电源末级配电箱处主、备电切换功能正常。

（二）消防水系统

（1）检查稳（增）压泵及气压水罐压力符合要求。

（2）检查消防水泵启泵、停泵和主、备泵切换功能正常。

（3）检查消防水池外观良好，蓄水量充足。

（4）检查消防用电设备电源末级配电箱处主、备电切换功能正常。

（5）检查室内外消防栓出水正常，消防栓静压正常。

（6）检查应急照明和疏散指示运行正常。

（三）充氮灭火系统

（1）主变压器充氮灭火各阀体位置及控制模式符合现场运行规定。充氮灭火系统还应检查排油阀管道内壁有无明显油迹及渗漏油现象。

（2）检查主变压器充氮灭火控制屏、消防控制柜开关运行方式、运行状态相一致、相对应。

（3）主变压器充氮灭火控制屏及消防控制柜功能标示、二次布线端子号和线号标志清晰正确，电缆孔洞封堵完好。

（4）所有工作结束后，检查维护工作已完成，确认作业现场无遗留物，并做好本次工作的相关记录。

附录 A （规范性附录）红外热像检测报告

A.1 红外热像检测报告

表 A.1 　　　　　　　　　×××变电站红外热像检测报告

一、基本信息							
变电站		委托单位		试验单位			
试验性质		试验日期		试验人员		试验地点	
报告日期		编制人		审核人		批准人	
试验天气		温度（℃）		湿度（%）			

二、检测数据									
序号	间隔名称	设备名称	缺陷部位	表面温度	正常温度	环境温度	负荷电流	图谱编号	备注（辐射系数/风速/距离等）
1									
2									
3									
4									
5									
6									
7									
8									
9									
10									
...									
检测仪器									
结论									
备注									

附录 B （规范性附录）红外热像检测异常报告

B.1 红外热像检测异常报告

表 B.1   ×××变电站红外检测异常报告

天气   温度＿＿℃   湿度＿＿％   检测日期：＿＿＿＿＿年＿＿＿＿＿月＿＿日

发热设备名称				检测性质	
具体发热部位					
三相温度（℃）	A：		B：		C：
环境参照体温度（℃）		风速（m/S）			
温差（K）		相对温差（％）			
负荷电流（A）		额定电流（A）/电压（kV）			
测试仪器（厂家/型号）					
红外图像（图像应有必要信息的描述，如测试距离、反射率、测试具体时间等）					
可见光图（必要时）：					
备注：					

编制人：   审核人：

附录 C （资料性附录）高压开关设备和控制设备各种部件、材料和绝缘介质的温度和温升极限

C.1 高压开关设备和控制设备各部件、 材料和绝缘介质的温度和温升极限

表 C.1 高压开关设备和控制设备各种部件、材料和绝缘介质的温度和温升极限

部件、材料和绝缘介质的类别 （见说明 1、说明 2 和说明 3）	最大值	
	温度（℃）	周围空气温度不超过 40℃时的温升（K）
触头（见说明 4）		
（1）裸铜或裸铜合金		
1）在空气中	75	35
2）在 SF_6（六氟化硫）中（见说明 5）	105	65
3）在油中	80	40
（2）镀银或镀镍（见说明 6）		
1）在空气中	105	65
2）在 SF_6（六氟化硫）中（见说明 5）	105	65
3）在油中	90	50
（3）镀锡（见说明 6）		
1）在空气中	90	50
2）在 SF_6（六氟化硫）中（见说明 5）	90	50
3）在油中	90	50
用螺栓或与其等效的联结（见说明 4）		
（1）裸铜、裸铜合金或裸铝合金		
1）在空气中	90	50
2）在 SF_6（六氟化硫）中（见说明 5）	115	75
3）在油中	100	60
（2）镀银或镀镍		
1）在空气中	115	75
2）在 SF_6（六氟化硫）中（见说明 5）	115	75
3）在油中	100	60
（3）镀锡		
1）在空气中	105	65
2）在 SF_6（六氟化硫）中（见说明 5）	105	65
3）在油中	100	60
其他裸金属制成的或其他镀层的触头、联结	见说明 7	见说明 7

部件、材料和绝缘介质的类别 （见说明1、说明2和说明3）	最大值	
	温度（℃）	周围空气温度不超过40℃时的温升（K）
用螺钉或螺栓与外部导体连接的端子（见说明8）		
1）裸的	90	50
2）镀银、镀镍或镀锡	105	65
3）其他镀层	见说明7	见说明7
油断路器装置用油（见说明9和说明10）	90	50
用作弹簧的金属零件	见说明11	见说明11
部件、材料和绝缘介质的类别 （见说明1、说明2和说明3）	最大值	
	温度（℃）	周围空气温度不超过40℃时的温升（K）
绝缘材料以及与下列等级的绝缘材料接触的金属材料（见说明12）		
1）Y	90	60
2）A	105	65
3）E	120	80
4）B	130	90
5）F	155	115
6）瓷漆：油基	100	60
合成	120	80
7）H	180	140
8）C其他绝缘材料	见说明13	见说明13
除触头外，与油接触的任何金属或绝缘件	100	60
可触及的部件 1）在正常操作中可触及的 2）在正常操作中不需触及的	70 80	30 40

说明1：按其功能，同一部件可以属于本表列出的几种类别。在这种情况下，允许的最高温度和温升值是相关类别中的最低值。

说明2：对真空开关装置，温度和温升的极限值不适用于处在真空中的部件。其余部件不应该超过本表给出的温度和温升值。

说明3：应注意保证周围的绝缘材料不遭到损坏。

说明4：当接合的零件具有不同的镀层或一个零件是裸露的材料制成的，允许的温度和温升应该是：

　　　　a）对触头，表项1中有最低允许值的表面材料的值；

　　　　b）对联结，表项2中的最高允许值的表面材料的值。

说明5：SF_6是指纯SF_6或SF_6与其他无氧气体的混合物。

　　　　注1：由于不存在氧气，把SF_6开关设备中各种触头和连接的温度极限加以协调看来是合适的。在SF_6环境下，裸铜和裸铜合金零件的允许温度极限可以等于镀银或镀镍零件的值。在镀锡零件的特殊情况下，由于摩擦腐蚀效应，即使在SF_6无氧的条件下，提高其允许温度也是不合适的。因此镀锡零件仍取原来的值。

　　　　注2：裸铜和镀银触头在SF_6中的温升正在考虑中。

说明6：按照设备有关的技术条件，即在关合和开断试验（如果有的话）后、在短时耐受电流试验后或在机械耐受试验后，有镀层的触头在接触区应该有连续的镀层，不然触头应该被看作是"裸露"的。

说明7：当使用表C.1中没有给出的材料时，应该研究他们的性能，以便确定最高的允许温升。

说明8：即使和端子连接的是裸导体，这些温度和温升值仍是有效的。

说明9：在油的上层。

说明10：当采用低闪点的油时，应当特别注意油的汽化和氧化。

说明11：温度不应该达到使材料弹性受损的数值。

说明12：绝缘材料的分级在GB/T 11021中给出。

说明13：仅以不损害周围的零部件为限。

附录 D （资料性附录）
电流致热型设备缺陷诊断判据

D.1 电流致热型设备缺陷诊断判据

温升：被测设备表面温度和环境温度参照体表面温度之差。

温差：不同被测设备或同一被测设备不同部位之间的温度差。

相对温差：两个对应测点之间的温差与其中较热点的温升之比的百分数，可用下列公式求出。相对温差计算公式为

$$\delta_t = (\tau_1 - \tau_2)/\tau_1 \times 100\% = (T_1 - T_2)/(T_1 - T_0) \times 100\%$$

式中 τ_1、T_1——发热点的温升和温度；

τ_2、T_2——正常相对应点的温升和温度；

T_0——环境温度参照体的温度。

表 D.1   电流致热型设备缺陷诊断判据

设备类别和部位		热像特征	故障特征	缺陷性质			处理建议	备注
				一般缺陷	严重缺陷	危急缺陷		
电气设备与金属部件的连接	接头和线夹	以线夹和接头为中心的热像，热点明显	接触不良	温差超过15K，未达到严重缺陷的要求	热点温度高于80℃或 $\delta \geqslant$ 80%	热点温度高于110℃或 $\delta \geqslant$ 95%		δ 为相对温差，如附录 K 的图 K.7、图 K.8 和图 K.16 所示
金属导线		以导线为中心的热像，热点明显	松股、断股、老化或截面积不够					
金属部件与金属部件的连接	接头和线夹	以线夹和接头为中心的热像，热点明显	接触不良	温差超过15K，未达到严重缺陷的要求	热点温度高于90℃或 $\delta \geqslant$ 80%	热点温度高于130℃或 $\delta \geqslant$ 95%		如附录 K 的图 K.42 所示
输电导线的连接器（耐张线夹、接续管、修补管、并沟线夹、跳线夹、T 型线夹、设备线夹等）								如附录 K 的图 K.41 所示
隔离开关	转头	以转头为中心的热像	转头接触不良或断股					如附录 K 的图 K.43 所示
	触头	以触头压接弹簧为中心的热像	弹簧压接不良				测量接触电阻	如附录 K 的图 K.45 所示

设备类别和部位		热像特征	故障特征	缺陷性质			处理建议	备注
				一般缺陷	严重缺陷	危急缺陷		
断路器	动静触头	以顶帽和下法兰为中心的热像,顶帽温度大于下法兰温度	压指压接不良	温差超过10K,未达到严重缺陷的要求	热点温度高于55℃或δ≥80%	热点温度高于80℃或δ≥95%	测量接触电阻	内外部的温差为50K~70K,如附录K的图K.46和图K.48所示
	中间触头	以下法兰和顶帽为中心的热像,下法兰温度大于顶帽温度						内外部的温差为40K~60K,如附录K的图K.47所示
电流互感器	内连接	以串并联出线头或大螺杆出线夹为最高温度的热像或以顶部铁帽发热为特征	螺杆接触不良	温差超过10K,未达到严重缺陷的要求	热点温度高于55℃或δ≥80%	热点温度高于80℃或δ≥95%	测量一次回路电阻	内外部的温差为30K~45K,如附录K的图K.9所示
套管	柱头	以套管顶部柱头为最热的热像	柱头内部并线压接不良					如附录K的图K.31和图K.33所示
电容器	熔丝	以熔丝中部靠电容侧为最热的热像	熔丝容量不够				检查熔丝	环氧管的遮挡,如附录K的图K.13所示
	熔丝座	以熔丝座为最热的热像	熔丝与熔丝座之间接触不良				检查熔丝座	如附录K的图K.13所示

附录 E （资料性附录）电压致热型设备缺陷诊断判据

E.1 电压致热型设备缺陷诊断判据

表 E.1 电压致热型设备缺陷诊断判据

设备类别		热像特征	故障特征	温差(K)	处理建议	备注
电流互感器	10kV浇注式	以本体为中心整体发热	铁芯短路或局部放电增大	4	伏安特性或局部放电量试验	
	油浸式	瓷套整体温升增大，且瓷套上部温度偏高	介质损耗偏大	2～3	介质损耗、油色谱、油中含水量检测	含气体绝缘的，如附录 K 的图 K.6 所示
电压互感器（含电容式电压互感器的互感器部分）	10kV浇注式	以本体为中心整体发热	铁芯短路或局部放电增大	4	特性或局部放电量试验	
	油浸式	整体温升偏高，且中上部温度高	介质损耗偏大、匝间短路或铁芯损耗增大	2～3	介质损耗、空载、油色谱及油中含水量测量	铁心故障特征相似，温升更明显
耦合电容器	油浸式	整体温升偏高或局部过热，且发热符合自上而下逐步的递减的规律	介质损耗偏大，电容量变化、老化或局部放电		介质损耗测量	如附录 K 的图 K.10～图 K.12 和图 K.17 所示
移相电容器		热像一般以本体上部为中心的热像图，正常热像最高温度一般在宽面垂直平分线的2/3高度左右，其表面温升略高，整体发热或局部发热	介质损耗偏大，电容量变化、老化或局部放电	2～3		采用相对温差判别即 δ＞20％或有不均匀热像，如附录 K 的图 K.14 和图 K.15 所示
高压套管		热像特征呈现以套管整体发热热像	介质损耗偏大		介质损耗测量	穿墙套管或电缆头套管温差更小
		热像为对应部位呈现局部发热区故障	局部放电故障，油路或气路的堵塞			
充油套管	瓷瓶柱	热像特征是以油面处为最高温度的热像，油面有一明显的水平分界线	缺油			如附录 K 的图 K.30、图 K.31 和图 K.36 所示
氧化锌避雷器	10～60kV	正常为整体轻微发热，较热点一般在靠近上部且不均匀，多节组合从上到下各节温度递减，引起整体发热或局部发热为异常	阀片受潮或老化	0.5～1	直流和交流试验	合成套比瓷套温差更小，如附录 K 的图 K.18～图 K.20 所示

设备类别		热像特征	故障特征	温差(K)	处理建议	备注
绝缘子	瓷绝缘子	正常绝缘子串的温度分布同电压分布规律，即呈现不对称的马鞍型，相邻绝缘子温差很小，以铁帽为发热中心的热像图，其比正常绝缘子温度高	低值绝缘子发热（绝缘电阻为 10～300MΩ）	1		如附录 K 的图 K.40所式
		发热温度比正常绝缘子要低，热像特征与绝缘子相比，呈暗色调	零值绝缘子发热（0～10MΩ）			
		其热像特征是以瓷盘（或玻璃盘）为发热区的热像	由于表面污秽引起绝缘子泄漏电流增大	0.5		如附录 K 的图 K.39所式
	合成绝缘子	在绝缘良好和绝缘劣化的结合处出现局部过热，随着时间的延长，过热部位会移动	伞裙破损或芯棒受潮	0.5～1		如附录 K 的图 K.37所式
		球头部位过热	球头部位松脱、进水			如附录 K 的图 K.38所式
电缆终端		以整个电缆头为中心的热像	电缆头受潮、劣化或气隙	0.5～1		采用相对温差判别即δ>20%或有不均匀热像
		以护层接地连接为中心的发热	接地不良	5～10		
		伞裙局部区域过热	内部可能有局部放电	0.5～1		
		根部有整体性过热	内部介质受潮或性能异常			

附录 F （资料性附录）风速、风级的关系表

F.1 风速、风级的关系

表 F.1 风速、风级的关系表

风力等级	风速（m/s）	地面特征
0	0～0.2	静烟直上
1	0.3～1.5	烟能表示方向，树枝略有摆动，但风向标不能转动
2	1.6～3.3	人脸感觉有风，树枝有微响，旗帜开始飘动，风向标能转动
3	3.4～5.4	树叶和微枝摆动不息，旌旗展开
4	5.5～7.9	能吹起地面灰尘和纸张，小树枝摆动
5	8.0～10.7	有叶的小树摇摆，内陆水面有水波
6	10.8～13.8	大树枝摆动，电线呼呼有声，举伞困难
7	13.9～17.1	全树摆动，迎风行走不便

附录 G （资料性附录）常用材料发射率的参考值

G.1 常用材料发射率

表 G.1   常用材料发射率的参考值

材料	温度（℃）	发射率近似值	材料	温度（℃）	发射率近似值
抛光铝或铝箔	100	0.09	棉纺织品（全颜色）	—	0.95
轻度氧化铝	25～600	0.10～0.20	丝绸	—	0.78
强氧化铝	25～600	0.30～0.40	羊毛	—	0.78
黄铜镜面	28	0.03	皮肤	—	0.98
氧化黄铜	200～600	0.59～0.61	木材	—	0.78
抛光铸铁	200	0.21	树皮	—	0.98
加工铸铁	20	0.44	石头	—	0.92
完全生锈轧铁板	20	0.69	混凝土	—	0.94
完全生锈氧化钢	22	0.66	石子	—	0.28～0.44
完全生锈铁板	25	0.80	墙粉	—	0.92
完全生锈铸铁	40～250	0.95	石棉板	25	0.96
镀锌亮铁板	28	0.23	大理石	23	0.93
黑亮漆（喷在粗糙铁上）	26	0.88	红砖	20	0.95
黑或白漆	38～90	0.80～0.95	白砖	100	0.90
平滑黑漆	38～90	0.96～0.98	白砖	1000	0.70
亮漆	—	0.90	沥青	0～200	0.85
非亮漆	—	0.95	玻璃（面）	23	0.94
纸	0～100	0.80～0.95	碳片	—	0.85
不透明塑料	—	0.95	绝缘片	—	0.91～0.94
瓷器（亮）	23	0.92	金属片	—	0.88～0.90
电瓷	—	0.90～0.92	环氧玻璃板	—	0.80
屋顶材料	20	0.91	镀金铜片	—	0.30
水	0～100	0.95～0.96	涂焊料的铜	—	0.35
冰	—	0.98	铜丝	—	0.87～0.88

附录 H （资料性附录）精确测量红外热像仪的基本要求

H.1 精确测量红外热像仪的基本要求

表 H.1　　　　　精确测量红外热像仪的基本要求

技术内容		技术要求	备注说明
探测器	探测器类型	焦平面、非制冷	
图像、光学系统	响应波长范围	长波（8~14μm）	
	空间分辨率（瞬时视场、FOV）	不大于1.5毫弧度（标准镜头配置）	长焦镜头不大于0.7毫弧度
	温度分辨率	不大于0.1℃	30℃时
	帧频	高于25Hz	线路航测、车载巡检等应不低于50Hz
	聚焦范围	0.5m~无穷远	
	视频信号制式	PAL	
	信号数字化分辨率	不低于12bit	
	镜头扩展能力	能安装长焦距镜头	
	像素	不低于320×240	
温度测量	范围	标准范围：-20~200℃并可扩展至更宽的范围	
	测温准确度	±2%或±2℃	取绝对值大者
	发射率、ε	0.01~1连续可调	以0.01为步长
	背景温度修正	可	
	温度单位设置	℃和℉相互转换	
	大气透过率修正	可	应包括目标距离、湿度，环境温度
	光学透过率修正	可	
	温度非均匀性校正	有	有内置黑体和外置两种，建议选取内置黑体型的
显示功能	黑白图像（灰度）	有，且能反相	
	伪彩色图像	有，且能反相	
	伪彩色调色色板	应至少包括铁色和彩虹	
	测量点温	有，至少三点	最高温度跟踪
	温差功能	有	
	温度曲线	有	
	区域温度功能	显示区域的最高温度	
	各参数显示	有	
	存储内容	红外热像图及各种参数	各参数应包括：时间日期、物体的发射率、环境温度湿度、目标距离、所使用的镜头、所设定的温度范围

技术内容		技术要求	备注说明
记录存储	存储方式	能够记录并导出	
	存储内容	红外热像图及各种参数	各参数应包括：时间日期 物体的发射率 环境温度湿度 目标距离 所使用的镜头 所设定的温度范围
	储存容量	500 幅以上图像	
	屏幕冻结	可	
信号输出	视频输出	有	
工作环境	工作环境	温度－10～50℃湿度不超过 90％	
	仪器封装	符合 IP54 IEC 359	
	电磁兼容	符合 IEC-61000	
	抗冲击和震动	符合 IEC 600C68	
存放环境	存放环境	温度－20～60℃湿度不超过 90％	
电源	交流电源	220V 50Hz	
	直流电池	可充电锂电池，一组电池连续工作时间不小于 2 小时，电池组应不少于三组	
人机界面	操作界面	中文，或英文	以中文为佳
	操作方式	按键控制	
	人体工程学	要求眼不离屏幕即可完成各项操作，操作键要少	按键设置合理按键主要不应用眼睛到处找
仪器其他	仪器启动	启动时间小于 1min	
	携带	高强度抗冲击的便携箱	
	重量	＜3kg	标配含电池
	显示器	角度可调整，并且有防杂光干扰能力	
	固定使用	有三脚架安装孔	
软件	操作界面	全中文界面	
	操作系统	Windows9x/2000/xp 或以上版本	
	加密	无	
	图像格式转换	有，转成通用格式	转成 bmp 格式或 jpg 格式
记录存储	存储方式	能够记录并导出	
	热像图分析	点、线、面分析等温面分析各参数的调整	
	热像报告	报告内容应能体现各设置参数	从热像图中自动生成
	报告格式	能根据用户要求定制	
	软件二次开发	能根据用户要求开发	

附录 I （资料性附录）一般测量红外热像仪的基本要求

I.1　一般测量红外热像仪的基本要求

表 I.1　　　　　　　　　　　一般测量红外热像仪的基本要求模板

技术内容		技术要求	备注说明
探测器	探测器类型	焦平面、非制冷	微量热型探测器
	响应波长范围	长波，（8～14μm）	
图像、光学系统	空间分辨率（瞬时视场 FOV）	不大于 1.9 毫弧度（标准镜头配置）	
	温度分辨率	不大于 0.15℃	30℃时
	帧频	不低于 25Hz	
	像素	不低于 160×120	
温度测量	范围	标准范围：－20～200℃并可扩展至更宽的范围	
	测温准确度	±2%或±2℃	取绝对值大者
	发射率 ε	0.01～1 连续可调	以 0.01 为步长
	背景温度修正	可	
	温度单位设置	℃和℉相互转换	
显示功能	黑白图像（灰度）	有，且能反相	
	伪彩色图像	有，且能反相	
	伪彩色调色色板	应至少包括铁色和彩虹	
	测量点温	有，起码一点	最高温度跟踪
	各参数显示	有	
记录存储	存储容量	不少于 50 幅	
	屏幕冻结	可	
	数据传输	USB 接口或 SD 卡存储	
工作环境	工作环境	温度－10～50℃湿度 10%～90%	
	仪器封装	符合 IP54 IEC 359	
	电磁兼容	符合 IEC 61000	
	抗冲击和震动	符合 IEC 60068	
存放环境	存放环境	温度－20～70℃湿度 10%～90%	
电源	交流电源	220V 50Hz	
	直流电池	可充电锂电池，一组电池连续开机时间不小于 2h	
人机界面	操作界面	中文，或英文	以中文为佳
	操作方式	按键控制	
仪器其他	仪器启动	启动时间小于 1min	
	携带	高强度抗冲击的便携箱	
	重量	<1kg	标配含电池
	固定使用	有三脚架安装孔	

附录 J （资料性附录）在线型红外热像仪的基本要求

J.1 在线型红外热像仪的基本要求

表 J.1 在线型红外热像仪的基本要求模板

技术要求		技术内容	备注说明
探测器	探测器类型	焦平面、非制冷	
	响应波长范围	长波 8~14μm	
温度测量	温度分辨率	0.1℃	
	帧频	不低于 25Hz	
	聚集范围	0.5m~无穷远	
	视频信号制式	PAL	
	信号数字化分辨率	不低于 12bit	
	镜头相对孔径 F	按实际情况选定	
	镜头扩展能力	能安装长焦距镜头	
	像素	不低于 160×120	
	范围	标准范围：−20~500℃	
		并可扩展至更宽的范围	
	测温准确度	±2%或±2℃	取绝对值大者
	发射率 ε	0.01~1 连续可调	
	背景温度修正	可	
	温度单位设置	℃和℉相互转换	
	大气透过率修正	可	
	光学透过率修正	可	
	温度非均匀性校正	有	
工作环境	连续稳定工作时间	不小于 10h	也可根据用户要求确定更长时间
	接口方式	RS 485	
	工作环境	温度−20~60℃ 湿度 10%~90%	
	仪器封装	符合 IP67	
	电磁兼容	符合 IEC 61000	
	抗冲击和震动	符合 IEC 60068	

附录 K （资料性附录）电气设备红外缺陷典型图谱

K.1 变压器类设备

变压器类设备红外缺陷典型图谱如图 K.1～图 K.5 所示。

图 K.1 变压器散热器进油管关上

图 K.2 变压器磁屏蔽不良

图 K.3 变压器低压侧涡流引起发热

图 K.4　变压器漏磁通引起的螺栓发热

图 K.5　变压器散热风扇马达

K.2　互感器类设备

互感器类设备红外缺陷典型图谱如图 K.6～图 K.9 所示。

图 K.6　互感器介损偏高发热，B 相

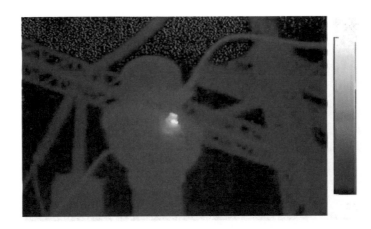

图 K.7 互感器变比接头发热

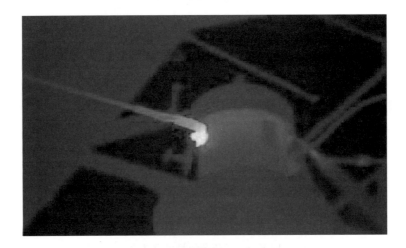

图 K.8 电流互感器接头发热

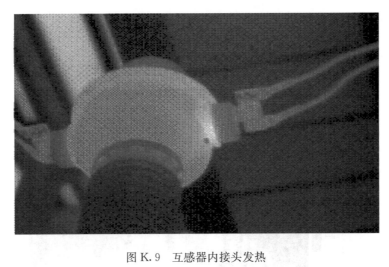

图 K.9 互感器内接头发热

K.3 电容器类设备

电容器类设备红外缺陷典型图谱如图 K.10～图 K.17 所示。

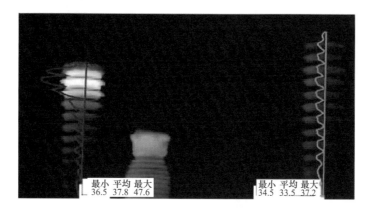

图 K.10 耦合电容器电容量减少 10％，引起发热

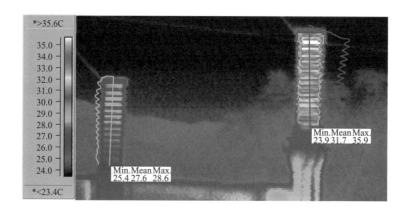

图 K.11 耦合电容器介损超标，发热

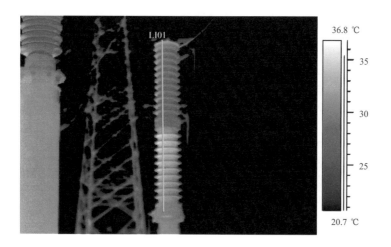

图 K.12 耦合电容器下节介损偏大发热

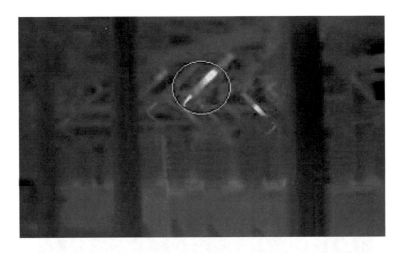

图 K.13　电容器熔丝发热

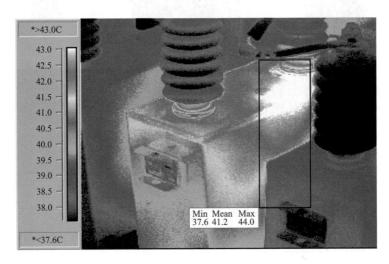

图 K.14　电容器局部发热

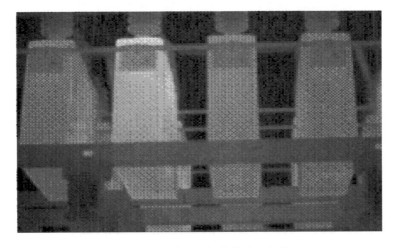

图 K.15　电容器介损偏大引起发热

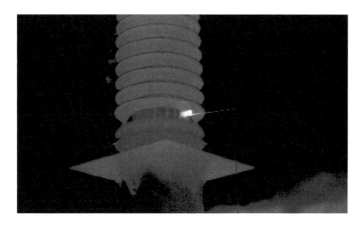

图 K.16 耦合电容器电容接头发热

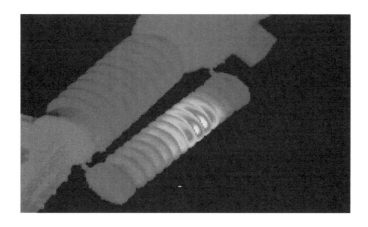

图 K.17 断路器并联电容发热

K.4 避雷器类设备

避雷器类设备红外缺陷典型图谱如图 K.18～图 K.20 所示。

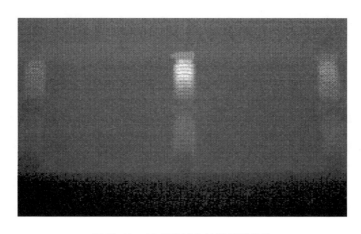

图 K.18 220kV 氧化锌避雷器发热

图 K.19　110kV 氧化锌避雷器发热

图 K.20　220kV 避雷器发热

K.5　电缆类设备

电缆类设备红外缺陷典型图谱如图 K.21～图 K.29 所示。

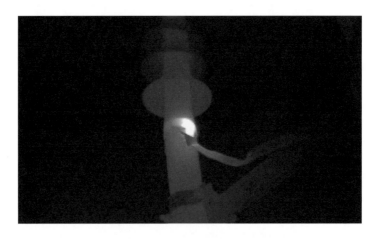

图 K.21　电缆屏蔽层发热，电场不均匀

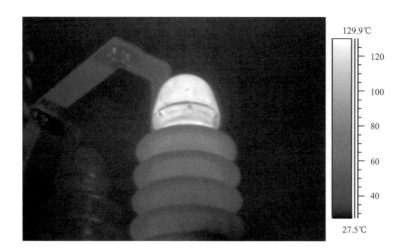

图 K.22　电缆接头发热，连接不良

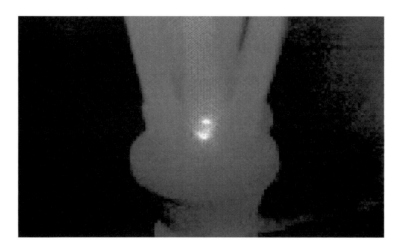

图 K.23　10kV 油纸电缆接头发热，终端电容放电

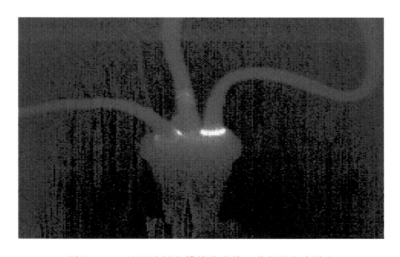

图 K.24　10kV 油纸电缆接头发热，分相处电容放电

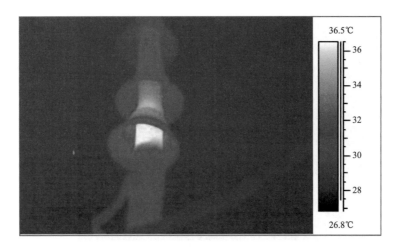

图 K.25　电缆头包接不良，发热

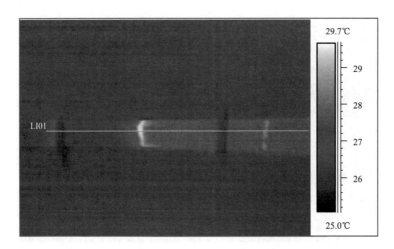

图 K.26　穿墙套管异常发热，套管浇注问题

图 K.27　电缆护套受损，发热

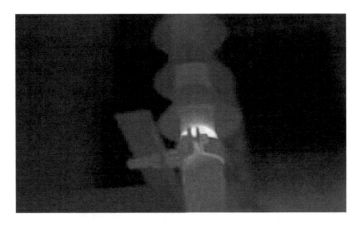

图 K.28   35kV 交联电缆终端场强不均匀，发热

图 K.29   35kV 电缆接头发热，接触不良

K.6   套管类设备

套管类设备红外缺陷典型图谱如图 K.30～图 K.36 所示。

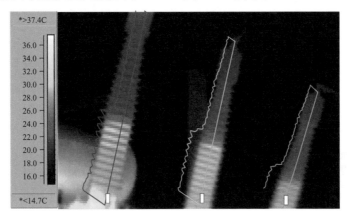

图 K.30   变压器的套管温度异常，套管缺油

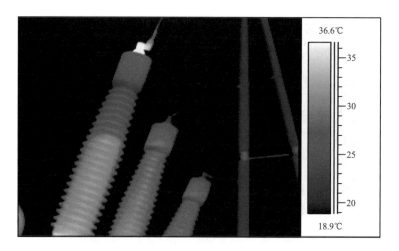

图 K.31 变压器套管发热套管缺油及柱头发热

图 K.32 穿墙套管发热，套管外表污秽

图 K.33 套管柱头发热，内联接接触不良

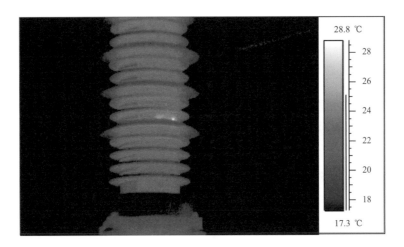

图 K.34　套管伞裙套粘接不良发热

图 K.35　穿墙套管的钢板发热，电磁环流

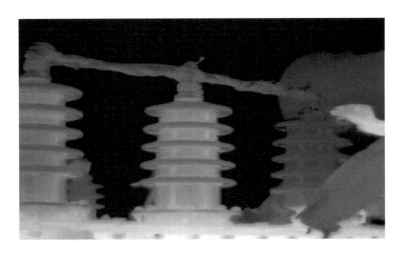

图 K.36　变压器—套管发暗，套管缺油

K.7 绝缘子类

绝缘子类设备红外缺陷典型图谱如图 K.37～图 K.40 所示。

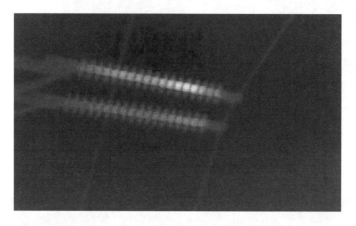

图 K.37　合成绝缘子内部受潮，发热

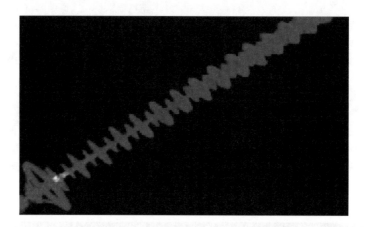

图 K.38　合成绝缘子端部棒芯受潮，发热

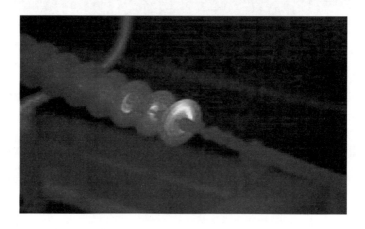

图 K.39　瓷绝缘子发热，表面污秽

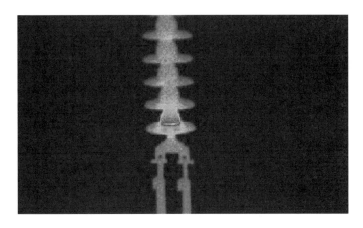

图 K.40　瓷绝缘子低值，发热

K.8　金属连接类设备

金属连接类设备红外缺陷典型图谱如图 K.41～图 K.45 所示。

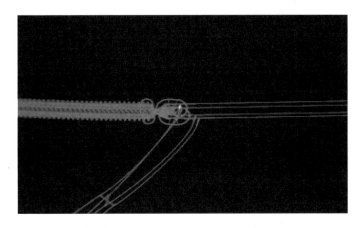

图 K.41　500kV 线路线夹发热，接触不良

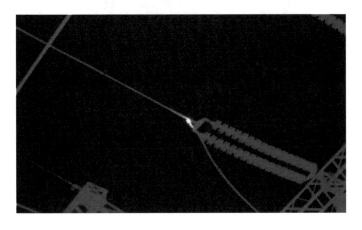

图 K.42　220kV 线夹发热，接触不良

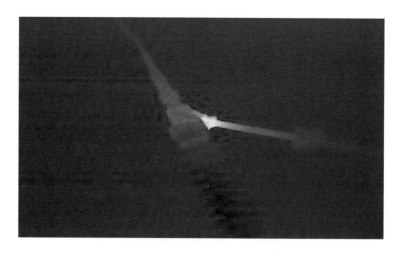

图 K.43　隔离开关内转头发热，接触不良

图 K.44　线路夹头发热，接触不良

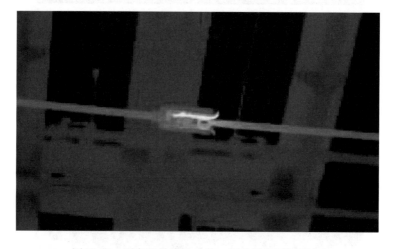

图 K.45　隔离开关触头发热，触头弹簧压接不良

K.9 开关类设备

开关类设备红外缺陷典型图谱如图 K.46~图 K.49 所示。

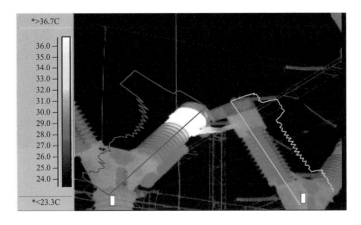

图 K.46 断路器内静触头发热，接触不良

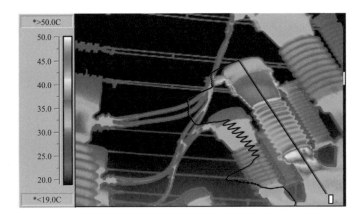

图 K.47 断路器中间触头发热，接触不良

图 K.48 断路器触头发热，内部接触不良

图 K.49　断路器支柱发热，支柱磁套污秽

附录 L   开关柜地电波检测分析方法

L.1   纵向分析法

对同一开关柜不同时间的暂态地电压测试结果进行比较，从而判断开关柜的运行状况。需要电力工作人员周期性地对开关室内开关柜进行检测，并将每次检测的结果存档备份，以便于分析。

L.2   横向分析法

对同一个开关室内同类开关柜的暂态地电压测试结果进行比较，从而判断开关柜的运行状况。当某一开关柜个体测试结果大于其他同类开关柜的测试结果和环境背景值时，推断该设备有存在缺陷的可能。

L.3   故障定位

定位技术主要根据暂态地电压信号到达传感器的时间来确定放电活动的位置，先被触发的传感器表明其距离放电点位置较近。

首先在开关柜的横向进行定位，当两个传感器同时触发时，说明放电位置在两个传感器的中线上。同理，在开关柜的纵向进行定位，同样确定一根中线，两根中线的交点，就是局部放电的具体位置。在检测过程中需要注意以下几点：

两个传感器触发不稳定。出现这种情况的原因之一是信号到达两个传感器的时间相差很小，超过了定位仪器的分辨率。也可能是由于两个传感器与放电点的距离大致相等造成的，可略微移动其中一个传感器，使得定位仪器能够分辨出哪个传感器先被触发。

离测量位置较远处存在强烈的放电活动。由于信号高频分量的衰减，信号经过较长距离的传输后波形前沿发生畸变，且因为信号不同频率分量传播的速度略微不同，造成波形前沿进一步畸变，影响定位仪器判断。此外，强烈的噪声干扰也会导致定位仪器判断不稳定。

附录 M 暂态地电压局部放电检测报告

一、基本信息								
变电站		委托单位		试验单位				
试验性质		试验日期		试验人员		试验地点		
报告日期		编制人		审核人		批准人		
试验天气		温湿度		背景噪声				

二、设备铭牌								
设备型号		生产厂家		额定电压				
投运日期		出厂日期						

三、检测数据

序号	开关柜编号		前中	前下	后上	后中	后下	侧上	侧中	侧下	负荷A	备注（可见光照片）	结论
1		前次											
		本次											
2		前次											
		本次											
3		前次											
		本次											
4		前次											
		本次											
5		前次											
		本次											
6		前次											
		本次											
特征分析													
背景值													
仪器厂家													
仪器型号													
仪器编号													
备注													

注 在备注中对停运开关柜进行记录。

附录 N （规范性附录）声级测量

N.1 声级测量报告

表 N.1   声 级 测 量 报 告

<table>
<tr><td colspan="8">一、基本信息</td></tr>
<tr><td>变电站</td><td></td><td>委托单位</td><td></td><td>试验单位</td><td></td><td>运行编号</td><td></td></tr>
<tr><td>试验性质</td><td></td><td>试验日期</td><td></td><td>试验人员</td><td></td><td>试验地点</td><td></td></tr>
<tr><td>报告日期</td><td></td><td>编制人</td><td></td><td>审核人</td><td></td><td>批准人</td><td></td></tr>
<tr><td>试验天气</td><td></td><td>环境温度
（℃）</td><td></td><td>环境相对湿度
（%）</td><td></td><td>风速（m/s）</td><td></td></tr>
<tr><td colspan="8">二、设备铭牌</td></tr>
<tr><td>生产厂家</td><td></td><td>出厂日期</td><td></td><td>出厂编号</td><td></td><td></td><td></td></tr>
<tr><td>设备型号</td><td></td><td>额定电压（kV）</td><td></td><td></td><td></td><td></td><td></td></tr>
<tr><td colspan="8">三、检测数据</td></tr>
<tr><td>运行工况</td><td colspan="7"></td></tr>
<tr><td>示意图</td><td colspan="7">另附页（主要噪声源测点示意图、变电站平面图及监测点示意图、变电站周围情况及测点示意图）</td></tr>
<tr><td rowspan="2">测点名称</td><td colspan="7">Leq dB（A）</td></tr>
<tr><td colspan="2">第一次</td><td colspan="2">第二次</td><td>第三次</td><td colspan="2">平均</td></tr>
<tr><td></td><td colspan="2"></td><td colspan="2"></td><td></td><td colspan="2"></td></tr>
<tr><td></td><td colspan="2"></td><td colspan="2"></td><td></td><td colspan="2"></td></tr>
<tr><td></td><td colspan="2"></td><td colspan="2"></td><td></td><td colspan="2"></td></tr>
<tr><td>适用标准</td><td colspan="7"></td></tr>
<tr><td>仪器型号</td><td colspan="7"></td></tr>
<tr><td>结论</td><td colspan="7"></td></tr>
<tr><td>备注</td><td colspan="7"></td></tr>
</table>

附录 O （规范性附录）铁芯接地电流检测报告

O.1 铁芯接地电流检测报告模板

表 O.1 铁芯接地电流检测报告

一、基本信息							
变电站		委托单位		试验单位			
试验性质		试验日期		试验人员		试验地点	
报告日期		编制人		审核人		批准人	
试验天气		温度（℃）		湿度（%）		批准人	
二、设备铭牌							
运行编号		生产厂家		额定电压（kV）			
投运日期		出厂日期		出厂编号			
设备型号		额定容量					
三、检测数据							
铁芯接地电流（mA）							
夹件接地电流（mA）							
仪器型号							
结论							
备注							

附录 P 标准化作业卡

标准作业卡

×××变电站××设备取样工作

1. 作业信息

编制人：＿＿＿＿＿　审核人：＿＿＿＿＿

设备双重编号		工作时间		作业卡编号	变电站名称＋工作类别＋年月＋序号
检测环境	（温度）	（湿度）	检测分类		

2. 工序要求

序号	关键工序	标准及要求	风险辨识与预控措施	执行完打√或记录数据、签字
1	安全准备	现场取样至少由2人进行，与设备带电部分保持足够的安全距离，仪器接地应良好	工作前完成风险辨识，操作注射器时，握紧针头，且不能正对人，以防脱落伤人	
2	取样前准备工作	核对设备铭牌、设备名称，明确工作范围。记录环境温湿度等信息		
3	取样	检查设备、取样阀门正常正确连接取样管路。微正压完成气样、油样取样。关闭阀门，整理现场，恢复设备初始状态。	取样过程中注意防漏油、喷油	
4	色谱仪标定	检查色谱仪运行正常，正确完成仪器标定	注意气瓶压力，调整减压阀至合适位置，不得超0.25MPa	
5	检测实施	正确进行油样分析		
		正确进行瓦斯气样分析	操作注射器时，握紧针头，且不能正对人，以防脱落伤人	
		打印分析结果原始数据、图谱		
		正确计算样品浓度平均值、重复性、油的理论浓度		
6	报告填写	按报告要求，正确填写相关基本信息、试验数据，分析试验数据，诊断设备故障，提出处理建议		
7	现场恢复	工器具恢复初始状态		

3. 签名确认

工作人员确认签名	

4. 执行评价

工作负责人签名：

附录 Q 检 测 报 告

油中溶解气体检测报告

一、基本信息

变电站		委托单位		检测单位		运行编号	
检测性质		检测日期		检测人员		检测地点	
报告日期		编写人员		审核人		批准人	
检测天气		环境温度（℃）		环境相对湿度（%）		大气压力（kPa）	
取样日期							

二、设备铭牌

设备信息	设备名称		型号		电压等级（kV）	
	容量（MVA）		油重（t）		油种	
	出厂序号		出厂年月		投运日期	
	冷却方式		调压方式		油保护方式	
取样条件	取样原因		油温（℃）		负荷（MVA）	

三、检测仪器和标准气体信息

装置	厂家	型号	出厂编号	有效期
色谱仪				
标准气体				

四、依据标准

检测依据：	判断依据：

五、检测数据

油样分析	油样 1 浓度（μL/L）	油样 2 浓度（μL/L）	油样浓度平均值（μL/L）	油样浓度差（μL/L）	油样浓度差允许值（μL/L）
氢气 H_2（μL/L）					
一氧化碳 CO（μL/L）					
二氧化碳 CO_2（μL/L）					
甲烷 CH_4（μL/L）					
乙烯 C_2H_4（μL/L）					
乙烷 C_2H_6（μL/L）					
乙炔 C_2H_2（μL/L）					
总烃（μL/L）					
瓦斯气样分析	气样 1 浓度（μL/L）	气样 2 浓度（μL/L）	气样浓度平均值（μL/L）	气样浓度重复性（%）	油的理论浓度（μL/L）
氢气 H_2（μL/L）					
一氧化碳 CO（μL/L）					

油样分析	油样1浓度（μL/L）	油样2浓度（μL/L）	油样浓度平均值（μL/L）	油样浓度差（μL/L）	油样浓度差允许值（μL/L）
二氧化碳 CO_2（μL/L）					
甲烷 CH_4（μL/L）					
乙烯 C_2H_4（μL/L）					
乙烷 C_2H_6（μL/L）					
乙炔 C_2H_2（μL/L）					
总烃（μL/L）					
结论					
备注					

附录 R （规范性附录）蓄电池内阻测量报告

一、基本信息							
变电站		委托单位		试验单位		运行编号	
试验性质		试验日期		试验人员		试验地点	
报告日期		编制人		审核人		批准人	
试验天气		环境温度（℃）		环境相对湿度（%）			

二、设备铭牌					
生产厂家		出厂日期		出厂编号	
设备型号		额定电压（kV）			

三、试验结果			
时间			
序号	mΩ	mΩ	mΩ
1			
2			
3			
4			
5			
6			
7			
8			
9			
10			
...			
总电压			
仪器型号			
结论			
备注			

附录 S （规范性附录）蓄电池充放电记录

一、基本信息							
变电站		委托单位		试验单位		运行编号	
试验性质		试验日期		试验人员		试验地点	
报告日期		编制人		审核人		批准人	
试验天气		环境温度（℃）		环境相对湿度（%）		风速（m/s）	

二、设备铭牌					
生产厂家		出厂日期		出厂编号	
设备型号		投入运行时间		放电倍率及放电时间	

三、试验结果			
时间	1 小时	2 小时	3 小时
序号	V	V	V
1			
2			
3			
4			
5			
6			
7			
8			
9			
10			
…			
总电压			
仪器型号			
结论			
备注			

附录 T （规范性附录）蓄电池内阻测量报告

一、基本信息							
变电站		委托单位		试验单位		运行编号	
试验性质		试验日期		试验人员		试验地点	
报告日期		编制人		审核人		批准人	
试验天气		环境温度（℃）		环境相对湿度（%）		风速（m/s）	

二、设备铭牌					
生产厂家		出厂日期		出厂编号	
设备型号		额定电压（V）			

三、试验结果			
时间			
序号	mΩ	mΩ	mΩ
1			
2			
3			
4			
5			
6			
7			
8			
9			
10			
...			
总电压			
仪器型号			
结论			
备注			

附录 U （规范性附录）蓄电池充电记录

一、基本信息

变电站		委托单位		试验单位		运行编号	
试验性质		试验日期		试验人员		试验地点	
报告日期		编制人		审核人		批准人	
试验天气		环境温度（℃）		环境相对湿度（%）		风速（m/s）	

二、设备铭牌

生产厂家		出厂日期		出厂编号	
设备型号		投入运行时间		充电倍率及充电时间	

三、试验结果

时间	1 小时	2 小时	3 小时
序号	V	V	V
1			
2			
3			
4			
5			
6			
7			
8			
9			
10			
…			
总电压			
仪器型号			
结论			
备注			

附录 V　（规范性附录）蓄电池放电记录

一、基本信息							
变电站		委托单位		试验单位		运行编号	
试验性质		试验日期		试验人员		试验地点	
报告日期		编制人		审核人		批准人	
试验天气		环境温度（℃）		环境相对湿度（%）		风速（m/s）	

二、设备铭牌					
生产厂家		出厂日期		出厂编号	
设备型号		投入运行时间		放电倍率及放电时间	

三、试验结果			
时间	1 小时	2 小时	3 小时
序号	V	V	V
1			
2			
3			
4			
5			
6			
7			
8			
9			
10			
…			
总电压			
仪器型号			
结论			
备注			

附录 W （规范性附录）接地引下线导通试验报告

一、基本信息							
变电站		委托单位		试验单位			
试验性质		试验日期		试验人员		试验地点	
报告日期		编写人员		审核人员		批准人员	
试验天气		环境温度 （℃）		环境相对湿度 （%）			

二、试验结果			
序号	参考点	测量地点	测量值（mΩ）
1			
2			
3			
4			
5			
6			
7			
8			
9			
10			
...			
仪器型号			
结论			
备注			

参 考 文 献

［1］ 刘伟. 变电运维一体化现场实用技术要点［M］. 北京：中国电力出版社，2014.

［2］ 陈边凯. 变电运维一体化岗位技能培训教材［M］. 北京：中国电力出版社，2014.

［3］ 王金生，徐波. 变电运维一体化项目标准化作业手册［M］. 北京：中国电力出版社，2016.

［4］ 变电运维一体化编写组. 变电运维一体化典型案例汇编［M］. 北京：中国铁道出版社，2014.

［5］ 国网山东省电力公司检修公司，卢刚. 变电运维一体化作业流程图解［M］. 北京：中国电力出版社，2014.

［6］ 董建新，章建欢，程泳，朱永昶. 变电运维一体化作业实例［M］. 北京：中国电力出版社，2017.

［7］ 国网浙江省电力公司检修分公司，董建新. 特高压变电站运维一体化培训教材［M］. 北京：中国电力出版社，2019.